The Prime Number Conspiracy

素数的阴谋

[美] 托马斯 · 林 / 编著
(Thomas Lin)
张旭成 / 译

中信出版集团 | 北京

图书在版编目（CIP）数据

素数的阴谋 /（美）托马斯 · 林编著；张旭成译
. -- 北京：中信出版社，2020.2（2023.2 重印）
书名原文：The Prime Number Conspiracy:The
Biggest Ideas in Math from Quanta
ISBN 978–7–5217–1269–8

I. ①素… II. ①托… ②张… III. ①素数－普及读
物 IV. ① O156.2–49

中国国家版本馆 CIP 数据核字（2019）第 278678 号

THE PRIME NUMBER CONSPIRACY: THE BIGGEST IDEAS IN MATH FROM QUANTA
by THOMAS LIN; JAMES GLEICK (FOREWORD)

素数的阴谋
编著：　[美] 托马斯 · 林
译者：　张旭成
出版发行：中信出版集团股份有限公司
（北京市朝阳区东三环北路 27 号嘉铭中心　邮编　100020）
承印者：　中国电影出版社印刷厂

开本：880mm × 1230mm　1/32　　印张：12　　字数：255 千字
版次：2020 年 2 月第 1 版　　印次：2023 年 2 月第 4 次印刷
京权图字：01–2019–6452　　书号：ISBN 978–7–5217–1269–8
定价：59.00 元

服务热线：400–600–8099
投稿邮箱：author@citicpub.com

人们害怕思想甚于地球上的任何其他事物，甚于毁灭，甚至甚于死亡。思想是颠覆性和革命性的，是破坏性的和恐怖的；对于特权、既有体制和舒适的习惯，思想都毫无仁慈可言；思想不受政府和法律约束，对权威视若无睹，也不在乎久经考验的世俗智慧。思想一直望向地狱深处，也无所畏惧。它看到微如尘芥的人被深不可测的沉默包围，仍骄傲地挺立，像宇宙主宰般泰然自若。思想是伟大的、迅疾的、自由的，它是世界的光，也是人类最大的荣耀。

——伯特兰·罗素，《人类为何战斗》①

① 译文引自《论不服从》（上海译文出版社，叶安宁译，2017年版）第四章相关段落，略有修改。——译者注

目 录

V · 序言
XIII · 前言

第一部分 / 素数有什么特别之处

002 · 默默无闻的数学家跨越了素数沟壑
009 · 素数间隔问题：通力合作与孤军奋战
018 · 凯萨·马托麦基的素数之梦
024 · 素数的阴谋

第二部分 / 数学是大自然的通用语言吗

032 · 魔群与月光幻影
042 · 数学和自然以神秘的模式相融交汇
049 · 一个新的普适定律的远端
058 · “鸟瞰”大自然的隐藏秩序
067 · 关于随机性的统一理论
082 · 在粒子碰撞中发现的奇怪数字
092 · 量子问题启发新的数学研究

第三部分 / 精妙的数学证明是如何诞生的

100 · 少有人走的数学巅峰之路
117 · 一个寻找已久又险些得而复失的证明
124 · “局外人”攻克 50 年历史的数学问题
133 · 驯服“怪波”，点亮LED的未来
141 · 五边形密铺证明解决百年历史的数学问题
148 · 纸牌游戏的简单证明震惊数学家
154 · 80 年未决谜题的神奇答案
160 · 数学家攻克高维版本的球堆积问题

第四部分 / 最优秀的数学头脑是如何工作的

168 · 抽象曲面的坚韧探索者
179 · 没有博士学位的“叛逆者”
189 · 解决混沌问题的巴西神童
201 · 融汇音乐与魔法天赋的数论学家
211 · 算术的神谕
220 · 通过素数证明升起的另类明星
226 · 在嘈杂方程中听到音乐的人
236 · 迈克尔·阿蒂亚的奇思妙想国

第五部分 / 计算机能做什么，不能做什么

248 · 防黑客代码已确认

258 · 计算机会重新定义数学的根源吗
269 · 里程碑式的算法打破 30 年的僵局
276 · 关于不可能的宏伟愿景

第六部分 / 无穷是什么

288 · 一条解决无穷争议的新逻辑定律
299 · 跨越有限与无穷的分界
308 · 数学家通过测量，发现两个无穷是相等的

第七部分 / 数学对你有好处吗

316 · 受意想不到的天才激励的人生
324 · 要过最好的生活，做数学吧
332 · 为什么数学是理解世界的最佳方式

339 · 致谢
343 · 作者列表
345 · 注释
359 · 译后记 人类群星闪耀时

序言 | 詹姆斯·格雷克

有人说，用文字描述音乐就如同用舞蹈表达建筑——完全是一个范畴错误。如果真是这样，那关于数学的写作又该何去何从呢？作家的工作载体只有文字，而数学家则生活在另一个完全不同的地方。

如同音乐需要灵光乍现，数学也需要可以从中汲取创造和灵感的源泉，而那个泉底可能还是黑暗的。即使是最好的数学家也难以描述出自己那个奇幻的精神世界——这可令可怜的记者们颇为头疼。很久之前，我请分形几何的创始人伯努瓦·曼德尔布罗（Benoit Mandelbrot）描述一下他发明这些奇异形状和奇特方法的直觉来源。（数学家所说的“直觉”并不是指千里眼那样的远视，而是一种对正确性的感觉。）他认为，这种直觉仅仅是一种意志的实践。“直觉并不是与生俱来的。我训练过自己的直觉，让它可以把一开始看上去十分荒谬、难以接受的形状变成显而易见、易于接受的形状。我发现每个人都能做到这一点。”在这本书中，你能看到许多生动的人物形象和精彩的采访。比如，西沃恩·罗伯茨（Siobhan Roberts）向现年89岁的伟大人物迈克尔·阿蒂亚（Michael Atiyah）施压，让他解释自己的灵感究竟从何而来。阿蒂亚起码尝试描述了一下：“你不知道这个想法从何而来，它就飘浮在空中一个不知何处的地方。你看着它，赞叹它的色彩。它就在那里。然后在某个阶段，当你试图去定格它，把它关进一个坚固的框架，或者让它从虚幻变为现实的时候，它就消失了，不见了。”

为什么要让数学家来解释他们的灵感来源呢？还是让我们这些“凡夫俗子”为他们代劳吧。

你将在这本书中不断地看到，灵感的出现真的无章可循。彼得·谢巴（Petr Šeba）在墨西哥库埃纳瓦卡的某个公交车站，看到司机们付钱买下记录前一辆公交车离站时间的纸条，由此想到了量子混沌系统；张益唐在科罗拉多州一个朋友家的后院等着去听音乐会时，“突然想到了解决方法”——一种有望证明某个里程碑式数论定理的方法；退休的德国统计学家托马斯·罗延（Thomas Royen）在刷牙时想到了解决高斯相关不等式的关键——纳塔莉·沃尔乔弗（Natalie Wolchover）将这一刻称为在“浴室水槽前的顿悟”，而这一不等式已有数十年的历史。同许多人一样，罗延努力搜寻语言来表达这一过程所带来的无法言喻的喜悦。“它就像某种恩赐。”他告诉沃尔乔弗，“我们可能在一个问题上花了很长时间，然后代表神经元奥秘的天使突然降临，带来了一个绝妙的想法。”

他们只是我们在这本书中遇到的先驱者中的一小部分。目前在瑞士工作的乌克兰人马林娜·维亚佐夫斯卡（Maryna Viazovska）在八维空间里摆弄着球体，而法国人米夏埃尔·拉奥（Michael Rao）却在给平面铺瓷砖；马丁·海雷尔（Martin Hairer）还记得自己13岁时用一台苹果麦金托什电脑探索曼德布罗集合的情景；玛丽安·米尔扎哈尼（Maryam Mirzakhani）因在双曲曲面的几何学和动力系统的物理学之间建立联系而获得菲尔兹奖；另一位菲尔兹奖得主阿图尔·阿维拉（Artur Avila）解决了（剧透警告！）“10杯马提尼”问题。

在艺术和科学中，数学是最古老的，同时也是最现代的一门学科。它可以很优美，也可以很神秘——这两种特性都是做数学的人所珍视的。书写数学和数学家的人要学会接受这些矛盾。在我接触这一领域的早期，我是一个没有受过数学训练的记者。我讨厌那种认为我是（或我应该是）一个“普及者”的想法。最好的数学文字作品不仅仅是翻译或解释，而是带来新的内容：来自思想前沿的简报。它为我们提供了看待周围世界的新方法——甚至是看待那些看不见的部分的新方法。

在阅读这本书时，当你遇到棘手的部分，遇到那些看起来很难理解的复杂之处时，你会怎么做？无论你是读者还是记者，我认为答案都是相同的：勇往直前。我们需要思考无穷的本质，好吧，那就来吧。一方面，并非只存在一种无穷；另一方面，无穷可能并不存在，它可能不是现实的一部分，可能只是我们（无限）想象力的产物。如果顺着这条思路一直往下，我们需要认真考虑一下“二元组的拉姆齐二染色定理”，即RT_2^2，那就考虑吧。戴维·福斯特·华莱士（David Foster Wallace）曾写过这样一句话：“只有在几何、拓扑、分析、数论和数理逻辑的顶尖层次，有趣和深刻才真正开始。那时计算器和无上下文的公式都消失了，只剩下纸、笔和所谓的‘天才’，即理性和狂热创造力的特殊结合，它体现了人类心智最好的地方。”这句话深得我心。

说到华莱士，他在《科学》杂志的一篇评论文章中附上了一个恰当的脚注。他希望任何写作关于数学的内容的人都牢牢记住一点——不同读者的知识背景有着很大的差异。他引用了G. H. 哈代（G. H. Hardy）写于1940年的著名文章《一个数学家的辩白》（*A Mathematician's Apology*）中的一段话："一方面，我的例子必须非常简单，没有专门数学知识的读者也能读懂……另一方面，我的例子必须来自'纯正'的数学，即职业数学家所从事的数学。"甚至在为《科学》杂志撰稿时，华莱士也会意识到自己不知道是否需要解释哥德巴赫猜想的定义：任何一个大于2的偶数都可以写成两个素数之和。华莱士在脚注里总结说："评论者本人并不确定这一解释是否必要，而事实上这段文字并没有被《科学》的编辑删去（也就是说，你全都读到了），表明编辑对此也不完全确定。"如此一来，写关于数学的文章将会变得非常"元"（meta）。

在数学领域，有一些最重要的问题同时也是最古老的问题。数学的顶峰仍然在我们孩童时期所学的概念范围之内。这本书报道的好几项突破都与素数有关。你可能知道什么是素数，但出于习惯，我们还是解释一下——素数是指"除1和它本身以外，不能被其他数所整除的数"，或其他与此类似的描述。许多关于素数的证明都已被载入史册，例如素数有无穷多个：这是欧几里得证明的。尽管他的生卒年月已消散在时间的迷雾中，无从考证；尽管他的时代没有互联网，没有电，更关键的是也没有书；尽管当时能用来书写的只有纸莎草纸，也几乎没人欣赏他的发现，他仍然做出了证明。欧几里得并不知道自己生活在一颗围绕太阳运转的行星上，但他知道素数有无穷多个，他证明了这一点。

对于一些尚未找到证明的情形，我们提出了一些猜想（例如哥德巴赫的猜想），也许有一天这些猜想会得到证明。知道了素数是什么，我们就能讨论素数之间的间隔。在很多情况下，这一间隔只有2，就像11和13一样，它们是孪生素数（twin primes）。那么有多少对孪生素数？没人知道答案，但孪生素数猜想断言有无穷对。顺便说一句，如果数学家是物理学家的话，他们会说这些猜想是正确的：因为他们已经积累了大量的证据，并且所有的经验都指向这一点。在数学家们愈发深入地观察他们的宇宙时，计算机成了他们的望远镜和宇宙飞船。当他们计算到越来越大的数字时，哥德巴赫猜想和孪生素数猜想仍然成立。但这对数学家来说还不够。他们需要一个证明来保证确定性，并且在某种意义上，他们需要一个证明来解释原因。

在报道理解素数和素数对方面的新进展时，埃莉卡·克拉赖希（Erica Klarreich）向我们介绍了筛法——一种通过滤掉非素数来寻找素数的方法。筛法最早可追溯到古希腊数学家埃拉托色尼，但这一算法正在不断改进：筛变成了带齿的梳子。专家们为一些原有的词赋予了强大的新含义，这些词包括群（group）、原相（motive）、权重（weight）、拟阵（matroids）、甜甜圈（doughnut）。

素数有一个众所周知的特征，即其分布呈现出基本的随机性。然而，这种随机性被一种令人惊讶的模式打破了。随机性和规律性相互交织，即混乱背后存在某种结构，这是贯穿全书的主题，实际上也是贯穿整个现代科学的主题。哈代在《一个数学家的辩白》中写道："数学家，就像画家或诗人一样，是模式的创造者。"他坚持将"美"这种明显不科学的品质作为理论的试金石，这反映出他对有序与无序相混合的喜爱：因为我们人类既不认为美来自纯粹的随机性，也不认为美来自完全的规律性，我们喜欢有一点儿混乱。

也许曾经有一段时间，数学是纯粹的，不太需要应对现实世界的混乱，但即便如此，那个年代也已经过去了。数学家经常率先发现看似不相关的物理系统之间的联系，正如凯文·哈特尼特（Kevin Hartnett）所报道的那样，随机游走的几何结构可能既适用于量子弦，也适用于细菌菌落。研究“原相周期”的数学家正在把代数几何和粒子物理学家所青睐的费曼图联系起来。这些都是物理学家尤金·维格纳（Eugene Wigner）所说的“数学不合理的有效性”。数学家潜心钻研他们柏拉图式的想象世界，而他们在那里发现的规则、结构和模式又有如巧合一般在自然科学中不断重现。

罗贝特·戴克赫拉夫（Robbert Dijkgraaf）在他的文章中引用了两位相隔四个世纪的伟大科学家的观点，他们都从学习语言的角度阐述了数学和其他科学之间的关系。第一位是伽利略，他说：“哲学写在宇宙这本宏大的书里，它一直迎着我们的目光敞开。但如果我们不先学会理解它所用的语言，不先阅读构成语言的字母，就无法理解这本书。这本书是用数学的语言写的。”第二位是理查德·费曼：“对于那些不懂数学的人来说，要理解自然的美、最深层次的美是很困难的……如果你想了解自然、欣赏自然，就必须理解她的语言。”

戴克赫拉夫认为，出现了一种来自“量子理论的怪诞世界”的新语言——“在这个世界中，事物似乎可以同时出现在两个地方，并受概率论定律的主宰”。他提出，数学家可以从量子理论的不合理有效性中有所收获。事实上，数学和量子理论正以意想不到的方式相互影响。数学家斯维特拉娜·梅博罗达（Svitlana Mayboroda）正在使用“地形函数”对混乱无序材料中的局域化进行量子模拟，这一突破可能会提高发光二极管的效率。还有些数学家正在研究准晶体中量子态的演化。正如戴克赫拉夫所说，量子语言的优点在于它的“整体方法”，这种方法可以将一个系统的所有可能性看作一个整体。

“这种同时考虑所有对象的整体方法非常符合现代数学的精神，”他告诉我们，“在现代数学中，对由对象组成的‘范畴’的研究更多地集中在对象之间的互动上，而不是任何具体的单个对象上。”和物理学家一样，数学家在讨论关于他们宇宙的事实时，也希望能把它们与其他事实联系起来。他们希望整个大自然都有意义。

前言 | 托马斯·林，《量子》杂志主编

一个好的科学（或数学）故事是很难被打败的。

以2012年7月4日的事件为例。那天早上，全世界最大的物理实验——瑞士日内瓦附近的大型强子对撞机（LHC）的科学团队宣布了他们一生中最重大的发现：花了20年设计和建造、在2008年投入使用后不久又经历了令人沮丧的故障的LHC，终于发现了希格斯玻色子。没有希格斯玻色子，就没有我们所知的生命和宇宙。次年，由于在20世纪60年代的理论工作中预测了希格斯粒子的存在，彼得·W. 希格斯和弗朗索瓦·恩格勒分享了当年的诺贝尔物理学奖。

纪录片《粒子狂热》（*Particle Fever*）记录了希格斯玻色子的发现背后所承载的数千名研究人员的希望和梦想。其中我最喜欢的场景之一，是2008年理论物理学家戴维·卡普兰（David Kaplan）在一个座无虚席

的演讲厅里向听众解释，他们为什么要建造一个“五层楼高的瑞士手表”［实验物理学家莫妮卡·邓福德（Monica Dunford）语］一样的东西。有位经济学家对卡普兰的演讲无动于衷，他要求明确地知晓人们究竟能从这个耗资上百亿美元的实验中得到什么：“经济回报是什么？所有这些花费有何意义？”

“我不知道。”卡普兰坦率地答道。卡普兰一定经常被问到这个问题，他耐心地向大家解释，在基础科学发生重大突破的这个层面，“你不会问‘它有什么经济收益？’只会问‘还有什么是我们不知道的？我们可以在哪里取得进展？’”在其最纯粹的形式上，科学和数学的目标并不是工程的实际应用或者从中获利（尽管这些通常在后来都会发生，有时可能要更晚一点），它是在研究你以前不知道的东西。

“所以，LHC有什么好处呢？”卡普兰反过来问这位经济学家，同时抛出了致命一击：“它可能没有任何好处——除了帮助我们理解万物。”

碰巧的是，这本书就是从《粒子狂热》结束的地方开始讲起的，它讲述的是在探索理解万物的过程中发生的故事。著名理论物理学家尼马·阿尔卡尼–哈米德（Nima Arkani-Hamed）将基础物理学中的这种努力描述为“试图用最简单的方式，理解（原则上）能够产生万物的最小基本原理集”。假设越少、近似越少、扭曲越少，或者说所需的思想越少，我们就越接近真理。希格斯玻色子现已被发现，粒子物理学的标准模型业已完成。现在的问题是，如果没有标准模型之外的新粒子，我们就无法理解宇宙了。那么，我们要如何理解它呢？

在《当爱丽丝与鲍勃遇上火墙》与《素数的阴谋》中，我们讲了一些最伟大的科学家和数学家的故事，因为他们检验了人类知识的极限。

这两卷姊妹篇中呈现的故事，展现了过去五年左右的时间里，人们为解开宇宙的奥秘（它的起源和基本规律、它所包含的大小各异的对象，以及在它之中生存的极其复杂的栖息者）和大自然的通用语言而付出的努力。这些故事透过重大的问题，揭示了一些理解我们物理、生物和逻辑世界的最佳思想和理论，同时也阐明了目前尚存争议的基本问题以及阻碍这些学科进一步发展的障碍。

在为这两本辑录遴选和编辑《量子》杂志的文章时，我尝试不用“最佳选集”和“最热门合辑”这种常规的精选集的形式。取而代之的是，我想让读者踏上一段激动人心的知识之旅，乘着人类对知识无止境追求的东风，直抵发现的前沿。但这段旅程到底是什么样的呢？这段非虚构的冒险之旅探索了关于素数本质的核心问题——我们的宇宙是不是“自然的”，时间和无穷的本质，奇怪的量子现实，时空是基本的还是意外产生的，黑洞内外，生命的起源和演变，是什么让我们成为人类，我们对计算的期望及其局限性，数学在科学和社会中的角色，以及这些问题会将我们带向何处。书中的这些故事揭示了前沿研究是如何进行的——理论、实验和数学直觉之间这些颇具成果的紧张冲突是如何在成功、失败或无效的结果中开辟出一条前进道路的。

什么是“量子”？阿尔伯特·爱因斯坦称光子为“光量子”。《量子》杂志致力于阐明公众视野盲区中一些最具颠覆性和奠基性的思想。并不是说有人有意把这些思想隐藏了起来，而是它们都藏身于高度专业性的会议和研讨会、论文预印本网站arxiv.org和晦涩难懂的学术期刊中。即使对于相近领域的专家来说，这些主题也并不容易理解。因此，只有希格斯粒子级别的发现被大众媒体广泛报道，也就不足为奇了。

《量子》的故事始于2012年，就在希格斯粒子被发现的几周后。当时，新闻行业仍未从2008年金融危机的打击和平面广告业的持续衰退中复苏。在这种情况下，我萌生了一个不太明智的想法：创办一本科学杂志。在我的设想中，这本杂志将采用比肩《纽约时报》和《纽约客》等出版物的最高编辑标准，但报道范围将与现有的新闻媒体完全不同。一方面，它不会报道任何你可能觉得真正有用的东西：这本杂志不会刊登健康或医学类新闻，也不会对最新的技术突破进行铺天盖地的报道；它不会建议你摄入或避免哪些食物或维生素、每天要进行哪些锻炼、哪些小玩意儿是必须购买的；它不会讲关于摇摇欲坠的基础设施或令人敬畏的工程壮举的故事；它甚至不会帮你了解美国国家航空航天局（NASA）的最新任务、系外行星的发现或SpaceX（太空探索技术公司）火箭的发射。当然，报道这些都没有错，只要它们被准确报道、精心撰写，并经过了仔细的事实核查，这些都是"你可以使用的新闻"。但我志不在此：我想创办一本能帮助我们逃离自己的小世界，但在其他方面就像LHC一样毫无用处的科学杂志。这本无用的杂志就是你现在所知道的《量子》。

除此之外，我和我的同事们对待读者的方式也与其他报纸杂志有所不同。我们并不会省略对中心概念或新思想形成过程的描述。事实上，那些难解的科学和数学问题正是故事的戏剧冲突之所在，而数学家们取得进展的方式（或是孤军奋战，或是通力合作）则提供了解决方案，它们都推动了《量子》杂志文章的叙事。我们避免使用专业术语，但并不阻止读者接触科学本身。无论读者是否具有科学背景，我们都相信他们有足够的求知欲，想了解更多的相关内容，所以我们也会提供更多。

像《量子》杂志一样，这本书是为那些想要了解大自然如何运作、宇宙由什么构成以及生命如何起源并演变成无数形式的人写的。对于那些想寻找好奇心、想近距离看到人类在最重要的数学难题上取得的突破且以见证数学宇宙的扩张为乐趣的人，这本书就是为你们准备的。

请允许我改编一下谢尔·西尔弗斯坦（Shel Silverstein）著名的诗篇《邀请》（在此，谨向已故的西尔弗斯坦先生表示诚挚的歉意），以此作结：

如果你是一个梦想家，请进来吧，
如果你是一个梦想家、思想家、好奇的探索者，
一个理论家、实验家、数学家……
如果你是一个修补匠，来为我加满烧杯，
因为我们有一些费解的难题要研究。
请进来吧！
请进来吧！

第 一 部 分

素数有什么特别之处

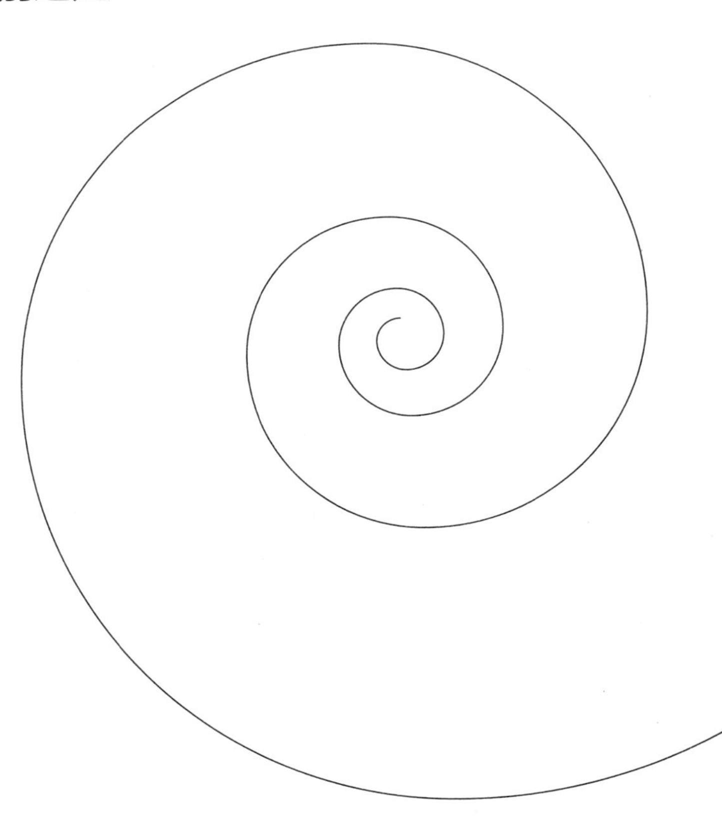

默默无闻的数学家
跨越了素数沟壑

埃丽卡·克拉赖希

2013年4月17日，数学领域顶级期刊之一《数学年刊》（*Annals of Mathematics*）收到了一篇论文。这篇论文出自一位在其领域几乎名不见经传的数学家——来自新罕布什尔大学年逾50岁的讲师张益唐。该论文声称在理解孪生素数猜想这一最古老数学问题上取得了重大进展。

顶级期刊的编辑们早已习惯面对不知名作者的夸夸其谈，不过这篇论文却是个例外，因为它显然是一份严肃的证明：语言清楚明晰，且完全掌握了该领域目前最新的技术。《数学年刊》的编辑决定对其加快处理。

仅仅过了三周时间——相对于数学期刊正常的审稿速度也就是一眨眼的工夫，张益唐就收到了他论文的审稿意见。

其中一位审稿人写道："主要结果是一流的。作者证明了素数分布中一个里程碑式的定理。"

一位此前默默无闻的学者取得了一项重大进展——这一传闻在数学

界迅速传播开来。事实上，在1991年获得博士学位后，张益唐的学术能力一直被人忽视，以至于他甚至无法在学术界找到一份工作。他当过几年会计，甚至在赛百味（三明治快餐连锁店）干过。

蒙特利尔大学的数论学家安德鲁·格兰维尔（Andrew Granville）教授说："在此之前基本没人知道他。但突然间他就证明了数论史上重要的结果之一。"

当年5月13日，哈佛大学的数学家们赶忙为张益唐安排了一场报告，请他在听众面前展示自己的工作。随着更多的细节浮出水面，人们意识到，张益唐的结果并非来自什么全新的方法，而是来自坚持不懈地运用已有的方法。

"这一领域的顶级专家之前尝试过这种方法，"格兰维尔表示，"虽然张益唐并不是知名的专家，但那些专家都失败了，而他成功了。"

素数对问题

素数是指除了1和它自身以外没有其他因子的自然数，它们是构成算术的"原子"。两千多年前，欧几里得证明了存在无穷多个素数，之后，关于素数的问题吸引了无数数学家。

素数本质上与乘法性质相关，因此理解其加法性质就变得非常棘手。数学中一些最古老的猜想就涉及素数及其加法性质，例如孪生素数猜想，它断言存在无穷多对相差为2的素数；以及哥德巴赫猜想，它断言所有偶数都可以写成两个素数之和。非常巧合的是，张益唐在哈佛做报告的同时，来自巴黎高等师范学校的哈拉尔德·黑尔夫戈特（Harald Helfgott）在线发布了一篇文章，证明了后一个猜想的一个弱版本。[1]

数轴上一开始有很多素数，但随着数字逐渐变大，它们变得越发稀疏。比如在前10个数中，素数占40%：2，3，5，7。但在10位数中，素数仅占约4%。一个多世纪以来，数学家已经理解了在平均意义上素数的出现频率是如何递减的：在大数中，相邻素数之间的期望间隔大约是其位数的2.3倍，比如在100位数中，相邻素数之间的期望间隔大约是230。

但这只是平均意义上的结果。素数经常比预测的平均值更加紧密或稀疏。尤其是孪生素数经常会突然出现，比如3和5，11和13，它们仅相差2。虽然在大数中孪生素数变得越发稀少，但它们似乎从未完全消失（目前发现的最大的孪生素数是$2\,996\,863\,034\,895 \times 2^{1\,290\,000} \pm 1$）。

数百年来，数学家一直猜想有无穷多对孪生素数。1849年，法国数学家阿方斯·德波利尼亚克（Alphonse de Polignac）推广了这一猜想，提出对于任意可能的有限间隔（不仅仅是2），都应该存在无穷多素数对。

从那时起，即使不知道有什么应用，但这些猜想的内在吸引力就足以让人们赋予它数学圣杯的地位。尽管人们在证明这些猜想方面付出了很多努力，数学家们还是不能排除素数的间隔会一直增长，并最终超过任意特定上界的可能。

现在张益唐突破了这道障碍。他的论文表明：存在某个小于7 000万的数N，使得有无穷多对素数，它们之差小于N。不论你在庞大素数的沙漠里走多远，也不论这些素数变得多稀疏，你总会不停地发现相差小于7 000万的素数对。

圣何塞州立大学的数论学家丹尼尔·戈德斯通（Daniel Goldston）说这一结果“令人震惊”。“这是一个你之前无法确定能否解决的问题。”

素数筛

张益唐的证明源自13年前的一篇论文。这篇论文被数论学家们称为GPY，由论文三位作者姓名的首字母命名——戈德斯通、来自布达佩斯阿尔弗雷德·雷尼数学研究所的亚诺什·品茨（János Pintz）和伊斯坦布尔海峡大学的杰姆·伊尔迪里姆（Cem Yıldırım）。[2]虽然GPY论文非常接近最终的结论，但它最终还是无法证明存在无穷多具有某个有限间隔的素数对。

不过，GPY证明了总存在间隔比预测的平均间隔小得多的素数对。精确来讲，GPY证明了对任意选定的分数（无论多小），只要沿数轴走得足够远，总存在一对素数，它们的间隔小于平均间隔的该分数倍。但研究者无法证明这些素数对的间隔总小于某个特定的有限数。

GPY使用了一种被称为“筛法”的方法来过滤出那些间隔小于平均值的素数对。从两千年前用于寻找素数的埃拉托色尼筛法开始，各种筛法在素数研究中长盛不衰。

举个例子，我们来使用埃拉托色尼筛法来寻找100以内的素数。我们从2开始，划掉100以内所有能被2整除的数；接着到3，我们划掉所有能被3整除的数；4已经被划掉了，所以到了5，我们划掉所有能被5整除的数，以此类推。经过了这一过程，最后剩下的数就是素数。

埃拉托色尼筛在识别素数方面效果很好，但对于解决理论问题来说却过于烦琐而低效。在过去的一个世纪中，数论学家们发展出了一整套方法来寻求这些问题的近似答案。

“埃拉托色尼筛法的准确性好过头了，”戈德斯通说，“现代筛法则放弃了完美筛选的尝试。”

GPY设计了一种筛法，它可以过滤出一串可能包含潜在素数对的数。为了从这些数中找出真正的素数对，研究者将他们的筛法和一个函数相结合，该函数的有效性取决于一个被称为分布水平的参数，这一参数用来衡量素数开始显现出某些规律性的速度。

我们已知这一分布水平至少为1/2。[3]这正好是证明GPY结果所采用的参数，但它无法证明总存在具有某个有界间隔的素数对。研究人员已经证明：只有当素数的分布水平大于1/2时，GPY使用的筛法才可能证明这个结论——任何比1/2大，哪怕只是大一点点的数都可以。他们认为：GPY的定理“距离解决这个问题看似只有一根头发丝直径的距离”。

但是随着更多研究者试图解决这个困难，这一根头发丝的直径看起来却愈发遥远。在20世纪80年代，3位研究者，来自普林斯顿高等研究院的菲尔兹奖得主恩里科·邦别里（Enrico Bombieri）、多伦多大学的约翰·弗里德兰德（John Friedlander）和罗格斯大学的亨里克·伊万涅茨（Henryk Iwaniec），发展出了一套调整分布水平定义的方法，将这一参数提高到4/7。[4]在2005年GPY论文发表之后，研究者们不遗余力地试图将这一调整后的分布水平整合到GPY的筛法框架内，但都无功而返。

格兰维尔评论道：“这个领域最有名的专家都尝试过，并且都失败了。当时我个人认为没有人能在短时间内做到。”

跨越沟壑

与此同时，张益唐在孤军奋战，试图在GPY定理和素数有界间隔猜想之间架设桥梁。张益唐是一位在普渡大学获得博士学位的中国移民，他一直对数论充满兴趣，尽管这不是他博士论文的题目。在无法在学术界找到工作的艰难岁月里，张益唐仍然继续关注着该领域的进展。

他说："一个人的职业生涯中有很多机会，但重要的是要保持思考。"

张益唐读到了GPY的论文，特别是那句关于GPY定理和素数有界间隔猜想间仅有头发丝直径的距离的话。他说："那句话让我印象深刻。"

在没有和该领域的专家进行交流的情况下，张益唐开始独自思考这个问题。然而，三年过去了，他没有取得丝毫进展。"当时的我疲惫不堪。"他说。

2012年夏天，为了放松，张益唐拜访了科罗拉多州的一位朋友。7月3日，在朋友家的后院等待启程去音乐会的半小时时间里，他突然想到了问题的答案。他说："我马上意识到这样行得通。"

张益唐的想法是，不直接使用GPY的筛法，而是对其进行修正。修正后的筛法不会对每一个数都进行过滤，而仅仅过滤那些没有大的素因子的数。

戈德斯通说："他的筛法并不是那么好，因为它并没有使用可以用来筛数的所有工具。但事实证明，虽然它的效果稍差，但却拥有某种灵活性，让结论得以成立。"

戈德斯通认为，虽然新的筛法能够让张益唐证明存在无穷多相差不超过7 000万的素数对，但它能证明孪生素数猜想的可能性很小。他说，即使假设最强的分布水平参数，通过GPY方法可能得到的最好的结果，也只是存在无穷多相差不超过16的素数对。

但格兰维尔却认为，数学家不应提前排除使用这些方法最终证明孪生素数猜想的可能性。

他说："这项工作是革命性的。有时出现一个新的证明之后，原先人们认为要难得多的问题就变成了一个很小的扩展而已。目前，我们需要研究这篇论文，看看结果如何。"

张益唐花费了数月的时间来厘清所有细节，最终的论文阐述清晰，堪称典范。格兰维尔评价道："他把每一个细节都讲清楚了，让人无从质疑。文章没有含糊不清的地方。"

在张益唐收到审稿意见之后，更多的事情纷至沓来。各地的研究机构纷纷邀请他去做报告，介绍自己的工作。格兰维尔说："一个默默无闻的人能做到这一点，令人感到相当兴奋。"

对于自称非常害羞的张益唐来说，聚光灯下的光芒多少令他有些不适应。他说："我说，'为什么一切来得如此之快？'有时这令人很困惑。"

然而，在哈佛的演讲现场，张益唐并不紧张。听众称赞他的演讲思路清晰。他说："当我做报告并且专注于数学时，我就忘记了害羞。"

张益唐说，到目前为止，自己对于之前相对默默无闻的职业生涯并无怨恨。他说："我的心态很平和。我不是特别在乎钱，或者荣誉。我喜欢安静，我喜欢继续一个人工作。"

素数间隔问题：通力合作与孤军奋战

埃丽卡·克拉赖希

2013年，张益唐攻克了素数领域一个长期悬而未决的问题。他证明了，沿数轴前进时，尽管素数的分布越来越稀疏，但你总能找到相差不超过7 000万的素数对。之后的几个月里，整个数学界都沉浸在张益唐这一结果所带来的兴奋之中，他收到了铺天盖地的活动邀请。张益唐在美国众多知名学府报告了自己的工作，收到了中国顶尖科研机构的工作邀请，还拿到了美国普林斯顿高等研究院访问学者的位置，后来，他所在的新罕布什尔大学也将他晋升为正教授。

与此同时，张益唐的工作也引出了一个问题：为什么是7 000万？事实上，这一数字并没有什么神奇之处——它只是满足了张益唐的目的，并有助于简化他的证明。其他数学家很快就意识到，应该有办法减小这一差值的上界，尽管不能一直减小到2。

截至2013年5月底，数学家们已经对张益唐的证明进行了一些简单调整，将这个上界降到了6 000万以下。澳大利亚国立大学的斯科特·莫里森（Scott Morrison）发表了一篇博客，就此点燃了一场活动的风暴：数学家们开始争相减小这一数字，创造了一个又一个纪录。截至同年6月4日，数学界的著名奖项——菲尔兹奖得主、加州大学洛杉矶分校的陶哲轩（Terence Tao）创建了一个公开的“博学者计划”在线项目（Polymath project）以改进这个结果，该项目吸引了数十名参与者。

启动几周以来，该项目以惊人的速度推进。陶哲轩回忆道：“有的时候，这个上界每隔30分钟就会下降。”截至2013年7月27日，该团队已经成功将素数间隔的上界从已证的7 000万降到了4 680。

随后，同年11月，当时还在蒙特利尔大学独立工作的博士后研究员詹姆斯·梅纳德（James Maynard）在预印本网站arxiv.org上发布了一篇文章，使得缩小素数间隔的竞争进入白热化阶段。[1]就在张益唐宣布其结果几个月之后，梅纳德给出了一个独立的证明，将这一间隔降到了600。博学者项目中的另一项工作将该项目中合作者的技术和梅纳德的方法相结合，将这个数值降到了246。

陶哲轩说：“数学界对这一新进展非常兴奋。”

梅纳德的方法不仅适用于素数对，也适用于三元、四元和多元素数组。他证明，当你沿数轴前进时，你可以找到无穷多个包含任意给定数目个素数的有界的多元素数组（陶哲轩说，他与梅纳德几乎同时独立地得到了这个结果）。

张益唐的工作，以及梅纳德的工作（尽管梅纳德的程度更轻一些），都是孤独数学天才的典型写照：他们在某个传说中的阁楼里埋头工作数年，最后拿出一个震惊世界的伟大成果。而博学者计划却截然相反——它发展迅猛，提倡大规模合作，以随时创造一项新世界纪录所带来的满足感为动力。

对于张益唐来说，独自工作并几乎不正常地痴迷于某一个难题的方式给他带来了丰硕的回报。那他会向其他数学家推荐这种方法吗？“这很难说，”他说，“这是我选择的方式，但也只是我个人（做数学）的方式。”

陶哲轩则强烈反对年轻数学家走与张益唐相同的道路，他称这是“一种特别危险的职业危害”，并指出，这条路很少奏效，除非你是有稳定职位，并已经做出了能证明自己实力的工作的知名数学家。不过，他在一次采访中也表示，独立和合作的工作方式都能给数学带来新的东西。

陶哲轩说：“要有愿意独立工作且敢于打破传统观念的人，这非常重要。”相比之下，博学者计划“完全是群体思维”。“并非每个数学问题都适合这样的合作，但就缩小素数间隔的界这一问题而言，它非常适合。”

梳理数轴

为了证明自己的结果，张益唐使用了一种叫*k*元组（k-tuple）的数学工具来寻找素数。你可以把*k*元组想象成一把梳子，其中部分梳齿被折断了。如果你从数轴上任意选定的位置开始，沿数轴放置这样一把梳子，那么剩余梳齿将会指向一组数字。

张益唐的目光集中在一类折断梳子上，其剩余梳齿满足“可容许性”（admissibility）这一整除性质。首先，他证明，任意一把至少有350万个梳齿的“可容许梳子”会在数轴的无穷多个位置上发现至少两个素数。接下来，他展示了如何从一把有7 000万个梳齿的梳子出发，通过折断除素数梳齿以外的其他所有梳齿，来得到一把至少有350万个梳齿的可容许梳子。张益唐得出结论，这样一把梳子一定能不断地找到两个素数，且找到的两个素数相差不超过7 000万。

蒙特利尔大学的安德鲁·格兰维尔称这一发现是“一个了不起的突破”，“（这）是一个具有历史意义的结果”。

张益唐的工作包括三个单独的步骤，每一步都为他7 000万的上界提供了潜在的改进空间。首先，张益唐引用了一些非常深奥的数学过程来确定素数可能隐藏的位置。接下来，他用这个结果计算出他的梳子需要多少梳齿，才能保证它可以无穷多次地找到至少两个素数。最后，他计算出自己必须从多大的梳子开始，才能在折断到满足可容许性之后还能留下足够的梳齿。

陶哲轩表示，由于这三个步骤可以分别进行，改进张益唐的结果变成了一项适合多人合作的理想项目。“他的证明是非常模块化的，所以我们可以并行多个步骤，让掌握不同技术的人分别贡献出自己的改进。”博学者计划很快吸引了掌握相关技术的人，它或许比自上而下组织的计划更有效率。“博学者计划把从未想过会一起工作的一群人聚集了起来。”陶哲轩说。

素数的鱼塘

在张益唐的三个步骤中，最先得到改进的是最后一步。在这一步中，他找到了一把至少有350万个梳齿的可容许梳子。张益唐证明，只需一把长度为7 000万的梳子，就能得到这样一把可容许梳子，但他并没有特别努力去尝试缩短这一长度。这其中有很大的改进空间，擅长计算数学的研究人员很快就开始了一场良性竞争，寻找具有给定梳齿数的更小的可容许梳子。

麻省理工学院的安德鲁·萨瑟兰（Andrew Sutherland）很快就在构造可容许梳子的竞争中拔得头筹。他的研究重心是计算数论，在张益唐宣布自己结果的那段时间里，安德鲁正在旅行，并没有特别注意这个结果。但当他在芝加哥一家酒店办理入住手续，并向前台接待员提及自己在那儿参加一个数学会议时，接待员回答道："哇，是那个7 000万，对吗？"

萨瑟兰说："我被酒店接待员都知道这件事震惊了。"他很快就发现，对有像他这样计算能力的人来说，张益唐给出的上界还有很大的改进空间。"这个夏天我本来有很多计划，但它们都被我搁下了。"

对于研究这一步骤的数学家来说，他们面临的情况随时在发生改变。每当研究其他两个步骤的数学家设法减少了梳子所需的梳齿数时，他们的任务就会发生变化。"游戏规则每天都在改变，"萨瑟兰说，"当我睡觉时，欧洲的合作者可能就贴出了新的上界。有时，我会在凌晨2点跑下楼，去发布一个想法。"

博学者项目的最终纪录是一把总长度为4 680、有632个梳齿的梳子。该团队使用了一种遗传算法，这种算法将不同的可容许梳子彼此"配对"，以制造出新的、可能更好的梳子。[2]

梅纳德发现了一把总长度为600、有105个梳齿的梳子，这使得之前博学者项目中那些庞大的计算都过时了。但这个团队的努力并没有白费。萨瑟兰说，寻找更小的可容许梳子在许多数论问题中都有用武之地。梅纳德则说，在改进自己关于三元、四元和多元素数组的结果时，这个团队的计算工具就很可能派上用场。

关注张益唐证明第二步的研究人员的工作，则是沿数轴寻找放置梳子的位置，使其最有可能找到一对素数，并以此来确定所需要的梳齿数。当你沿数轴越走越远时，素数会变得非常稀疏，因此如果你只是把梳子随机放在某个位置，你很可能找不到任何素数，更别说找到两个素数了。寻找哪里有最多素数的问题最终变成了“变分法”领域中的一个问题，变分法是微积分的一种推广。

这一步包括可能是这个计划里最了无新意的进展，它们绝大部分最终也被梅纳德的工作直接取代了。然而在当时，这一进展是最富有成果的进展之一。当这一团队在2013年6月5日填上这块拼图时，素数间隔的上界从大约460万降到了389 922。

张益唐证明的第一步处理的问题是素数是如何分布的，关注这一步的研究人员所面临的可能是最困难的工作。一个多世纪以来，数学家们已经掌握了一系列关于素数分布的规律。其中一条规律说，如果将所有素数除以3，则一半的素数余1，一半的素数余2。萨瑟兰认为，这一类规律正是我们在确定一把可容许梳子能否找到一对素数时所需要的，因为它表明“代表素数的鱼儿不可能都藏在同一块石头下面，它们是分散在各处的”。但为了在证明中使用这些分布规律，张益唐以及后来的博学者项目都必须尽力攻克一些最深奥的数学难题：其中包括从20世纪70年代起由皮埃尔·德利涅（Pierre Deligne）提出的一系列定理，这些定理关注的是在庞大的求和式中，什么时候某些特定的误差项会相互抵消。皮埃尔·德利涅目前是普林斯顿高等研究院的名誉教授。莫里森认为德利涅的工作是“20世纪数学中巨大而惊人的一页”。

陶哲轩说：“幸运的是，有一些参与者对德利涅发展出的这套困难的机制非常熟悉。在开展这项计划之前，我自己对这个领域了解不多。”

这一步的参与者不仅通过完善这部分的证明来改进了得到的结果，还提供了另一种完全不依赖德利涅定理的方法，但此时要在得到的结果上付出一定代价：如果不用德利涅定理，这一计划得到的最好的上界是14 950。

对于数学家来说，这种对证明的简化（如果有的话）比这个计划最终得到的数字更令人兴奋，因为数学家不仅关心证明是否正确，也关心它能带来多少新的见解。

“我们需要的是新想法。”格兰维尔说。

引人注目的是，在博学者项目的进程中，张益唐本人并未参与，尽管这一点可能并不令人意外。他说自己并未密切关注过这个计划，并表示：“我和他们没有任何联系。我更喜欢保持安静和独处，这能够让我集中精力。”

尽管不那么引人注目，但同样缺席博学者项目的还有梅纳德。当博学者项目的参与者们狂热地减小素数对之间的间隔时，梅纳德正在独自发展一套不同的方法——一套在一篇已被遗忘的论文中预示的方法，那篇论文是十年前写的，后来被撤回了。①

秘密武器

张益唐的工作基于2005年一篇被称为GPY的文章，它以作者丹尼尔·戈德斯通、亚诺什·平茨和杰姆·伊尔迪里姆的姓氏首字母命名。[3] GPY论文发明了一个评分系统，来衡量某个给定的数与素数的接近程度。偶数得分很低，能被3整除的奇数得分仅比偶数略高，等等。这类

① 本文的写作与发表时间是2013年11月。——编者注

评分公式被称为“筛”，它们也可以用来对可容许梳子指向的一组数进行评分，在确定梳子放在数轴上的什么位置更有可能找到素数时，它们是非常关键的工具。构造一个有效的筛其实有点儿像一门艺术：这个公式必须能很好地估计不同的数与素数的接近程度，但也必须足够简单，能用于分析。

在GPY论文发表的两年前，三位作者中的两位——戈德斯通和伊尔迪里姆——就发布了一篇论文，描述了他们宣称的强大评分方法。然而，没过几个月，数学家们就发现了该论文的一个漏洞。当戈德斯通、平茨和伊尔迪里姆重新调整了评分公式，补上这一漏洞后，大部分数学家开始将注意力转向调整后的评分系统，即GPY版本，并未考虑是否有更好的方法来调整最初有漏洞的公式。

梅纳德的博士后导师格兰维尔说：“我们这些研究GPY的人觉得自己已经掌握了所有的基础知识，从来没想回过头去重新做之前的分析。”

然而，2012年，梅纳德决定回过头再看一看之前的论文。作为一名研究筛理论的刚刚毕业的博士，梅纳德发明了一种调整GPY评分系统的新方法。GPY对可容许梳子评分的方法是将其指向的所有数字相乘，然后对乘积进行一次性评分。而梅纳德想出了一种对每个数字分别评分的方法，以从评分系统中获得更多细微差别的信息。

格兰维尔表示，梅纳德的筛法“出人意料地简单”。“这种方法是像我这样的人会拍着额头说，‘如果七年前我们意识到自己可能做到，我们早就做到了！’的那种。”

利用这种改进后的评分系统，梅纳德将素数的间隔缩小到了600，并对更大的素数组也证明了相应的有界间隔结果。

张益唐和梅纳德在几个月之内各自证明了素数间隔是有界的，这“纯属巧合”。梅纳德说：“当我听到张益唐的结果时，我非常兴奋。”

对于梅纳德抢了博学者项目的风头，陶哲轩也持类似的看法，他说：“纪录就是用来被打破的——这就是进展。”

陶哲轩和梅纳德说，将梅纳德的筛法与张益唐和博学者项目关于素数分布的深刻技术性工作结合起来，有可能进一步缩小素数间隔。

这一次，梅纳德也加入了进来。他说：“我期待着使这个上界尽可能小。”

从张益唐和梅纳德的方法中究竟还能榨出多少东西，仍有待观察。在梅纳德的工作之前，最好的情况似乎是素数间隔的界可以被降到16，这是GPY方法的理论极限。梅纳德的改进将这一理论极限降到了12。梅纳德说：“可以想象，用一个更巧妙的筛法可以将这一极限降到6。”但他同时也表示，用这些想法不太可能将素数间隔一直降到2，来证明孪生素数猜想。

梅纳德说：“我觉得我们仍然需要一些理念上的重大突破，才能解决孪生素数问题。”

陶哲轩、梅纳德和博学者项目的参与者们最终可能会从张益唐那里获得大量新的想法。这位近期频繁乘飞机四处旅行的数学家花了相当一段时间才掌握了在飞机上思考数学的技能，但他现在已经开始研究新的问题了。张益唐拒绝透露更多信息，只说这个问题“很重要”。他说，尽管他目前没有在研究孪生素数问题，但他保留了一个“秘密武器”——在他的结果公布之前，他就发明了一种可以降低上界的技术。张益唐说，由于该“武器”太过技术性和困难，他在自己的论文中省去了这种技术。

“这是我自己的原创想法，”他说，“它应该是一个全新的东西。”

凯萨·马托麦基的素数之梦

凯文·哈特尼特

素数是数学中的核心角色，是构成其他所有数的不可整除的元素。约公元前300年，欧几里得证明了存在无穷多个素数。两千多年后，19世纪末的数学家改进了欧几里得的结果，证明在1到任意某个很大的数x之间，大约有$x/\log(x)$个素数。

这一估计被称为素数定理，它只在x非常大时被证明是成立的，这就引出了一个问题——它在更小的区间上成立吗？

凯萨·马托麦基（Kaisa Matomäki）今年33岁，成长于芬兰西部的小镇纳基拉，从小就是那里的数学明星。之后她离开了家，前往一所专门从事数学教育的寄宿制学校读书，并在大四时获得了全国数学竞赛一等奖。在研究生阶段开始进行严肃的数学研究时，马托麦基对素数产生了浓厚的兴趣，特别是它们在更小区间上的行为问题。

1896年，数学家们证明，在所有数中，大约一半有偶数个素因子，一半有奇数个素因子。2014年，现任芬兰图尔库大学教授的马托麦基和经常与她合作的麦吉尔大学教授马克西姆·拉齐维尔（Maksym Radziwill）一起，证明了当你在小区间上观察素因子时，上述结论依然成立。他们为实现这一目标而发明的方法已被其他著名数学家采用，并在素数研究中取得了一系列重要结果。由于这些成就，马托麦基和拉齐维尔共同获得了2016年的SASTRA拉马努金奖[①]——这是数论领域为年轻研究者设立的最负盛名的奖项之一。

然而马托麦基的结果反倒令围绕在素数周围的神秘面纱变得更加浓厚了。她向《量子》杂志解释说，长期以来，数学家们一直认为，如果能证明小区间上素因子个数的奇偶性分布问题，就能直接证明小区间上的素数定理。但是当马托麦基证明了前一个问题后，她发现后一个问题的证明反倒更加难以企及——这再一次证明素数不会轻易善罢甘休。

2017年，《量子》杂志采访了马托麦基，询问了有关素数的研究以及她取得突破背后的方法。以下是经过编辑和精简的对话版本。

你的工作旨在解决关于素数的两个重大且相关的问题。你能介绍一下它们吗？

素数定理是解析数论中最基本的定理之一，它断言不超过x的素数大约有$x/\log(x)$个。

黎曼ζ函数与素数的分布密切相关。

我们已经知道，素数定理等价于说在不超过x的数中，大约一半的数有偶数个素因子，一半的数有奇数个素因子。这两者之间的等价并不显然，但由于一些与黎曼ζ函数的零点有关的事实，我们知道它们是等价的。

---

① SASTRA是Shanmugha Arts, Science, Technology & Research Academy的首字母缩写。——译者注

也就是说，我们很早就知道这两个问题是等价的。你对它们的研究是从哪里开始的？

我一直对关于素数和素数定理的问题，以及与素因子个数奇偶性有关的问题感兴趣。所以马克西姆·拉齐维尔和我一直在研究的就是素因子个数奇偶性的局部分布。我们发现，取一个区间上的数字样本，通常情况下，它们中大约一半的数有偶数个素因子，一半的数有奇数个素因子。这不仅适用于从1到x这样的大区间，也几乎适用于所有非常小的区间。

我们来聊聊你在这些非常小的区间上证明结果的方法——你使用了乘性函数：它们是一类满足$f(m\times n)=f(m)\times f(n)$的函数。为什么这些函数值得关注呢？

例如，我们可以用它们去研究有偶数个素因子或奇数个素因子的数。存在一个乘性函数，它满足：如果n有奇数个素因子，则它取-1；如果n有偶数个素因子，则它取$+1$。这是乘性函数最重要的一个例子。

你可以取这些乘性函数，并对它们进行“分解”。这是什么意思？

我们从整数n中拿出一个小的素因子。在电话里解释起来有些困难。我们考虑目标区间里一个典型的整数n，我们注意到n有一个小的素因子p，然后我们单独考虑这个素因子，于是我们将n写成$p\times m$。

也就是说，你的这项工作是始于观察乘性函数的符号变化。在一些情况下，函数输出值的符号（正或负）可以告诉你关于输入的一些信息。例如，一个函数在输入值有奇数个素因子时输出-1，在输入值有偶数个素因子时输出$+1$。在你研究的过程中，有什么特别重要的时刻吗？

2013年，我和马克西姆最初在研究与此无关的另一个序列的符号变化，但之后我们开始考虑关于乘性函数符号变化的更一般的问题。2014年秋天，我们都在蒙特利尔，在那里，我们集中研究了乘性函数符号变化这一问题，并在越来越小的区间上考虑这些符号变化。最终，在学期结束时我们发现，我们也证明了在非常小的区间上，大约一半的数有偶数个素因子，一半的数有奇数个素因子。

那不是你一直以来想要证明的结果吗？

不，不，我们根本没有考虑过这个问题。我们只是在考虑乘性函数的符号变化，后来才意识到它有一些应用，而这些应用比我们原来考虑的问题更有趣。

在意识到自己的工作有这一应用时，你感觉如何？

那当然非常好了。虽然它最终并没有告诉我们关于素数的任何信息，只是说明了素因子个数的奇偶性。但它与素数相关，而且我们还发现了更多的应用，我们当然很高兴。但这是一个循序渐进的过程，并没有某个时刻特别重要。

你在自己的很多工作中都用了筛法，尽管在我们这次讨论的素数结果中没有。对于一个数学技巧而言，“筛”是一个非常引人回味的名字。你能试着为大家描述一下这种技术吗？

它是用来筛选某些数字的。如果你只想得到素数，你就要用某种筛子，只让素数通过，而将所有合数都留在筛中。但这在实际操作时非常有技术性。

数学中什么东西可以作为筛？

本质上，我们所做的事就是构造一个函数，比如说，这个函数在素数上取正值，在其他数上取0或负值。

就是说你有一个函数，当输入是一个素数时，它输出一个正值？

对，并且当输入不是素数时，它输出0或负值。这样一来，我们要研究的就是这个函数，而不是素数本身。如果你能证明这个函数在某个集合上取正值，那你就知道该集合包含一些素数。关键在于，函数比素数本身更具有可操作性。

筛法出现有多长时间了？

第一个筛法是由古希腊人埃拉托色尼提出的，所以这是一种非常古老的方法了。埃拉托色尼注意到，如果你想要得到所有素数，那你只需要制作一张非常大的数表，并依次划掉所有2的倍数、3的倍数、5的倍数，依此类推。最后，你这张表上就只有素数了。

当你和拉齐维尔获得2016年SASTRA拉马努金奖时，获奖理由中提到，你们发明的方法彻底改革了数论。这项工作最令人兴奋的结果是什么？

我们在非常小的区间上得到了乘性函数的平均值，后来证明这在其他方面也非常有用。陶哲轩在研究包括埃尔德什差异问题在内的一些问题时，就用到了我们这项工作。

在做出这项发现之后，你对素数的看法是否和过去不一样了？

我认为，关于素数，令人惊讶的一点是，虽然我们能证明在非常小的区间上，一半的数有偶数个素因子，一半的数有奇数个素因子，但这并没有告诉我们任何关于素数个数的信息。

你能解释一下吗？

在大区间上，素数定理等价于该区间中一半的数有偶数个素因子，一半的数有奇数个素因子。但在我们考虑的非常小的区间上，这两个定理并不等价。

所以令人惊讶的是，在非常小的区间上这两个定理并不等价？

令人惊讶的是，我们能够证明素因子个数的奇偶性，却无法证明素数定理。我们之前认为这两者完全等价，难度相同，但事实证明情况并非如此。

你有没有在某个瞬间想过，这项工作会给出小区间上的素数定理？

我们从来没有对此抱有很大希望。我们一直在尝试，但从不乐观。我们仍在尝试，但好像这种方法不怎么奏效，所以我们必须发明一些新东西。

那会令人失望吗？

确实会。长久以来，我都梦想着能在非常小的区间上研究素数，现在我依然怀有这个梦想。

素数的阴谋

埃丽卡 · 克拉赖希

两位数学家最近发现了素数的一个之前从未被注意到的简单性质：前一个素数似乎对后一个素数的尾数有特殊的偏好。

例如，在前10亿个素数中，一个尾数为9的素数后面，出现尾数为1的素数的可能性比出现尾数为9的素数的可能性高出近65%。在一篇于2016年3月13日在线发布的文章中，来自斯坦福大学的卡纳安 · 孙德拉拉詹（Kannan Soundararajan）和罗伯特 · 莱姆基 · 奥利弗（Robert Lemke Oliver）拿出了数值和理论上的证据，证明素数会“排斥”其他具有相同尾数的素数，其后一个素数的尾数在其余可能选择中也有不同的偏好。[1]

来自蒙特利尔大学的安德鲁 · 格兰维尔对此表示：“我们研究素数已经有很长时间了，之前没有人发现这一点，这简直不可思议。”

来自亚特兰大埃默里大学的数论学家肯 · 小野（Ken Ono）也表示，这一发现与大多数数学家之前的预测截然相反。小野说：“第一次听到这个消息时，我震惊了。我当时想，他们的方案肯定不可行。”

乍一看，隐藏在素数中的这种“阴谋”似乎违背了数论中长期以来的一个假设：素数的行为很像随机数。包括格兰维尔和小野在内的大多数数学家都会认为，对每个素数来说，下一个素数的尾数为1、3、7或9（除2和5以外，其他所有素数的尾数只有这4种选择）的可能性应当相等。

“我相信世界上没有其他人猜到这一点。”格兰维尔说。即使在看过卡纳安·孙德拉拉詹和莱姆基·奥利弗的分析后，他仍然觉得“这太奇怪了”。

不过，尽管这两位斯坦福数学家的工作揭示了素数的随机性和有序性的某种微妙结合，但它并没有推翻“素数的行为是随机的”这一观点。“在这种情况下，我们能否重新定义‘随机’一词的含义，从而让上述现象看起来仍然像是随机的呢？”孙德拉拉詹说，“我想我们已经完成了这项工作。”

素数的偏好

孙德拉拉詹是在听完数学家时枝正（Tadashi Tokieda）在斯坦福大学的一场报告后，深受吸引，开始研究连续素数的。在那场报告中，时枝正提到了掷硬币游戏的一个反直觉性质：如果要求甲先后连续地掷出一次正面和一次反面，要求乙连续掷出两次正面，那么平均来说，甲需要掷4次，乙则需要掷6次。（你可以回家自己试试！）不过，在掷两次硬币的时候，出现正面—反面和正面—正面的可能性是相同的。

孙德拉拉詹开始好奇：其他领域是否也会出现类似的奇怪现象？他将目光投向了自己研究了几十年的素数领域，结果远超预料。孙德拉拉詹发现，如果把素数写成三进制的形式（其中尾数为1和尾数为2的素数大约各占一半），那么在小于1 000（十进制）的素数中，在尾数为1的素数后面，出现尾数为2的素数的可能性是出现尾数为1的素数的两倍以上。与之类似，尾数为2的素数后面更容易出现尾数为1的素数。

孙德拉拉詹将这一发现告诉了当时还是博士后的莱姆基·奥利弗，后者也感到惊讶。莱姆基·奥利弗立即编写了一个计算机程序，沿数轴继续向前搜索了前4 000亿个素数，他再次发现后一个素数似乎有意避免与前一个素数尾数相同。素数“真的不愿意重复自己”，莱姆基·奥利弗说。

莱姆基·奥利弗和孙德拉拉詹发现，连续素数尾数中的这种偏差，不仅出现在三进制中，也出现在十进制和其他一些进制中。他们猜想，任意进制中都存在这种偏差。在沿数轴不断向前的过程中，这种偏差似乎会趋于稳定，但趋于稳定的速度非常缓慢。来自牛津大学的数论学家詹姆斯·梅纳德表示：“偏差趋于稳定的速度如此之缓慢，让我十分震惊。”当孙德拉拉詹第一次告诉梅纳德自己和奥利弗的发现时，“我对此将信将疑，”梅纳德说，“我一回到办公室，就自己运行了一个数值实验来验证它。”

对于出现这种偏差的原因，起初莱姆基·奥利弗和孙德拉拉詹的猜测非常简单：比如说，尾数为3的素数后面更可能出现尾数为7、9或1的素数，可能仅仅是因为数轴上，在遇到下一个尾数为3的数（不管是不是素数）之前，它会先遇到尾数为7、9或1的其他数。例如在43之后，它会先遇到47、49和51，然后才遇到53，而其中47就是一个素数。

但这两位数学家很快就意识到，上述因素无法解释这种偏差的程度，也无法解释尾数为3的素数后面似乎更可能出现尾数为9的素数，而不是尾数为1或7的素数的这一发现。为了解释这些偏差，莱姆基·奥利弗和孙德拉拉詹不得不开始研究数学家建立的有关素数随机行为的最深刻的模型。

随机的素数

当然了，素数并不是完全随机的——它们是完全确定的数。但在许多方面，它们表现得像一串只受一个总体规则主宰的随机数：在任何数附近，素数的密度与该数的位数近似成反比。

1936年，瑞典数学家哈拉尔德·克拉默（Harald Cramér）为探索这一规则，利用了一个生成随机"伪"素数的简单模型：对每个整数，通过掷加权硬币（权重取决于该整数附近素数的密度）的方式来决定是否将它放入随机"伪"素数表中。[2]克拉默证明，这个掷硬币模型可以很好地预测真正的素数的某些特征，比如预测两个连续的完全平方数之间有多少素数。

尽管克拉默的模型具有一定的预测能力，但它仍然过于简化了。例如，在该模型中，偶数和奇数被放入随机"伪"素数表的可能性一样大，但除了2以外，真正的素数不可能为偶数。多年来，数学家们对克拉默的模型进行了改进，例如，去掉偶数和可以被3、5及其他一些小素数整除的数。

这些简单的掷硬币模型对于研究素数的行为来说，往往是非常有用的经验法则。它们准确地预测了素数的多项行为，其中就包括素数不会对它们的尾数有所偏好——事实上，尾数为1、3、7和9的素数出现的频率大致相同。

然而，按照这样的逻辑，素数似乎也不会对它们后面素数的尾数有所偏好，而这与实际的发现并不相符。格兰维尔认为，可能正是因为过于依赖这些简单的掷硬币模型来进行试探性探索，数学家们才在如此长的时间内都没能发现连续素数中的偏差。他说："人们很容易想当然地认为自己的第一猜测是正确的。"

孙德拉拉詹和莱姆基·奥利弗发现，使用一个更加精细的关于素数随机性的模型，即所谓的"k元素数猜想"，可以解释前一个素数对后一个素数尾数的这种偏好。该猜想最初由数学家G. H. 哈代和J. E. 利特尔伍德（J. E. Littlewood）于1923年提出，它精确地估计了任意给定间隔的素数组出现的概率。[3]虽然大量的数值证据支持了这一猜想，但数学家至今未能给出证明。

素数领域中许多最核心的悬而未决的问题都可以归到k元素数猜想之下，例如孪生素数猜想——它断言存在无限多对只相差2的素数，例如17和19。梅纳德表示，大多数数学家相信孪生素数猜想是成立的，并不是因为他们在不断地找到更多的孪生素数，而是因为他们发现的孪生素数的数量与k元素数猜想所预测的完全吻合。

通过类似的方式，孙德拉拉詹和莱姆基·奥利弗发现，他们在连续素数的尾数中发现的偏差也与k元素数猜想所预测的非常接近。换句话说，正是数学家关于素数随机性所做的这一最复杂的猜想，迫使素数表现出这种强烈的偏差。"我现在必须重新考虑如何在我的课上讲解析数论了。"小野说。

数学家们表示，在早期阶段，人们很难知道这些偏差是孤立的性质，还是与素数或其他领域的其他数学结构有深刻的联系。然而，小野预测，数学研究者们将立即开始在相关领域里寻找类似的偏差，比如，作为数论中基本对象的不可约多项式（不能被分解成更简单多项式的多项式）。

格兰维尔认为，这一发现将使数学家们以一种崭新的视角看待素数。“你可能会想，关于素数，我们还错过了什么？”

第 二 部 分

数学是大自然的通用语言吗

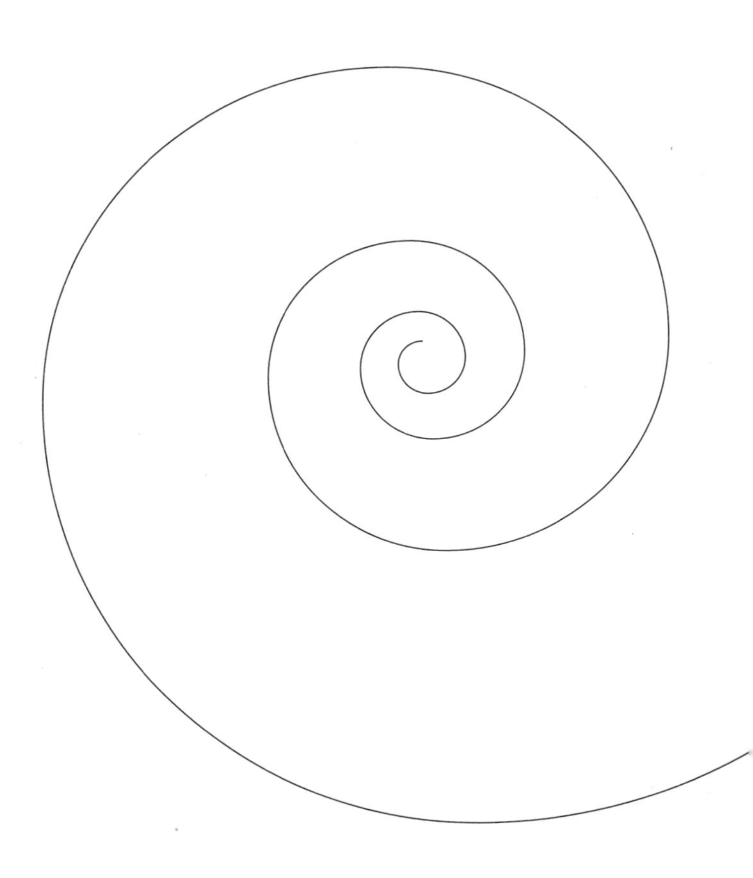

魔群与月光幻影

埃丽卡·克拉赖希

1978年，数学家约翰·麦凯（John McKay）注意到一些看似是奇怪巧合的现象。他一直在研究用不同的方法来表示一类叫作“魔群”（monster group）的神秘实体的结构。魔群是一类庞大的代数对象，数学家们认为它们捕捉到了一种新的对称性。数学家不确定魔群是否真的存在，但他们知道，如果魔群确实存在，那它会在特定的维数上以特殊的方式发挥作用，其中前两个维数分别是1和196 883。

麦凯当时在加拿大蒙特利尔的康科迪亚大学工作，他碰巧在一个完全不同的领域里读到了一篇数学论文，该论文涉及数论中最基本的对象之一——j函数。奇怪的是，j函数第一个重要的系数就是196 884，麦凯立刻意识到它是魔群的前两个特殊维数之和。

大多数数学家认为这一发现纯属偶然，因为没有理由认为魔群和j函数有任何联系。然而，这种联系引起了约翰·汤普森（John Thompson）的注意。约翰·汤普森是一位菲尔兹奖得主，目前在美国佛罗里达大学工作。约翰·汤普森紧接着发现，j 函数的第二个系数是 21 493 760，它是魔群的前三个特殊维数之和：1 + 196 883 + 21 296 876。看起来，j 函数似乎在某种程度上“控制”着难以捉摸的魔群的结构。

很快，另两位数学家就证实了许多类似的数值关系，这使得它们再无可能仅仅看起来是巧合。1979年，在一篇题为《魔群月光》（Monstrous Moonshine）的论文中，约翰·康韦（John Conway，现为普林斯顿大学荣休教授）和西蒙·诺顿（Simon Norton）猜想，这些数值关系一定来自魔群和 j 函数之间的某些深刻联系。[1]德国波恩的马克斯·普朗克数学研究所所长唐·察吉尔（Don Zagier）说：“他们把这个猜想称为‘月光’，是因为它看上去太牵强了。这些猜想太疯狂了，以至于想象有人能证明它们似乎都是痴心妄想。”

光是构造魔群，就花费了数学家们数年的时间，不过他们给自己找了一个很好的借口：魔群有超过 10^{53} 个元素，这个数比1 000个地球中的原子数还多。[2] 1992年，也就是密歇根大学的罗伯特·格里斯（Robert Griess）构造魔群之后的第10年，加州大学伯克利分校的理查德·博彻兹（Richard Borcherds）终于征服了魔群月光这一不切实际的猜想，并最终因此获得了菲尔兹奖。[3]博彻兹证明，在魔群和 j 函数这两个遥远的数学领域之间确实有一座桥将它们相连：弦论。弦论的核心内容是一个反直觉的观点——宇宙具有非常微小的隐藏维度，微小到人们根本无法观测到它们。弦在这些微小的隐藏维度中振动，产生了我们在宏观尺度上观测到的物理效应。

博彻兹的发现在基础数学领域引发了一场革命，并产生了一个名为“广义卡茨–穆迪代数”（generalized Kac-Moody algebra）的新领域。但从弦论的角度来看，这些发现不过是一摊无关紧要的死水。连接 j 函数和魔群的24维弦论模型与弦论学家最感兴趣的模型相去甚远。斯坦福大学弦论学家沙米特·卡赫鲁（Shamit Kachru）说："尽管数学上的结果令人吃惊，但这些发现似乎只是弦论中一个深奥难懂的犄角旮旯，没有太多物理上的意义。"

但现如今，"月光猜想"正在经历一场复兴，最终可能会对弦论产生深远影响。过去8年里，从一个类似于麦凯的发现开始，数学家和物理学家们逐渐意识到，魔群月光仅仅是整个故事的开始。

2015年3月，研究人员在预印本网站arxiv.org上发布了一篇文章，给出了2012年提出的所谓伴影月光猜想（Umbral Moonshine Conjecture）的数值证据。伴影月光猜想断言，除了魔群月光之外，还存在着其他23种月光，即对称群的维数与特殊函数的系数之间的神秘对应。[4]这些新的月光中出现的函数，最早出自一位伟大数学天才的一封信。从这封颇具先见之明的信件写就之时算起，再往后推半个多世纪，月光猜想都还只是数学家脑海中一闪而过的念头。

这23种新的月光似乎与弦论中一些最核心的结构——一种被称为K3曲面的四维对象交织在一起。荷兰阿姆斯特丹大学和法国国家科学研究中心的程之宁（Miranda Cheng）说，与伴影月光猜想的联系暗示了这些曲面有一种隐藏的对称性。程之宁与当时在俄亥俄州克利夫兰的凯斯西储大学工作的约翰·邓肯（John Duncan）和芝加哥大学的杰弗里·哈维（Jeffery Harvey）一起最先提出了伴影月光猜想。"这些发现很重要，我们需要理解它们。"她说。

这个新的证明有力地表明，这23种新发现的月光都必定有与之对应的弦论模型，这些弦论模型是理解这些错综复杂的数值对应的关键。但这一证明并不能真正构造出相关的弦论模型，这给物理学家留下了一个诱人的问题。“等到我们真正理解月光的那天，它就会以物理学的形式呈现。”邓肯说。

魔群月光

任何给定图形的对称性都有一种自然的算术性质。举例来说，将一个正方形旋转90度，然后水平翻转，与直接沿对角线翻转它得到的图形是一样的。换句话说，“旋转90度 + 水平翻转 = 沿对角线翻转”。19世纪，数学家们意识到可以将这类算术性质抽象成一种被称为“群”的代数概念。多种不同图形的对称性可以用同一个抽象群来表示，这就为数学家理解不同图形的共性提供了一种简洁的方法。

在整个20世纪的大部分时间里，数学家们致力于对所有可能的群进行分类，他们逐渐发现了一些奇怪的现象：虽然大多数有限单群可以被归入一些自然的类别，但有26个奇怪的群无法被分类。其中最大的，也是最后被发现的，就是魔群。

在麦凯偶然发现魔群和j函数之间存在联系（约40年前）之前，人们完全没有理由想到魔群与魔群月光故事的第二个主角——j函数有关。j函数是一类特殊的函数，它的图像中有着类似于M. C. 埃舍尔（M. C. Escher）的天使与魔鬼互相镶嵌的圆盘一般的重复模式：在这种重复模式里，越靠近外部边界，图案缩得越小。这些“模函数”是数论里的功臣，例如，它在1994年安德鲁·怀尔斯（Andrew Wiles）证明费马大定理的过程中就发挥了关键作用。[5]“任何时候，只要你听到数论领域有了一个重大结果，那这个结果十有八九是关于模形式的一个陈述。”卡赫鲁说。

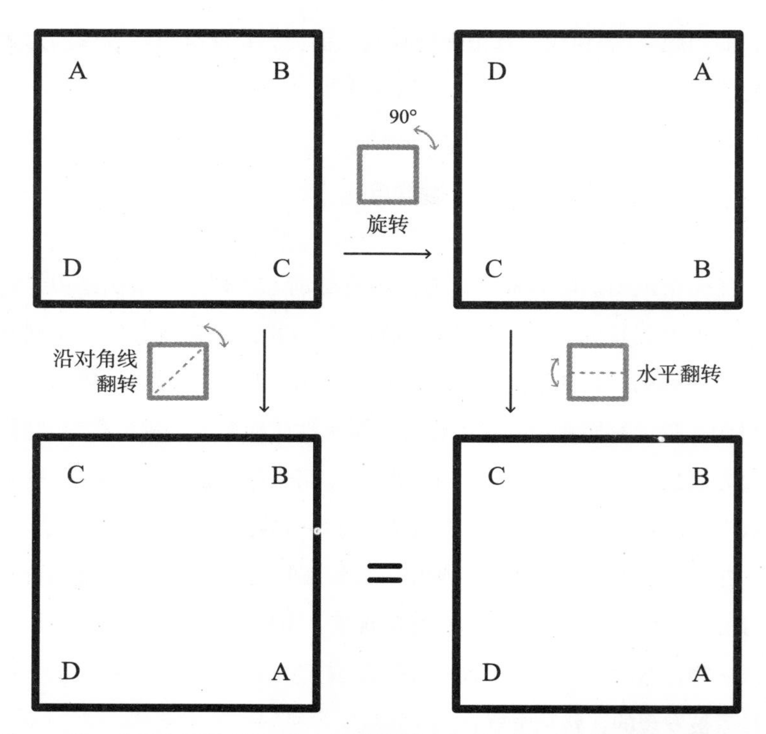

图2.1　将一个正方形旋转90度，然后将其沿水平翻转，其效果与直接沿对角线翻转相同，所以用正方形对称算术的语言来说，旋转90度＋水平翻转＝沿对角线翻转

就像声波一样，j函数的重复模式也可以分解为一系列纯音[①]，如果用声波类比，j函数的系数就表示每个纯音的响度。正是在这些系数中，麦凯发现了j函数与魔群之间的关系。

20世纪90年代初，在耶鲁大学的伊戈尔·弗伦克尔（Igor Frenkel）、罗格斯大学的詹姆斯·利波斯基（James Lepowsky）和瑞典隆德大学的

① 纯音（puretone），又叫单音，指单一的正弦波。——译者注

阿尔内·默尔曼（Arne Meurman）这三位数学家工作的基础上，博彻兹通过证明某种特殊弦论模型的存在性，理解了麦凯的发现。在这个弦论模型中，j函数和魔群同时发挥了作用。j函数的系数表明了弦在每个能级上有多少种振荡的方式，魔群则描述了模型在这些能级上的对称性。

这一发现为数学家提供了一种研究魔群这个庞然大物的方法，也就是使用j函数，而j函数的系数很容易计算。“数学就是‘造桥’，将你熟悉的领域和不那么熟悉的领域连接起来。”邓肯说，“但这座桥出乎意料地强大，以至于在没看到证明之前，你会觉得它有点儿疯狂。”

新的月光

当数学家们致力于探索魔群月光猜想的衍生分支时，弦论研究者关注的则是另一个看似不同的问题：他们试图弄清楚弦所在的微小维度的几何结构。不同的几何结构决定了弦不同的振动方式，就像绷紧鼓面会改变鼓的音高一样。几十年来，物理学家们苦苦探求，努力寻找一种能够产生我们在真实世界中所看到的物理效应的几何结构。

在一些最有希望实现这种几何结构的候选对象中，一类重要的组成是一系列被称为K3曲面的四维流形。卡赫鲁说，与博彻兹备受冷遇的弦论模型不同，K3曲面频频出现在弦论的教科书中。

对于K3曲面的几何结构，我们所了解的知识还不足以对弦在每个能级上可以振动的方式进行计数，不过物理学家能够给出一个更为狭义的函数，来计数出现在所有K3曲面中某些特定的物理状态。2010年，三位弦论学家——日本京都大学的江口徹（Tohru Eguchi）、加州理工学院的大栗博司（Hirosi Ooguri）和日本东京大学的立川裕二（Yuji

Tachikawa）注意到，如果用一种特殊的方式来写这个函数，那么马蒂厄24群（M24群，是与魔群类似的另一个“怪胎群”，有近2.5亿个元素[6]）的某些特殊维数就会突然出现在它的系数里。这三位物理学家发现了一种新的月光。

这一次，物理学家和数学家都投入这一发现中。察吉尔说：“我参加了几次会议，所有的报告都是关于这个新的‘马蒂厄月光’的。”

2011年7月，察吉尔在苏黎世参加了一场这样的会议。邓肯在一封邮件中写道，在那儿，察吉尔给他看了“一张写有很多数字的纸”——它们是察吉尔正在研究的一些函数的系数，这些函数被称为拟模形式，它们与模函数有关。邓肯写道：“察吉尔指着一行特定的数字问我——我想他只是在跟我开玩笑——是否存在与这些数字相关的有限群。”

邓肯并不确定，但他认出了纸上的另一行数字：它们是一个叫M12的群的特殊维数。邓肯拉住了程之宁，两人仔细研究了察吉尔那张纸的剩余部分。他们俩和杰弗里·哈维逐渐意识到，新的月光根本远不止M24这一个例子。他们发现，补全月光宝图的线索就暗藏在某位传奇数学人物的手记当中，而这本手记已经有近一百年的历史了。

月光伴影

1913年，英国数学家G. H. 哈代收到了一封信，寄信人是一位来自印度马德拉斯的会计职员。在信中，这位职员描述了他自己发现的一些数学公式：在这些公式里，有一大半早就被前人发现了，有一些则完全是错误的，但这封信最后一页的三个公式着实让哈代大吃一惊。“这三个公式肯定是对的，”哈代写道，他迅速邀请了这位叫斯里尼瓦瑟·拉马努金（Srinivasa Ramanujan）的职员来英国，“没有人拥有足以凭空发明它们的想象力。”

拉马努金以似乎能凭空推导出数学关系而知名。他说，自己的许多发现都归功于出现在他脑海里的女神娜玛卡尔（Namagiri）。遗憾的是，拉马努金的数学生涯非常短暂。1920年，32岁的拉马努金在弥留之际给哈代写了另一封信，说自己发现了一类被他命名为“拟 θ”的函数，这些函数“极其优美地”出现在数学中。拉马努金在信中列举了17个这种函数的例子，但没有解释它们的共性。80多年来，这个问题一直悬而未决，直到2002年，察吉尔当时的研究生桑德尔·茨韦格斯（Sander Zwegers，如今是德国科隆大学教授）发现，这17个函数都是后来被称为拟模形式（mock modular form）的例子。[7]

在苏黎世的月光会议后，程之宁、邓肯和哈维逐渐发现，M24月光只是23种不同的月光之一，这些月光中的每一个都联系着某个群的特殊维数和某个拟模形式的系数——就像魔群月光联系着魔群和j函数一样。研究者猜想，与魔群月光类似，每个月光都有一个对应的弦论，其中拟模形式计数弦的状态，群描述模型的对称性。拟模形式总有一个与之对应的模函数，可称为它的“影子”，所以程之宁他们将自己的假设命名为“伴影月光猜想”（Umbral Moonshine Conjecture）——umbra就是拉丁语的“影子”之意。猜想中出现的许多拟模形式都在拉马努金在他信中预言的17个特殊例子之中。

更奇怪的是，博彻兹早期关于魔群月光的证明也建立在拉马努金的工作之上：证明的核心部分用到的代数对象，是弗伦克尔、利波斯基和默尔曼在分析拉马努金的三个公式（就是拉马努金写给哈代的第一封信中震惊哈代的那三个）里发现的。美国埃默里大学的肯·小野表示："这两封信居然构成了我们理解'月光'的全部基石，这太不可思议了。""缺少任何一封，我们都无法写下这个故事。"他说。

寻找怪兽

在2015年发布在预印本网站arxiv.org上的一篇文章中，邓肯、小野和小野当时的研究生迈克尔·格里芬（Michael Griffin）给出了伴影月光猜想的一个数值证据［这个猜想在M24的情形已被加拿大阿尔伯塔大学特里·甘农（Terry Gannon）证明］。[8]这一全新的分析只给物理学家提供了一些线索，提示他们应该在哪里寻找统一群和拟模形式的弦论。哈维说，不管怎么说，这些证据都证明伴影月光猜想的大方向是对的。"我们已经看到了所有的结构，它是如此复杂精细又令人信服，以至于很难想象其中没有隐藏着什么真相。"他说，"有了数学上的证据，它就成了我们可以严肃思考的坚实可靠的工作。"

"以伴影月光为基础的弦论可能不仅仅是某种普通的物理理论，而是一种特别重要的理论，"程之宁说，"这表明K3曲面的物理理论中存在一种特殊的对称性。"研究K3曲面的物理学家还没有发现这种对称性，她说，这表明"可能有一种更好的方法来看待这个理论，只是我们还没有发现"。

让物理学家们兴奋的另一点是，他们推测月光很可能与量子引力相关联。量子引力是一种尚未被发现的理论，它将统一广义相对论和量子力学。2007年，普林斯顿高等研究院的物理学家爱德华·威滕（Edward Witten）推测，魔群月光中的弦论应该能为构建三维量子引力模型提供一种方法。在这个三维量子引力模型中，魔群中元素的194个自然类别对应于194种黑洞。[9]伴影月光猜想可能会引导物理学家做出类似的猜想，从而为寻找量子引力理论提供线索。“这是量子引力领域的一大希望。”邓肯说。

察吉尔说，找到“伴影月光猜想”的数值证据“就像在火星上寻找动物，我们看到了它的足迹，所以我们知道它就在那里”。现在，研究者必须找到这只动物——能够解释所有这些深刻联系的弦论。“我们真的很想找到它。”察吉尔说。

数学和自然以神秘的模式相融交汇

纳塔莉·沃尔乔弗

1999年，当坐在墨西哥库埃纳瓦卡的某个公交车站处时，一位名叫彼得·谢巴（Petr Šeba）的捷克物理学家注意到，一些年轻人会将手中的纸条递给公交车司机来换取现金。他了解到，这并不是有组织的犯罪，而是一种暗箱操作：每位司机都会雇一名“密探”来记录他前面一辆公交车离开该站点的时间。如果前面一辆公交车刚刚离开，他就会减速，让乘客在下一站聚集；如果前面一辆公交车已经离开很久了，他就会加速，以免其他公交车超过自己。这一系统最大化了司机的收益，同时也启发了谢巴。

“我们觉得这与量子混沌系统有某种相似之处。”谢巴的合作者米兰·克尔巴莱克（Milan Krbálek）在一封邮件中解释道。

几次试图亲自与密探交谈失败后，谢巴让他的学生去向密探解释，自己既不是收税员也不是罪犯——只是一个愿意用龙舌兰交换他们手中数据的“疯狂”科学家，那些人交出了他们用过的纸条。当研究人员在计算机上绘制出数千辆公交车的发车时间时，他们的怀疑得到了证实：司机间的相互作用使发车间隔呈现出一种科学家之前在量子物理实验中观察到的独特模式。

谢巴说：“我一直认为这样的事会出现，但当它真的出现时，我还是挺惊讶的。”

亚原子粒子与分散性的公交系统几乎毫无关联。但自从发现这种奇怪的联系之后，科学家陆续在其他一些不相关的背景下观察到了同样的模式。现在，科学家认为，这种被称为“普适性”（universality）的普遍现象，来自与数学的潜在联系。普适性正在帮助科学家们建立一系列复杂系统模型，范围从互联网到地球气候。

20世纪50年代，人们第一次在自然界中发现了普适性这种模式：它出现在铀原子核的能谱中。铀原子核是一个有着数百个运动部件的庞然大物，它们以无穷多种方式振动和伸展，从而产生了一个无限的能级序列。1972年，数论学家休·蒙哥马利（Hugh Montgomery）在黎曼ζ函数的零点中观察到了这种模式，黎曼ζ函数是一个与素数分布密切相关的函数。[1] 2000年，克尔巴莱克和谢巴报道了在库埃纳瓦卡的公交车系统中发现的这种模式。[2]近年来，普适性已经出现在了诸如海冰和人体骨骼等复合材料的光谱测量结果中，以及埃尔德什–雷尼模型的信号动力学中。埃尔德什–雷尼模型是一个以保罗·埃尔德什和阿尔弗雷德·雷尼（Alfréd Rényi）命名的简化版本的互联网。[3]

这些系统中每个都有一个谱——一个像条形码一样表示数据（如能级、ζ函数的零点、公交车的发车时间或信号速度）的序列。在所有这些谱中，都出现了相同的独特模式：数据看上去像是随意分布的，但相邻的线之间相互排斥，从而使它们的间隔具有一定程度的规律性。这种由一个精确公式定义的混沌与有序之间的精细平衡，也出现在一种纯数学的情况中，它定义了一个由随机数填充的巨大矩阵的特征值（或解）之间的间隔。

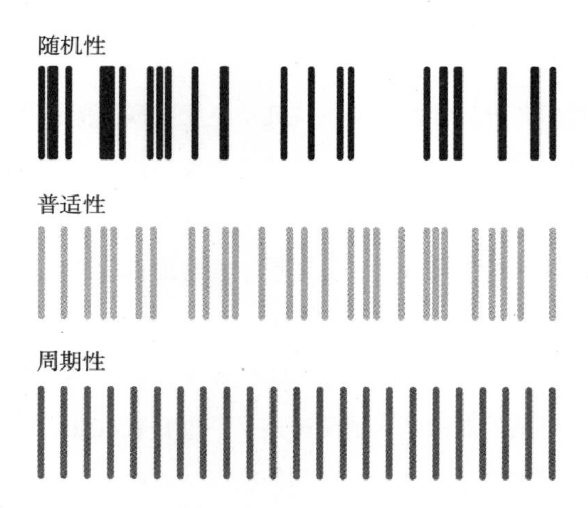

图2.2　浅灰色图案表现出一种随机性和规律性之间的精确平衡，被称为“普适性”，研究者已在许多复杂的关联系统的谱中观察到了这种模式。在这个谱中，一个被称为相关函数的数学公式给出了找到间隔给定距离的两条线的精确概率

哈佛大学数学家姚鸿泽说：“为什么这么多物理系统表现得像随机矩阵，这仍然是个谜。”但他又表示：“近年来，我们在理解（这一问题）方面上迈出了非常重要的一步。”

通过研究随机矩阵中的普适性现象，研究人员对于它为什么会出现在其他地方以及如何利用它，有了更好的理解。姚鸿泽和其他数学家在一系列论文中刻画了许多新的随机矩阵类型，它们能够遵从各种数值分布和对称规则。例如，填充矩阵行和列的数字可以从一个由可能值组成的钟形曲线中选择，或简单地从1和–1中选择。矩阵的右上部分和左下部分或许是彼此的镜像，又或许不是。几次三番之后人们发现，无论具体特征如何，随机矩阵在其特征值分布中都表示出相同的混沌但又规则的模式。这就是数学家们称之为“普适性”的原因。

“这似乎是一种自然法则。”耶鲁大学数学家武何文（Van Vu）说。他与加州大学洛杉矶分校的陶哲轩一起证明了一大类随机矩阵的普适性。

人们通常认为，当一个系统非常复杂时，就会产生普适性。这样的系统由许多部分组成，这些部分之间存在强烈的相互作用，从而产生一个谱。例如，普适性模式出现在随机矩阵的谱中，是因为矩阵的所有元素都参与了谱的计算。但武何文表示，随机矩阵仅仅是“玩具系统”（toy system），这一系统之所以有趣是因为它们可以被严格研究，同时又足够丰富，可以用来模拟现实世界的系统。普适性的分布极为广泛。维格纳假设（一个以发现原子谱普适性的物理学家尤金·维格纳的名字命名的假设）断言，从晶格到互联网，所有复杂的关联系统都会表现出普适性。

姚鸿泽的合作者之一、来自慕尼黑大学的拉斯洛·埃尔德什（László Erdős）表示，系统越复杂，其普适性就越稳健。“这是因为我们相信普适性是一种典型行为。”

在许多简单系统中，单个组分可能会对系统的结果产生过大的影响，从而改变谱的模式。而对于更大的系统而言，没有单个组分占主导地位。“这就好比，在一个有很多人的房间里，当大家决定做某件事时，单个人的个性就不那么重要了。”武何文说。

普适性可以当作“该系统足够复杂和相关，可被视为一个随机矩阵”的签字证明。“这意味着你可以使用随机矩阵对其进行建模，”武何文说，“你可以计算矩阵模型的其他参数，并利用它们来预测这个系统可能的表现。”

这项技术使科学家得以了解互联网的结构和演变。这个庞大计算机网络的某些特性，例如计算机集群的典型规模，可以通过相应随机矩阵的一些可测量性质来精确估计。武何文说：“人们对集群及其位置非常感兴趣，部分是受广告等实际目的的驱动。”

一项类似的技术有可能改进气候变化模型。科学家已经发现，在一些与材料能谱类似的特征中出现普适性表明其组分是高度连通的，因此也表明它可以导流、导电或导热。相反，缺失普适性可能预示着材料是稀疏的，可以充当绝缘体。2013年1月，在美国加利福尼亚州圣迭戈举办的联合数学会议上，来自犹他大学的数学家肯·戈尔登（Ken Golden）和他的学生本·墨菲（Ben Murphy）展示了他们利用这一差异来预测海冰中的热传导和流体流动的工作。这一方法不仅适用于微观层面，也适用于横跨数千公里、连接成片的北极冰上融池。[4]

对利用直升机采集到的各个冰上融池的样本进行谱测量，或对冰芯中的海冰样本进行类似测量，将立马揭示各自系统的状态。“海冰间的流体流动控制或调节着非常重要的过程，你需要了解这些过程，以便了解气候系统。”戈尔登说，“特征值统计上的转换，为将海冰纳入气候模型提供了一种全新的，且在数学上严格的方法。”

同样的技巧也可能最终为骨质疏松症提供一种简单的检测方法。戈尔登、墨菲及其同事发现，致密、健康骨骼的谱具有普适性，而多孔、疏松骨骼的谱则没有。

当提及系统的组分时，墨菲表示：“我们正在处理的系统中，‘粒子’可以小到毫米级，也可以大到公里级。令人惊讶的是，描述这两者背后的数学模型是相同的。”

为什么一个真实世界系统会与一个随机矩阵表现出相同的谱行为？这一问题在重原子核的情形下可能是最容易理解的。包括原子在内的所有量子系统都受数学规则，特别是矩阵规则的支配。“这就是量子力学的全部内容。”已经退休的数学物理学家弗里曼·戴森（Freeman Dyson）说。20世纪60年代和70年代，弗里曼·戴森在普林斯顿高等研究院时曾帮助发展了随机矩阵理论。“每个量子系统都由一个表示系统总能量的矩阵支配，矩阵的特征值就是量子系统的能级。”

氢、氦等简单原子背后的矩阵可以精确地计算出来，由此得出的特征值和测量到的原子能级以极高的精度彼此对应。但对像铀原子核这样更复杂的量子系统，计算其对应的矩阵很快就变得极为棘手而难以掌握了。根据戴森的说法，这就是为什么这样的原子核可以比作随机矩阵。铀原子核中的许多相互作用（即与之对应的未知矩阵的元素）非常复杂，以至于混杂在一起而失去了特征，就像各种各样的声音混杂在一起融合成噪音一样。因此，支配原子核的未知矩阵表现得像一个由随机数填充的矩阵，所以它的谱具有普适性。

那么，在复杂系统中为什么会出现这种特殊的、随机但有规则的模式，而非其他模式？科学家还没有发展出一套直观的理解。“我们只是通过计算了解了这种模式。”武何文说。另一个谜团是它与黎曼ζ函数之间的关系，黎曼ζ函数的零点谱具有普适性。ζ函数的零点与素数的分布密切相关——素数是构造其他所有整数的不可约整数。长期以来，数学家一直对素数在1到无穷的数轴上随意的分布方式感到困惑，而普适性为此提供了一条线索。有人认为，黎曼ζ函数的背后可能存在一个矩阵，它有足够的复杂性和相关性，从而表现出了普适性。数学家保罗·布尔加德（Paul Bourgade）表示，发现这样一个矩阵将对我们最终理解素数的分布具有“重要意义”。

不过，或许这背后还有更深刻的解释。“或许维格纳普适性和ζ函数的核心并不是一个矩阵，而是一些尚未发现的数学结构。”埃尔德什说，“维格纳矩阵和ζ函数可能只是这种结构的不同表示。”

许多数学家都在寻找答案，但并不能保证答案一定存在。“没人会想到库埃纳瓦卡的公交车是普适性的一个例子。没人会想到ζ函数的零点是另一个例子。”戴森说，“科学的美妙之处就在于它完全不可预测，所以一切有用之物都来自意外。”

一个新的普适定律的远端

纳塔莉·沃尔乔弗

想象这样一个群岛，其中每个岛上都生活着一种龟类，所有的岛都通过诸如漂浮物组成的筏子一样的东西连在一起。当乌龟通过介入彼此的食物供应来互动时，它们的总数就会发生波动。

1972年，生物学家罗伯特·梅（Robert May）设计了一个简单数学模型，其工作原理极像上述的群岛。他想弄清楚一个复杂的生态系统是可以永远保持稳定，还是物种间的相互作用会不可避免地导致其中一些物种灭绝。梅将物种间的偶然互动标记为一个矩阵中的随机数，以此计算出了破坏生态系统稳定性所需的临界“互动强度”——在群岛的例子中，漂浮筏的数量就是衡量这种互动强度的指标。[1]低于该临界点，所有物种都保持稳定的种群数量；高于该临界点，种群数量要么趋于0，要么趋于无穷。

当时的梅并不知道，他发现的临界点是对一条普遍存在的统计定律的最初一瞥。

20年后，当数学家克雷格·特雷西（Craig Tracy）和哈罗德·维多姆（Harold Widom）证明了梅提出的这种模型中的临界点是某个统计分布的峰值时，这条定律才得以完整呈现。之后的1999年，白镇浩（Jinho Baik）、珀西·戴夫（Percy Deift）和库尔特·约翰松（Kurt Johansson）发现，同一种统计分布也可以描述被打乱的整数序列的变化——这是一个完全不相关的数学抽象模型。很快，这种分布又出现在了细菌菌落的蠕动边界模型和其他随机生长的模型中。不久之后，它就遍布于物理和数学的各个领域。

巴黎第十一大学的统计物理学家萨蒂亚·马宗达（Satya Majumdar）说："最重要的问题是，为什么它无处不在？"

由许多相互作用的组分构成的系统——无论这些组分是物种、整数还是亚原子粒子——都会不断产生相同的统计曲线，这就是众所周知的特雷西–维多姆分布（Tracy-Widom distribution）。这条令人困惑的曲线看起来与我们熟悉的钟形曲线，即高斯分布（又称正态分布）非常相近。高斯分布表示独立随机变量的自然变化，比如教室里学生的身高或他们的考试成绩。和高斯分布一样，特雷西–维多姆分布也表现出"普适性"——不同微观效应产生相同集体行为的神秘现象。加州大学戴维斯分校教授特雷西说："令人惊讶的是，它是普适性的。"

像特雷西–维多姆分布这样的普适定律被发现后，研究人员就能利用它们来精确模拟一些复杂系统（如金融市场、物质的奇异相或互联网），而他们此前对这些复杂系统的内部运作机制知之甚少。

"用一个只包含少量组分的简单模型就可以对一个非常复杂的系统有深刻的理解，这并不是一件显而易见的事。"马宗达的合作者、巴黎第十一大学统计物理学家格雷戈里·谢尔（Grégory Schehr）说，"普适性是理论物理学如此成功的原因。”

加州大学洛杉矶分校的陶哲轩称普适性是“一个有趣的谜”。他问道：“为什么某些定律似乎来源于复杂系统，而几乎与微观层面上驱动这些系统的底层机制无关呢？”

现在，通过马宗达和谢尔等研究人员的努力，这个无处不在的特雷西–维多姆分布开始有了一个令人惊讶的解释。

向一侧倾斜的曲线

特雷西–维多姆分布是一个左侧比右侧陡的非对称统计凸起。经过适当缩放，其峰值将位于一个有特征性的值：$\sqrt{2N}$，即产生这一分布的系统中变量个数两倍的平方根，同时它也是梅在其生态系统模型中计算出的介于稳定和不稳定之间的精确临界点。

这一临界点对应于梅的矩阵模型的“最大特征值”：最大特征值是从矩阵的行和列中计算出的一系列数字中的最大一个。研究人员已经发现，随机矩阵（由随机数填充的矩阵）的N个特征值倾向于按照一个特定的模式沿实数轴分布，其中最大特征值通常位于$\sqrt{2N}$附近。特雷西和维多姆确定了随机矩阵的最大特征值在这个平均值附近波动的模式，得出了这个以他们名字命名的向一侧倾斜的统计分布。

当特雷西–维多姆分布出现在整数序列问题和其他一些与随机矩阵理论无关的背景中时，研究人员开始寻找将所有这些表观现象聚集在一起的隐藏线索，就像18、19世纪的数学家寻找能解释钟形高斯分布无处不在的定理一样。

大约一个世纪前，中心极限定理终于得到了严格的证明，它证实了

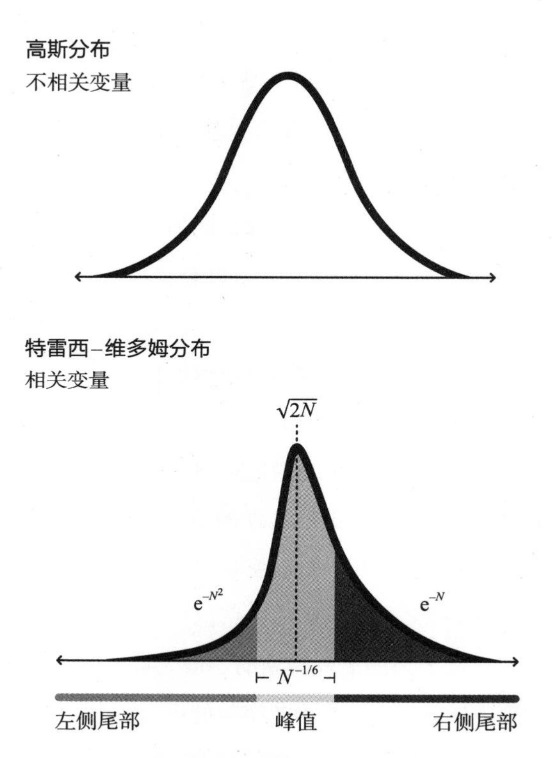

图2.3　像考试分数这样的“不相关”随机变量会形成钟形的高斯分布，而相互作用的物种、金融股票和其他“相关”随机变量会形成更复杂的统计曲线。这条曲线的左侧比右侧更陡，其形状取决于变量的个数N

考试成绩和其他“不相关”变量（其中任何一个变量的改变都不会影响其他变量）将形成一个钟形曲线。相比之下，特雷西–维多姆曲线似乎来自强相关的变量，例如相互作用的物种、股票价格和矩阵特征值。相关变量之间相互影响的反馈循环使它们的整体行为比不相关变量（如考试成绩）更加复杂。虽然研究人员已经严格证明了特雷西–维多姆分布普遍存在于某类随机矩阵中，但对其在计数问题、随机游走问题、增长模型等方面的表现，研究人员还所知甚少。[2]

“没有人真的知道需要什么才能得到特雷西–维多姆分布。”德国慕尼黑工业大学的数学物理学家赫伯特·施波恩（Herbert Spohn）说。他说，我们能做到的最好程度，是通过调整呈现出这种分布的系统，并观察其变体是否也能呈现这种分布，来逐步揭示其普适性的范围。

到目前为止，研究人员已经描绘出了特雷西–维多姆分布的3种形式，它们描述了具有不同类型的内禀随机性的强关联系统，且互为彼此的重新缩放版本。但特雷西–维多姆的普适类可能不止3个，甚至可能有无穷多个。“最重要的目标是找到特雷西–维多姆分布的普适性范围，”密歇根大学数学教授白镇浩说，“一共有多少种分布？哪种情况会产生哪种分布？”

当其他研究人员识别出更多特雷西–维多姆峰的例子时，马宗达、谢尔及其合作者已经开始在曲线的左右尾部寻找线索了。

经历相变

2006年，在参加英国剑桥大学举行的一次研讨会期间，马宗达开始对这个问题产生兴趣。他遇到了两位物理学家，他们正在用随机矩阵来模拟弦论中所有可能宇宙的抽象空间。弦论学家推断，这个“景观”（landscape）中的稳定点对应于最大特征值为负的随机矩阵子集。最大值为负意味着它位于特雷西–维多姆曲线峰值处的平均值$\sqrt{2N}$的左侧，且距$\sqrt{2N}$很远。[3]他们只想知道这些稳定点，即可行宇宙的种子，到底有多稀少。

为了回答这一问题，马宗达和法国波尔多大学的戴维·迪安（David

Dean）意识到，他们需要推导出一个描述特雷西–维多姆峰最左侧尾部的方程，该区域的统计分布从未被研究过。一年内，他们推导出的左侧"大偏差函数"出现在《物理评论快报》（*Physical Review Letters*）杂志上。[4] 3年后，马宗达和目前在加州大学圣迭戈分校的马西莫·韦尔加索拉（Massimo Vergassola）使用不同的技术，计算出了右侧大偏差函数。马宗达和迪安惊讶地发现，在右侧，该分布以与特征值个数N有关的速度下降；而在左侧，分布以N^2的函数更快地下降。

2011年，左右尾部的形状使马宗达、谢尔以及澳大利亚墨尔本大学的彼得·福里斯特（Peter Forrester）豁然开朗：特雷西–维多姆分布的普适性可能与相变的普适性有关。相变指水冻结成冰，石墨变成钻石，普通金属变成奇特的超导体等过程。

相变这种现象非常普通——所有物质在获得或缺乏足够的能量时都会发生相变，但它只用少数几种数学形式就能描述，所以马宗达说，对于统计物理学家来说，它们"几乎像宗教一样"。

在特雷西–维多姆分布的极小边缘处，马宗达、谢尔和福里斯特认出了熟悉的数学形式：描述系统属性两种不同变化率的曲线，它从过渡峰的任意一侧向下倾斜。这些就是相变的标志。

在描述水的热力学方程中，表示水的能量随温度变化的曲线在100摄氏度时——即水从液体变成蒸汽时——突然发生扭折。水的能量缓慢增加到这一点，突然跃升至一个新高度，然后再以蒸汽的形式沿一条不同的曲线缓慢增加。关键的是，在能量曲线的突变处，曲线的"一阶导数"——另一条显示能量在每一点处变化快慢的曲线——出现了一个峰值。

同样，物理学家们意识到，某些强关联系统的能量曲线在$\sqrt{2N}$处也有扭折现象。与这些系统相关的峰是特雷西–维多姆分布，它出现在能量曲线的三阶导数中，即能量变化率的变化率的变化率。因此，我们可以说特雷西–维多姆分布是一个“三阶”相变。

“特雷西–维多姆分布的无处不在与相变的普适性有关，”谢尔说，“这种相变是普遍存在的，也就是说，它不是特别依赖系统的微观细节。”

根据尾部的形状，相变把系统分成了不同的相：在左侧，系统能量随N^2而变化；在右侧，系统能量随N而变化。但马宗达和谢尔想知道特雷西–维多姆普适类的标志性特征是什么：为什么三阶相变似乎总出现在相关变量的系统中？

答案隐藏在1980年的两篇深奥论文中。三阶相变在此之前就已经出现了，并于同年以一种控制原子核的简化理论被发现。理论物理学家戴维·格罗斯（David Gross）、爱德华·威滕和斯彭塔·瓦迪亚（Spenta Wadia）发现了一个三阶相变（瓦迪亚独立于另两人得出了这个发现），它将“弱耦合”相（此时物质以核粒子的形式存在）与温度更高的“强耦合”相（此时物质融合成等离子体）分隔开来。[5]大爆炸之后，宇宙在冷却时可能经历了从强耦合相到弱耦合相的过渡。

谢尔说，在查阅了相关文献后，他和马宗达“意识到我们的概率问题和人们在完全不同的背景下发现的这种三阶相变之间存在着深刻联系”。

从弱到强

至此，马宗达和谢尔已经积累了大量证据，表明特雷西–维多姆分布及其大偏差尾部表示了弱耦合相和强耦合相之间的普适相变。[6]例如，在梅的生态系统模型中，位于$\sqrt{2N}$处的临界点将弱耦合物种（其种群数量可以在不影响其他物种的情况下单独波动）的稳定相和强耦合物种的不稳定相（在这一阶段，波动会在整个生态系统中级联，并使整个生态系统失去平衡）分隔开来。马宗达和谢尔认为，总的来说，特雷西–维多姆普适类中的系统表现为两个相，在一个相中所有组分协同工作，在另一个相中所有组分则单独工作。

统计曲线的非对称性反映了这两个相的本质。由于各组分之间的相互作用，系统在左侧强耦合相的能量与N^2成比例，而在右侧弱耦合相的能量只依赖于单个组分的个数N。

“只要你有一个强耦合相和一个弱耦合相，特雷西–维多姆就是连接两个相的交叉函数。”马宗达说。

法国巴黎高等师范学校的物理学家皮埃尔·勒杜萨尔（Pierre Le Doussal）表示，马宗达和谢尔的工作是“一项非常不错的贡献”。勒杜萨尔协助证明了特雷西–维多姆分布在一个名为KPZ方程的随机增长模型中的存在性。[7]勒杜萨尔并不关注特雷西–维多姆分布的峰值，他说：“相变可能是更深层次的解释。本质上，它可能会让我们更多地考虑如何对这些三阶转变进行分类。”

统计物理学家列奥·卡达诺夫（Leo Kadanoff）曾引入“普适性”一词，并在20世纪60年代帮助对普适相变进行分类。他表示，自己很早就清楚随机矩阵理论中的普适性一定与相变的普适性有某种关联。然而，尽管描述相变的物理方程似乎符合实际，但用于推导它们的许多计算方法从未在数学上得到严格证明。

卡达诺夫说：“必要时，物理学家会寻求与自然的比较，而数学家则更想看到证明——表明相变理论正确的证明、表明随机矩阵属于三阶相变普适类的更详细证明，以及这样的类存在的证明。”

对于相关领域的物理学家来说，目前程度的证据就已经足够了。现在的任务是在呈现出特雷西–维多姆分布的更多系统（例如增长模型）中识别和刻画强耦合相和弱耦合相，并预测和研究自然界中特雷西–维多姆普适性的新例子。

能够说明问题的迹象位于统计曲线的尾部。2014年8月，在日本京都举行的一次专家会议上，勒杜萨尔遇到了东京大学的物理学家竹内一将（Kazumasa Takeuchi）。竹内在2010年报告说，液晶材料两相之间的分界面会按照特雷西–维多姆分布的规律变化。[8]当时，竹内还未能收集到可绘制分界面上的突出峰值等极端的统计异常值的足够证据。但在勒杜萨尔恳求竹内再次绘制数据以后，研究者们第一次看到了左侧和右侧的尾部。勒杜萨尔立即将这一消息邮件告知了马宗达。

马宗达说："人人都只看特雷西–维多姆分布的峰值。他们不看尾部，因为它们是非常非常小的东西。"

“鸟瞰”大自然的隐藏秩序

纳塔莉·沃尔乔弗

9年前，乔·科尔博（Joe Corbo）观察了鸡的眼睛，从中看到了一些令人惊讶的东西。他把覆盖在鸡视网膜上用来感知色彩的视锥细胞分离出来，发现在显微镜下这些细胞呈现出5种不同颜色和大小的波尔卡圆点。不过科尔博观察到，与人类眼睛中随机分布的视锥细胞和许多鱼类眼睛整齐排列的视锥细胞不同，鸡的视锥细胞呈现出一种随机且又非常均匀的分布。这些圆点的位置并无明显规律可循，但互相之间又不会离得太近或太远。这5组散布在视网膜上的视锥细胞，无论是其中任何一种，还是合在一起，都呈现出同样引人注目的随机性和规律性的结合。在圣路易斯华盛顿大学领导着一个生物实验室的乔·科尔博被这一现象迷住了。

“光是看着这些图案，就是一种美的享受。”他说，“我们被这种美吸引，并纯粹出于好奇而渴望更好地理解这些图案。”科尔博和他的合作者也希望弄清楚这些图案的功能及其形成过程。当时的他并不知道，同样的问题在许多其他领域中也被提出过，也不知道自己其实发现了某种隐藏秩序的第一个生物学表现形式，这种隐藏的秩序之前已经出现在了数学和物理学的各个方面。

科尔博所知道的是，鸟类视网膜呈现出这种图案很可能有充分的理由。鸟类具有非常出色的视觉（例如，鹰可以从一英里[①]的高空看到老鼠的踪迹），科尔博的实验室研究的正是使鸟类获得这种出色视觉的演化适应机制。3亿年前，一种类似蜥蜴的生物逐渐演化为恐龙和原始哺乳动物，而恐龙正是鸟类的祖先，因此，鸟类视觉中许多属性被认为是从这些类似蜥蜴的生物那儿继承下来的。在恐龙统治地球栖息地的那段时间，我们的哺乳动物近亲只能在黑暗中仓皇奔走，在夜间战战兢兢地活动，逐渐丧失了辨别色彩的能力。那时，哺乳动物视锥细胞的类型减少到了两种——这是一个低谷，人类至今仍在努力从这一低谷中恢复。大约3 000万年前，我们灵长类祖先的一个视锥细胞分裂成了两种：一种感知红色，一种感知绿色，它们与已有的感知蓝色的视锥细胞一起，形成了人类的三色视觉。但人类的视锥细胞，尤其是新产生的感知红色和感知绿色的视锥细胞，其分布呈块状且杂乱无章，对光线的采样也不均匀。

鸟类的眼睛已经经过了上亿年时间的优化。随着视锥细胞数目的增加，其空间分布也变得更加规律。然而，科尔博和他的同事们想知道，为什么视锥细胞的分布没有进化为网格（如晶体的晶格）那样具有完美规律性的分布。他们在鸟类视网膜中观察到的奇怪的、难以归类的图案，一定是在某些未知约束条件下，所有可能排列中的最优状态。这些约束条件是什么？这些图案意味着什么？鸟类视觉系统是如何演化成现在这样的？这些问题仍不清楚。生物学家在尽力量化视网膜的规律

① 1英里≈1.61千米。——编者注

性，然而这是一个他们完全陌生的领域，他们需要帮助。2012年，科尔博联系了普林斯顿大学理论化学教授萨尔瓦托雷·托尔夸托（Salvatore Torquato），他是研究堆积问题的著名专家。堆积问题是指在给定的空间维度中，如何以最密集的方式排布物体的问题。在鸟类视觉问题中，堆积问题就是如何将5种不同大小的视锥细胞最密集地排布在二维的视网膜上。科尔博说："我想知道鸟类视觉系统是否属于最优堆积。"托尔夸托产生了兴趣，于是在视网膜图案的数字图像上运行了一些算法，结果让他"感到震惊"。科尔博回忆说："托尔夸托发现，在鸟类视觉系统中出现的现象竟然与许多无机或物理系统中出现的现象相同。"

托尔夸托从21世纪初开始就一直研究这种他当时称之为"超齐构性"（hyperuniformity）的隐藏秩序［罗格斯大学的乔尔·莱博维茨（Joel Lebowitz）几乎在同一时期给这一概念起名为"超同质性"（superhomogeneity），但这个名字未被广泛采用］。从那时起，超齐构性就开始在许多不同种类的系统中迅速出现。除了鸟类眼睛之外，超齐构性还出现在准晶材料、充满随机数的数学矩阵、宇宙的大尺度结构、量子系综以及乳浊液和胶体这样的软物质系统中。[1]

每当这一现象出现在新的领域时，科学家们总会为之惊喜，这种感觉就好像和宇宙玩打地鼠一样。研究者们仍然在寻找隐藏在这些现象背后的统一概念。在这一过程中，他们发现了超齐构材料（也称超齐构体）的一些具有实用价值的新特性。

从数学角度来看，"你对超齐构性研究得越多，就越能感受到它的优雅和它在理念上的引人注目。"微软新英格兰研究院的数学家、堆积问题专家亨利·科恩（Henry Cohn）在提到超齐构性时这样说，"另一方面，它潜在的广泛应用也让我感到惊讶。"

秘密的秩序

15年前，托尔夸托和他的一位同事发起了对超齐构性的研究。他们从理论上描述了超齐构性，并给出了一个简单而又令人惊讶的例子："取一些玻璃弹珠，将它们放进一个容器里，摇动这些弹珠直到它们挤满容器的底部。这时的系统就是超齐构的。"托尔夸托在他普林斯顿大学的办公室里这样解释道。[2]

这些玻璃弹珠最后呈现出一种在专业上被称为"最大随机满塞堆积"的排布方式，用这种方式可以填满64%的空间（其余部分是空气）。这比球体可能形成的最密堆积要小，球体可能形成的最密堆积是一种用于在板条箱里堆橘子的晶格堆积[①]，它可以填满74%的空间。但晶格堆积并非总能实现。你不可能轻易地通过摇动的方式使一盒玻璃弹珠形成晶格堆积，同样地，你也不可能通过排布5种不同大小的物体（例如鸡眼睛里的视锥细胞）使其形成晶格堆积，托尔夸托解释道。

我们考虑用桌面上的硬币来代表视锥细胞。"如果你试着挤压一些面值为1美分的硬币，它们会形成一个三角形的晶格。"托尔夸托说，"但如果往这些1美分的硬币里扔一些5美分的硬币，那么新加入的硬币就会阻止整个体系形成晶格堆积。现在，如果你有5种不同的硬币——比如继续扔进25美分的硬币、50美分的硬币，或者不管什么别的硬币，都会进一步抑制晶格堆积的形成。"同样地，几何学要求鸟类视锥细胞呈无序分布，但演化过程要求其视网膜尽可能均匀地对光线进行采样：感知蓝色的视锥细胞要彼此远离，感知红色的视锥细胞要彼此远离，等

① 晶格堆积指周期性的规律堆积。——编者注

等，这是一对相互矛盾的需求。为了平衡这些限制，该系统“只好选择了这种无序的超齐构性”，托尔夸托说。

超齐构性为鸟类提供了两全其美的结果：既有多达5种的视锥细胞，它们又近乎均匀地镶嵌在视网膜上。这为鸟类提供了令人惊叹的色彩分辨能力。但托尔夸托表示，这是种“隐藏的秩序，我们还无法用自己的眼睛感受它”。

确定一个系统是不是超齐构体，需要一种类似于套环游戏的算法。托尔夸托解释说，首先，想象将一个圆环反复扔到一个有序的晶格点阵上，每次圆环落地时，数一下圆环内的点数。前后两次投掷时，被圈住点的数量会有波动——但不会很大。这是因为圆环内部能圈住点的数量总是固定的，唯一的数量变化发生在圆环的边界。如果增加圆环的大小，导致点数变化的圆环边界也将变得更长。因此对于晶格分布而言，被圈住点的数量变化（也称晶格中的“密度波动”）与圆环周长成正比（在维数更高时，密度波动也与对应空间的维数减1次方成正比）。

现在，想象在少数几个不相关的点上玩套环游戏，这些点随机分布，形成空隙与集簇。随机分布的标志之一是，当你把圆环做得更大时，被圈住点的数量变化与圆环面积而非周长成正比。结果就是，在大尺度上，随机分布在不同投掷之间的密度波动比晶格分布要极端得多。

当涉及超齐构分布时，这个游戏就变得更有趣了。由于点的分布是局部无序的，所以对于小圆环，被圈到点的数量在两次投掷之间的波动比在晶格分布的情况下更大。但当你把圆环做得更大时，密度波动开始与圆环周长成正比，而非面积。这意味着在大尺度下，超齐构分布的密度分布与晶格分布的一样均匀。

普林斯顿大学物理学家保罗·斯坦哈特（Paul Steinhardt）说，在超齐构系统中，研究人员发现了更多的“结构生态规律”：在这些系统中，密度波动与圆环周长的不同次幂（在1到2之间）成正比。

“这一切意味着什么呢？”托尔夸托说，“我们不知道。对超齐构体的研究还在发展过程中，有很多论文在不断出现。”

材料“大观园”

超齐构态显然是很多不同系统共有的一种状态，研究者仍在努力尝试对这种普遍性做出解释。科恩说：“我认为，超齐构性基本上是某种更深层优化过程的一个标志。”至于这些过程是什么，“不同的问题可能会差别很大”。

超齐构系统分为两大类。第一类在系统达到平衡状态时呈现出超齐构性，这种超齐构体的稳定结构是粒子自发形成的。准晶就属于这一类，这是一种内部紧密相连的原子不遵循任何重复模式，但能形成密铺空间的神奇固体。在这类平衡系统中，粒子间的相互斥力会将它们彼此分开，从而形成整体的超齐构状态。类似的数学结构可以解释鸟类眼睛中视锥细胞分布、随机矩阵的特征值分布以及与素数密切相关的黎曼ζ函数的零点分布中超齐构性的出现。

另一类是非平衡系统，我们对它的了解还不够。摇动后的玻璃弹珠、乳浊液、胶体和冷原子系综都属于这类系统。组成系统的粒子之间相互碰撞，但除此之外彼此间不会产生其他相互作用力。系统必须在外力的作用下，才能达到超齐构状态。在这类非平衡系统中，还存在着更为棘手的分类。2015年，由法国里昂高等师范学校的德尼·巴尔托洛（Denis Bartolo）领导的一组物理学家在《物理评论快报》上发表文

寻找隐藏的秩序

想象将一个圆环反复扔到一堆点上，每次圆环落地时，数一下圆环内的点数。

有序晶格

每次扔圆环时，就被圈住点的数量变化来说，大圆环比小圆环更大。这是因为所有的数量变化都发生在圆环的边界处，因此数量变化与圆环周长成正比。

随机分布

被圈住点的数量变化与圆环面积成正比，因为环内点的密度是变化的。这意味着，在大尺度上，这种数量变化可能会很极端。

超齐构分布

对于小圆环来说，其数量变化与随机分布的变化类似。但数量变化与圆环周长，而非圆环面积成正比，因此对于大圆环来说，其数量变化与晶格的变化类似。

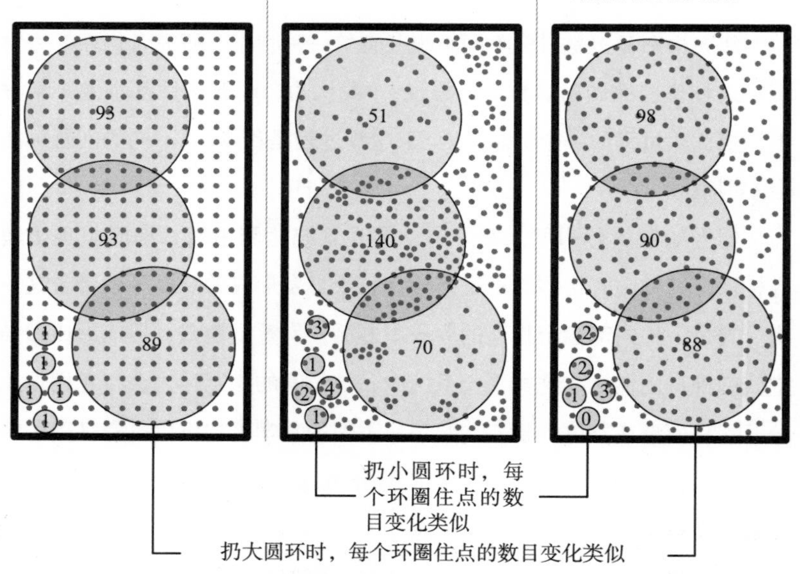

图2.4　有序晶格、随机分布与超齐构分布的对比

章称，以某一精确的振幅晃动乳浊液，可以使其形成超齐构体。这一精确的振幅标志着材料在可逆与不可逆之间的临界转变：如果晃动振幅低于临界振幅，分散在乳浊液中的颗粒在每次晃动后会回到之前的相对位置；如果晃动振幅高于临界振幅，粒子的运动就不可逆了。[3]巴尔托洛的工作表明，在这种非平衡系统中，可逆性的开始与超齐构性的出现之间存在着一种基本（虽然尚未完全成形）的联系。相比之下，最大随机满塞堆积则完全是另一回事。[4]“我们能把这两类系统的物理性质联系起来吗？”巴尔托洛说，“不，根本不行。对于超齐构性为什么会出现在两组非常不同的物理系统中，我们一无所知。”

科学家在努力串联起这些线索时，也发现了超齐构材料令人惊讶的特性——这些特性通常只有晶体才具备，但不容易受制造误差的影响。它们更像玻璃和其他没有关联性的无序介质的特性。在2016年的一篇论文中，由雷米·卡尔米纳蒂（Rémi Carminati）领导的一组法国物理学家报告说，致密的超齐构材料可以被制成透明材料，而同样密度的没有关联性的无序材料则是不透明的。[5]这是因为，隐藏在粒子相对位置中的秩序让它们的散射光互相干涉并抵消了。“这种干涉会破坏散射，”卡尔米纳蒂解释道，“光可以直接穿过材料，就好像材料是均质的一样。”这种致密、透明的非晶体材料会有什么用，现在回答还为时尚早，但卡尔米纳蒂说，“肯定有潜在的应用”，特别是在光子学领域。

巴尔托洛关于乳浊液中如何形成超齐构体的发现，有助于发展出一种搅拌混凝土、美容面霜、玻璃和食物的简单方法。“每当你想在糊状物中分散颗粒时，你面对的就是一个困难的混合问题。”他说，“而研究超齐构体的结果，就可以作为一种均匀分散固体颗粒的方法。”首先，你确定一种材料的特征振幅，然后，以这一振幅摇动它若干次，就能得到一个均匀混合的超齐构分布了。“我不应该免费告诉你这些，我应该开一家公司！”巴尔托洛说。

托尔夸托、斯坦哈特和他们的同事已经这样做了。他们的初创公司η相位（Etaphase）将开始制造超齐构体光子电路——一种以光而非电子为介质来传输数据的器件。普林斯顿的科学家几年前发现，超齐构体材料存在“带隙”（band gap），可以阻止某些特定频率的传播。[6]带隙可以实现数据的受控传输，因为被阻挡的频率可以用波导管容纳和引导。但带隙一度被认为是晶格特有的，其传播方向必须与晶格的对称轴一致。这意味着光子波导只能沿某些特定方向传播，而这限制了该材料作为电路的应用。由于超齐构体材料没有传播方向的限制，它们的带隙（虽然我们对其还知之甚少）可能更有实际用途，它不仅能够实现“弯曲波导，还能实现你想要的任何波导”，斯坦哈特说。

至于鸟类眼睛中被称为“多元素超齐构性”（multihyperuniform）的五色镶嵌图案，至少迄今为止，在自然界中是独一无二的。科尔博还无法准确说明这种图案是如何形成的。它是像第一类平衡系统那样，是由于视锥细胞之间的相互排斥而产生的，还是像一盒被摇出来的玻璃弹珠？他猜是前者。细胞可以分泌一种排斥同类细胞，但不影响异类细胞的小分子；也许在胚胎发育过程中，每个视锥细胞都发出信号，表明它正分化成某种类型，以阻止邻近细胞分化成同样的类型。科尔博说：“这不过是一个阐释发育过程的简单模型。每个细胞附近的局部行为创造了整体的模式。”

除了鸡这种实验室研究中最容易获得的家禽之外，科尔博研究的其他三种鸟类身上也出现了同样的多元素超齐构性的视网膜图案，这表明，“超齐构性”这种适应性是普遍存在的，而非某种特定环境下的产物。科尔博想知道，夜行动物是否在演化过程中产生了不同的视觉最优配置。“这将是非常有趣的问题，”他说，“但对我们来说，要弄到相关的研究对象——比如说猫头鹰的眼睛，就更难了。”

关于随机性的统一理论

凯文·哈特尼特

标准几何对象可以用一些简单规则来描述——例如，每条直线都可以用形如$y = ax + b$的方程来表示。并且各对象之间的关系也较为明了：两点可以连成一条线，4条线段可以组成一个正方形，6个正方形可以拼成一个立方体。

不过，困扰麻省理工学院数学教授斯科特·谢菲尔德（Scott Sheffield）的并不是这些标准几何对象。他主要研究由随机过程构造的形状，这些形状中没有两个是完全一样的。就拿最常见的随机形状——随机游走（random walk）来说，它在从金融资产价格的变动到量子物理中粒子的路径的各种情况下随处可见。我们之所以称这些游走为随机游走，是因为在某个给定时间点之前的路径信息并不能帮助我们预测粒子下一步的走向。

除了一维随机游走以外，还存在随机二维曲面、随机增长模型等许多其他类型的随机形状。例如，随机增长模型可以近似描述苔藓在岩石上的蔓延方式。虽然所有这些随机形状都自然地出现在物理世界中，但直到最近我们都无法用严格的数学想法来解释它们。鉴于随机路径与随机二维形状的数量极大，数学研究者们一筹莫展，说不出这些随机对象有什么共同之处。

而在过去几年的工作中，谢菲尔德和与他经常合作的剑桥大学教授贾森·米勒（Jason Miller）证明，这些随机形状可以被分成不同的类，每一类都有其特有的性质，并且某几类随机对象之间存在着惊人清晰的联系。他们的工作开启了几何随机性的统一理论。

谢菲尔德说："取一些最自然的对象——树木、道路、曲面，然后证明它们都彼此相关。一旦有了这些关系，你就能证明所有你之前无法证明的新定理。"

谢菲尔德和米勒发表了一系列论文，首次为随机二维曲面提供了一种全面视角，这一成就堪比平面的欧几里得映射。[1]

"斯科特和贾森能够实现一些自然的想法，而不被技术性的细节所影响。"苏黎世联邦理工学院教授文德林·维尔纳（Wendelin Werner）说。文德林·维尔纳凭借其在概率论和统计物理方面的工作获得了2006年的菲尔兹奖。"基本上，他们能推导出使用其他方法无法得到的结果。"

量子弦上的随机游走

在标准的欧氏几何中，我们感兴趣的对象包括直线、射线以及圆和抛物线这样的光滑曲线。在这些图形中，点的坐标值遵循清晰且有序的模式，可由函数来描述。例如，如果已知一条直线上两个点的坐标值，你就可以知道这条直线上其他所有点的坐标值。该规则同样适用于图2.5中每条射线上点的坐标值，这些射线从一点出发向外辐射。

图2.5 从一点出发向外辐射的射线

图片来源：斯科特·谢菲尔德。

一种有助于理解随机二维几何的方法是考虑飞机航线。当一架飞机执行从东京到纽约这样的长距离飞行任务时，飞行员会沿直线从一个城市飞到另一个城市。但如果你把这条航线画在地图上，即将球体（地球）上的直线映射到一张扁平的纸上，它就会变成一条弧形曲线。

如果地球不是圆的，而是被以随机的方式肆意扭曲而成的一种更复杂的形状，那么飞机（在平坦二维地图上显示的）的轨迹可能会更加不规则，就像图2.6中的射线一样。

每条射线代表一条从原点出发，并试图在一个随机波动的几何曲面上尽可能沿直线飞行的飞机的轨迹。图2.6中体现了表面随机性的不同程度——随着随机性的增加，原本笔直的射线开始摆动和扭曲，产生了

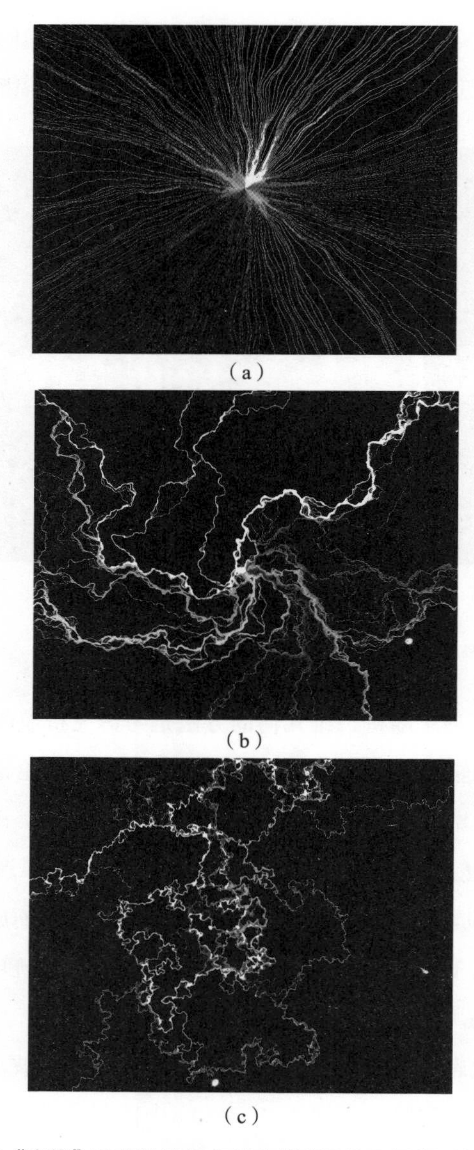

（a）

（b）

（c）

图2.6　沿“直线”飞行的飞机在越来越随机的几何表面上留下的轨迹

图片来源：斯科特·谢菲尔德。

越来越明显的锯齿，最后变为几乎不连贯的闪电状。

然而，不连贯并不等于不可理解。在随机几何中，如果你知道一些点的位置，（在最好的情况下）你就能推测出后续点的位置分布概率。就像一组灌铅的骰子掷出的点数仍然是随机的，但其随机的方式与均匀骰子不同，用来生成随机曲面上点的坐标值的概率测度可能会不同。

数学工作者们已经发现并希望继续发现的是，随机几何中某些概率测度是特殊的，而且它们往往出现在许多不同的背景中。大自然好像倾向于用一种非常特殊的骰子（一种有不可数的无穷条边的骰子）来生成随机曲面。谢菲尔德和米勒这样的数学家致力于理解这些骰子的特性（以及它们所生成的形状的“典型”特性），希望我们能像理解普通球体一样精准地理解它们。

通过这种方式得到理解的第一种随机形状是随机游走。从概念上讲，如果你反复抛一枚硬币，抛出正面朝一个方向走，抛出反面朝相反方向走，那么最后得到的路径就是一种一维随机游走。在现实世界中，苏格兰植物学家罗伯特·布朗（Robert Brown）于1827年观察到悬浮在水中的花粉粒的随机运动（被称为“布朗运动”），这是随机游走首次引起人们的注意。这种看似随机的运动是由单个水分子撞击花粉粒引起的。后来，在20世纪20年代，麻省理工学院的诺伯特·维纳（Norbert Wiener）给出了这一过程的精确数学描述。

布朗运动是随机游走的“尺度极限”——如果考虑一个步长很小、且步与步之间的时间间隔也很短的随机游走，那它的随机路径就会越来越像布朗运动。几乎所有随机游走都会随时间收敛到布朗运动。

相比之下，二维随机空间则是物理学家在试图理解宇宙结构时首先关注的领域。

在弦论中，我们考虑随时间推移而振动和演化的极小的弦。正如一个点随时间运动的轨迹可以画成一条一维曲线，一根弦随时间运动的轨迹也可以理解为一个二维曲面，被称为世界面（worldsheet），它记录了一维弦在时间中振动的历史信息。

谢菲尔德说："要理解弦的量子物理学过程，需要一些类似于曲面上布朗运动的模型。"

多年来，物理学家已经构造出了一些（至少在部分程度上）类似的东西。20世纪80年代，如今任职于普林斯顿大学的物理学家亚历山大·波利亚科夫（Alexander Polyakov）提出了一种描述这些曲面的方法，后被称为刘维尔量子引力（Liouville quantum gravity，缩写为LQG）。[2]虽然LQG还不完善，但这种看待随机二维曲面的视角仍然很有用。尤为值得一提的是，LQG为物理学家提供了一种定义曲面角度的方法，令他们得以计算曲面面积。

与此同时，一种被称为布朗地图（Brownian map）的模型提供了研究随机二维曲面的另一种方法。在LQG可用于计算面积的情况下，而布朗地图的结构则可以帮助研究人员计算点与点之间的距离。布朗地图和LQG一起，为物理学家和数学家就他们期望在本质上相同的对象提供了两种互补的视角，但他们还无法证明LQG和布朗地图实际上是相容的。

"对于你们所说的最典范随机曲面，它有两种相互竞争的随机曲面模型，各自带有与之相关的不同信息，这种情况非常奇怪。"谢菲尔德说。

自2013年起，谢菲尔德和米勒开始着手证明，这两个模型本质上描述了同一件事。

随机增长的问题

谢菲尔德和米勒两人的合作始于勇气。21世纪头几年，谢菲尔德在斯坦福大学读研究生，师从概率论学家阿米尔·登博（Amir Dembo）。在博士论文中，谢菲尔德提出了一个在一组复杂曲面中寻找秩序的问题。和其他任何事一样，他一开始提出这一问题只是作为一种思考练习。

“我认为这会是一个需要200页纸才能解决的非常困难的问题，而且可能没有人会去做它。”谢菲尔德说。

但米勒随后登场了。2006年，即谢菲尔德毕业几年后，米勒进入斯坦福大学，并开始跟随登博学习。为了使米勒了解随机过程，登博安排他研究谢菲尔德的问题。“贾森设法解决了这一问题，这让我印象深刻。我们开始合作研究一些问题，我最终找到了机会聘请他到麻省理工学院做博士后。”谢菲尔德说。

为了证明LQG和布朗地图是等价的随机二维曲面的模型，谢菲尔德和米勒采用了一种理念上足够简单的方法。他们决定看看能否发明一种在LQG曲面上测量距离的方法，然后证明这种新的距离测量方法与布朗地图自带的距离测量方法是一样的。

为实现这一点，谢菲尔德和米勒考虑设计一种可用于在LQG曲面上测量距离的数学上的“尺子”。然而他们立刻意识到，普通尺子并不能很好地适应这些随机曲面——这些曲面太过扭曲了，以至于无法在不撕裂物体的情况下在它上面移动笔直的物体。

于是，二人放弃了设计尺子的想法。相反，他们试图将距离问题重新解释为关于增长的问题。要了解这是如何工作的，我们可以想象一个生长在某个曲面上的细菌菌落。起初它占据的是一个点，但随着时间推移，它会向各个方向扩张。如果你想测量两点之间的距离，一种（看似迂回的）方式是，在其中一点处培养一个细菌菌落，然后测量它扩张到另一点所需的时间。谢菲尔德说，技巧在于以某种方式“描述一个球逐渐生长的过程”。

在普通的平面上，所有的点和增长率都是已知且固定的，因此描述一个球的生长很容易。描述随机增长则困难得多，这是长期以来一直困扰着数学家的问题。然而，谢菲尔德和米勒很快就认识到，用谢菲尔德的话说：“与光滑曲面相比，（随机增长）在随机曲面上更容易理解。”在某种意义上，增长模型的随机性与增长模型所在的曲面的随机性使用的是同一种语言。“你在一个疯狂的曲面上添加了一个疯狂的增长模型，但不知为什么，在某些方面它却改善了你面临的情况。”他说。

图2.7至2.9显示了一个特定的随机增长模型，即伊甸园（Eden）模型，它描述了细菌菌落的随机生长。菌落通过沿其边界随机添加的细菌

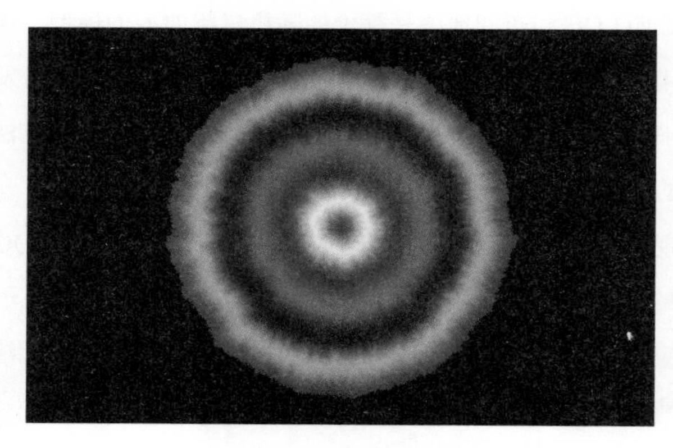

图2.7　$\gamma = 0.25$时伊甸园模型的增长

图片来源：贾森·米勒。

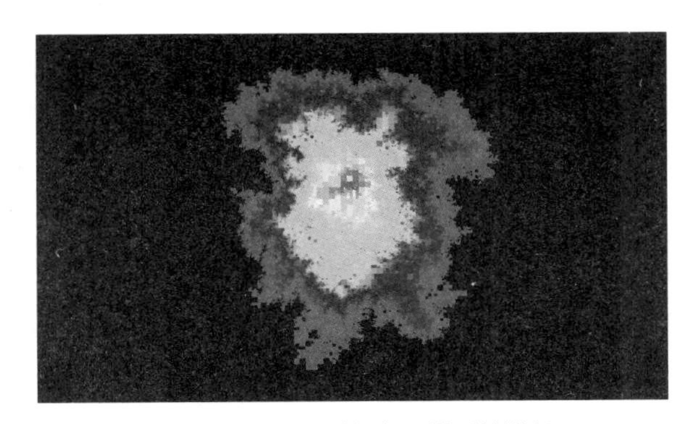

图2.8　$\gamma = 1.25$时伊甸园模型的增长

图片来源：贾森·米勒。

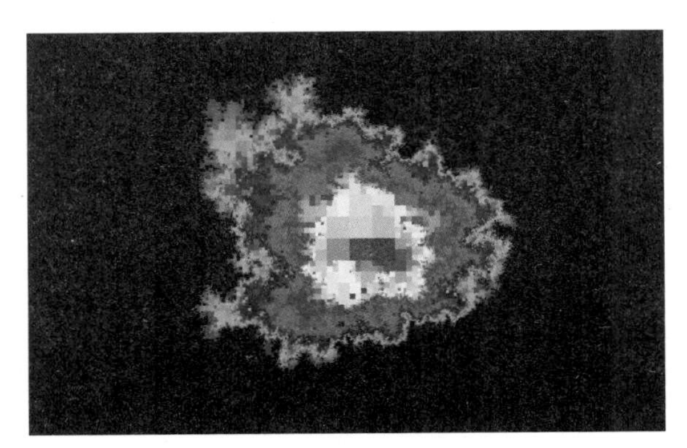

图2.9　$\gamma = 1.63$时伊甸园模型的增长

图片来源：贾森·米勒。

簇的方式生长。在任何给定的时间点，我们都不可能确切地知道下一个细菌簇出现在边界上的什么地方。在这些图像中，米勒和谢菲尔德展示了伊甸园模型在随机二维曲面上的增长。

图2.6显示了伊甸园模型在相当平坦的（即随机性低的）LQG曲面上的增长。增长以有序的方式进行，形成了一些几乎同心的圆，这些同

心圆被涂上了阴影，表示增长发生在曲面不同位置的时间。

在后续图像中，谢菲尔德和米勒展示了在越来越随机的曲面上的增长。在生成曲面的函数中，曲面的随机性由常数γ控制。随着γ的增大，曲面变得越发粗糙——即峰值更高，谷底更低——并且该曲面上的随机生长同样越发无序。在图2.7中，$\gamma = 0.25$。在图2.8中，$\gamma = 1.25$，曲面构造的随机性是前者的5倍。在这个高随机性的曲面上，伊甸园增长模型同样被扭曲了。

当γ为$\sqrt{8/3}$（约为1.63，见图2.9）时，LQG曲面波动更为剧烈，呈现出与布朗地图相匹配的粗糙度，因此可以更直接地比较这两个随机几何曲面的模型。

在如此粗糙的曲面上，随机增长非常不规则。试图从数学上描述它，就像是试图预测飓风中微小的压力波动，是不现实的。然而，谢菲尔德和米勒意识到，他们需要弄清楚如何在随机性很高的LQG曲面上模拟伊甸园增长，以建立一个与（随机性很高的）布朗地图相等价的距离结构。

“搞清楚如何从数学上严格描述（随机增长）是一个巨大的障碍。”谢菲尔德说。他提到目前在伦敦帝国理工学院的马丁·海雷尔就是因为做出了克服这类障碍的工作，获得了2014年的菲尔兹奖。“你总是需要一些惊人的聪明技巧来做到这一点。”

随机探索

谢菲尔德和米勒的聪明技巧基于一种特殊的随机一维曲线，它与随机游走类似，唯一的区别就是它永远不会与自己相交。从很久以前开始，物理学家就在各种各样的情况下遇到过这类曲线了，例如在研究具有正自旋和反自旋的粒子群之间的边界（粒子群之间的边界线就是一条从来不会与自己相交，且形状随机的一维道路）时。就像罗伯特·布朗在自然界中观察到了随机交叉道路一样，物理学家知道自然界中存在这种随机非交叉道路，但他们不知道如何用一种精确的方式研究它们。1999年，当时还在华盛顿州雷德蒙德市的微软研究院工作的奥代德·施拉姆（Oded Schramm）引入了施拉姆–勒文纳演化（Schramm-Loewner evolution，简称SLE）曲线，并将其作为典型的非交叉随机曲线。

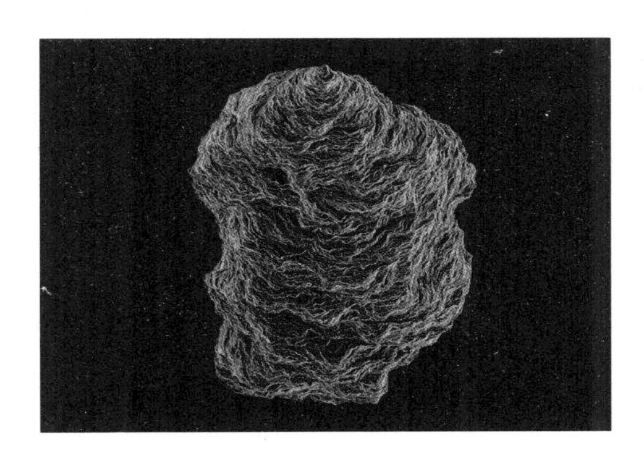

图2.10　SLE曲线的例子

图片来源：贾森·米勒。

施拉姆在SLE曲线方面的工作是随机对象研究中的一个里程碑。大家普遍认为，如果施拉姆在发表自己结果时再年轻上几个星期的话，他就会拿到菲尔兹奖（菲尔兹奖只颁给40岁以下的数学家）。遗憾的是，施拉姆在2008年的一次徒步旅行中意外丧生。事实上，施拉姆的两位合作者文德林·维尔纳和斯坦尼斯拉夫·斯米尔诺夫（Stanislav Smirnov）凭借在施拉姆的工作的基础上的进一步工作，最终分别获得了2006年和

2010年的菲尔兹奖。更重要的是，SLE曲线的发现使得证明随机对象的许多其他性质成为可能。

谢菲尔德是施拉姆的朋友和合作者，他说："由于施拉姆的工作，物理学中很多可通过物理方式断言成立的结论，突然可以在数学层面被严格证明了。"

对于米勒和谢菲尔德来说，SLE曲线以一种意想不到的方式体现了它的价值。为了测量LQG曲面上的距离，进而证明LQG曲面和布朗地图是相同的，他们需要找到一种在随机曲面上模拟随机增长的方法。事实证明，SLE就是这样一种方法。

米勒说："那个'顿悟'的时刻是，（我们意识到）可以使用SLE来构建（随机增长），并且SLE和LQG之间存在关联（的时刻）。"

SLE曲线带有一个常数κ，其作用与LQG曲面中γ的作用类似。γ描述了LQG曲面的粗糙程度，κ则描述了SLE曲线的"扰动"程度。当κ较小时，曲线看起来像直线。随着κ的增大，构造曲线的函数具有了更强的随机性，在遵循"可反弹但不交叉"的规则下，曲线也变得更加不规则。图2.11显示的是$\kappa = 0.5$时的SLE曲线，之后的图2.12显示的是$\kappa = 3$时的SLE曲线。

谢菲尔德和米勒注意到，当将κ的值调到6并将γ的值调到$\sqrt{8/3}$时，在随机曲面上绘制出的SLE曲线遵循一种探索过程。由于施拉姆和斯米尔诺夫的工作，谢菲尔德和米勒知道当$\kappa = 6$时，SLE曲线遵循一种类似"盲人探险家"的轨迹，这位盲人探险家会在前进过程中构造一条轨迹来标记自己的路径。她会尽可能地随机走动，但每当她碰到已经走过的某段路时，她就转身离开那段路，以免路径交叉或陷入死胡同。

谢菲尔德说："（探险家）发现，每当她碰到走过的路径时，自己都会隔离出一小块被那段路径完全包围的土地，而且永远不再踏入那一小块土地。”

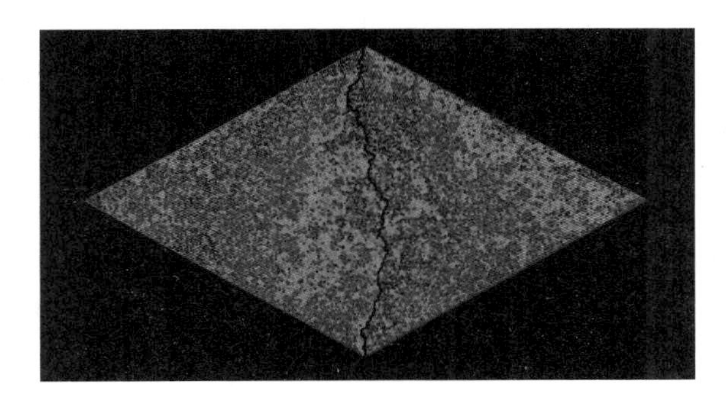

图2.11　κ = 0.5时的SLE曲线

图片来源：斯科特·谢菲尔德。

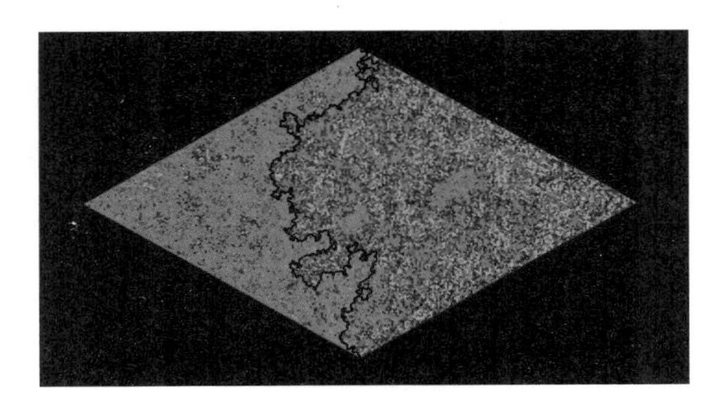

图2.12　κ = 3时的SLE曲线

图片来源：斯科特·谢菲尔德。

谢菲尔德和米勒随后考虑了一种细菌生长模型——伊甸园模型，它在随机曲面上前进时，也会采取和盲人探险家类似的方式：通过“隔离出”一块之后再也不会访问的区域来生长。生长中的细菌菌落隔离出的区域和盲人探险家隔离出的区域看上去一模一样。除此之外，在任意时刻，盲人探险家获得的随机曲面外部未探测区域的信息，与细菌菌落获得的信息也完全相同。两者唯一的区别在于，细菌菌落同时从其外部边界的所有点生长，而盲人探险家的SLE路径只能从末梢生长。

在2013年在线发布的一篇文章中，谢菲尔德和米勒设想，如果每隔几分钟这位盲人探险家就被神奇地运送到她之前已经去过的某个区域边界上一个随机的新位置，会发生什么现象。通过在边界上到处移动，这位盲人探险家将同时从所有边界点上有效地扩展自己的路径，就像细菌菌落一样。因此，谢菲尔德和米勒得以用一些他们理解的东西——SLE曲线如何在随机曲面上前进——来证明，在一些特殊设定下，SLE曲线的演变精确地描述了他们原本无法理解的随机增长过程。“SLE曲线和随机增长之间存在一些特殊的关系，”谢菲尔德说，“这就是让一切成为可能的奇迹。”

通过精确理解LQG曲面上随机增长的行为而在LQG曲面上定义的这个距离结构，与布朗地图上的距离结构完全匹配。因此，谢菲尔德和米勒将两个不同的随机二维形状模型结合成了一个一致的、数学上被完整理解的基本对象。

将随机性变为工具

谢菲尔德和米勒已经在预印本网站arxiv.org上发布了他们证明LQG和布朗地图等价性的前两篇论文。[3]这项工作使数学家们可以在不同的随机形状和随机过程之间进行推理——以了解随机非交叉曲线、随机增长和随机二维曲面之间的关系。这个例子表明，在随机几何研究中，可能出现越来越复杂的结果。

谢菲尔德形容说："就像你身处一座有三个不同洞穴的山里。一个洞穴里有铁，一个洞穴里有金，一个洞穴里有铜——突然间，你找到了一条可以将这三个洞穴连在一起的小路。现在你拥有了所有这些不同的元素，你可以用它们来制造东西，也可以把它们结合起来，制造出之前无法制造的各种东西。"

还有很多悬而未决的问题亟待解答，包括确定SLE曲线、随机增长模型和距离测量之间的关系在LQG曲面的粗糙程度较低时（相比于最近的论文中使用的LQG曲面）是否仍然成立。从实践方面来看，谢菲尔德和米勒的结果可以用来描述真实现象的随机增长，例如雪花、矿床和洞穴中的枝晶等，但这只限于上述增长发生在想象中的随机曲面上时。他们的方法能否适用于普通的欧氏空间（例如我们生活的现实空间），仍有待观察。

在粒子碰撞中发现的奇怪数字

凯文·哈特尼特

在位于日内瓦的大型强子对撞机内，物理学家环绕一条17英里长的轨道发射质子，并使它们以接近光速的速度相撞。这是世界上最精细的科学实验之一，但当物理学家试图理解这些量子碎片时，他们第一步使用的是一种被称为费曼图的非常简单的工具，它和小孩子描绘粒子碰撞情景的方式没什么两样。

费曼图是由理查德·费曼在20世纪40年代发明的。费曼图的特征是用线条代表基本粒子，它们在某个顶点汇聚（代表一次碰撞），然后从顶点处发散出来（代表碰撞产生的碎片）。这些线条要么一条条散开，要么再次汇聚。只要物理学家愿意，这些碰撞链就可以任意长。

随后，物理学家会在上述示意图中添加数字，例如所牵涉粒子的质量、动量和方向，然后开始费力地计算——把它们积分，加上那个，再平方这个。最终结果是一个被称为费曼概率的数，它量化了粒子按照该示意图进行碰撞的可能性。

加州理工学院理论物理学家和数学家谢尔盖·古科夫（Sergei Gukov）说："从某种意义上说，费曼发明的这个图把复杂的数学变成了像记账一样的过程。"

多年来，费曼图在物理学中发挥了重要作用，但它也有局限性。一是它需要遵循严格的步骤。物理学家正在不断提高粒子碰撞的能量，这需要更高的测量精度——而随着精度的提高，为得出预测结果所需的费曼图计算的复杂程度也随之增加。

第二个局限则来自费曼图更基本的性质。费曼图基于如下假设：物理学家在费曼图中考虑越多的潜在碰撞和次碰撞，他们得到的数值预测就越准确。这种被称为"微扰展开"的计算过程对电子之间的碰撞分析非常有效（在这一过程中，弱力和电磁力占主导地位）。但它对于高能碰撞——例如质子之间的碰撞（在这一过程中，强核力占主导地位）不太有效。在这些情况下，通过绘制更精细的费曼图来囊括更多种类的碰撞，可能反倒会使物理学家误入歧途。

牛津大学数学家弗朗西斯·布朗（Francis Brown）说："我们确定知道的是，在某个时刻，费曼图会开始与现实世界的物理过程分道扬镳。但我们不知道如何估计该在什么时候停止计算费曼图。"

不过，我们有理由保持乐观。在过去十年里，物理学家和数学家一直在探索一种令人惊讶的对应关系，它有可能为历史悠久的费曼图注入新的活力，并为物理学和数学带来深远的洞见。这种对应关系与一个奇怪的事实有关：从费曼图中计算出的数值似乎与一个叫"代数几何"的数学分支中出现的一些最重要的数字完全吻合。这些数值被称为"原相周期”(periods of motives)[①]。而且，没有明显的理由表明为什么相同的数字会同时出现在费曼图和代数几何中。事实上，这件事的奇怪程度堪比你每舀一杯米，数其中包含的米粒数，都发现这个数是素数。

柏林洪堡大学物理学家迪尔克·克赖默(Dirk Kreimer)说：“在自然与代数几何和周期之间存在一种联系。以后见之明来看，这并非巧合。”

现在，数学家和物理学家们正在合力解开这种巧合。对数学家来说，物理学已经让他们对一类特殊的数字产生了兴趣。在物理学现象中出现的这些周期背后是否有一个隐藏的结构？这类数字可能有什么特殊的属性？数学家想知道这些问题的答案。而对物理学家来说，在混乱的量子世界中预测各类事件如何发展时，这种数学上的理解也将会带给他们一种新的远见。

不断再现的主题

如今，周期是数学中最抽象的主题之一，但它们一开始是作为一个更具体的问题而存在的。在17世纪早期，像伽利略·伽利雷这样的科学家对计算钟摆完成一次摆动所需的时间长度很感兴趣。他们意识到，这个计算可以归结为对一个函数求积分(一种无限求和)，这个函数包含钟摆摆长和释放角度的信息。大约在同一时期，约翰内斯·开普勒(Johannes Kepler)用类似的计算方法确定了行星绕太阳公转所需的时间。他们把这些测量值称为“周期”，并将其确定为与运动相关的最重要的测量值之一。

---

① Motive一词在代数几何领域尚无公认的统一翻译，有文献亦将其译作“动机”或“母题”，此处采取首都师范大学黎景辉教授建议的译法。——译者注

在18—19世纪，数学家普遍对研究周期产生了兴趣——不仅因为它们与钟摆或行星有关，还因为它们是对形如x^2+2x-6和$3x^3-4x^2$的多项式函数积分而生成的一类数。一个多世纪以来，卡尔·弗里德里希·高斯和莱昂哈德·欧拉等数学大师探索了周期的世界，发现它包含许多指向某种潜在秩序的特征。从某种意义上说，在20世纪发展起来的代数几何领域——研究多项式方程的几何形式——就是探寻这种隐藏结构的手段。

这一努力在20世纪60年代迅速取得进展。到那时，数学家已经完成了他们经常会做的事：他们将方程这类相对具体的对象翻译成了更抽象的对象，并希望这些更抽象的对象可以让他们找出最初并不明显的关系。

在这一过程中，数学家首先考虑的是由一组多项式函数的解定义的几何对象——代数簇，而不是这些函数本身。接下来，数学家试图理解这些几何对象的基本性质。为了实现这一目的，他们发明了所谓的上同调理论（cohomology theory）——这种方法可以识别出几何对象相同的结构特征，而不考虑生成这些几何对象的特定多项式方程。

到了20世纪60年代，上同调理论已经发展到了让人眼花缭乱的地步——奇异上同调、德拉姆上同调、平展上同调等理论不断诞生。对于什么是代数簇最重要的特征，似乎每个人都有不同的看法。

正是在这一混乱的场景中，数学先驱亚历山大·格罗滕迪克（Alexander Grothendieck，逝于2014年）意识到，所有的上同调理论都是同一事物的不同版本。

“格罗滕迪克观察到，在代数簇的情形下，无论你如何计算这些不同的上同调理论，你总会以某种方式找到相同的答案。”布朗说。

这个相同的答案就是格罗滕迪克所说的“原相”，它是所有这些上同调理论唯一的核心。“在音乐中，它表示一个反复出现的主题。对格罗滕迪克来说，原相是一种以不同形式反复出现，但实际上相同的东西。”格罗滕迪克曾经的同事、巴黎高等科学研究所的数学家皮埃尔·卡蒂埃（Pierre Cartier）说。

从某种意义上说，原相是多项式方程的基本组成单元，就像素因子是更大的数的基本组成单元一样。原相也携带着与之相关的数据。正如你可以将物质分解成元素，并描述每个元素的特征（原子序数、原子量等），数学家也为某个原相赋予了一些本质的测量值。这些测量值中最重要的是原相周期。如果一个多项式方程组产生的原相周期与另一个多项式方程组产生的原相周期相同，那你就知道这两个原相是相同的。

“一旦你知道了周期，也就是具体的数字，就几乎等于知道了原相本身。”牛津大学数学家金明迥（Minhyong Kim）说。

要想观察到相同的周期是如何在意想不到的背景中出现的，一个直接的方法是考虑π。“π是获得周期的最著名的例子。”卡蒂埃说。π在几何中以各种形式出现：在定义一维圆的函数的积分中，在定义二维圆的函数的积分中，以及在定义球体的函数的积分中。看上去明显不同的积分中出现同样的值，这对古代的思想家来说可能是个谜。布朗在一封邮件中写道：“现代的解释是，球体和实心圆有着相同的原相，因此本质上必须具有相同的周期。”

费曼的艰辛之路

如果说很久之前好奇的人们想知道为什么π这类值会同时出现在圆

和球体的计算中，那么今天的数学家和物理学家则想知道，为什么这些值会出现在另一种不同的几何对象——费曼图中。

费曼图有一个基本的几何特征：它由线段、射线和顶点组成。为了理解如何构造费曼图，以及费曼图为什么在物理中如此有用，我们可以想象一个简单的实验装置：一个电子和一个正电子发生碰撞，产生一个μ子和一个反μ子。要计算发生这一结果的概率，就需要知道每一个入射粒子的质量和动量，以及跟粒子路径有关的量。在量子力学中，粒子的路径可以看作是它所有可能路径的平均。因此，计算这条路径就变成了在所有路径的集合上积分的问题，这一积分被称为费曼路径积分。

在粒子碰撞过程中，粒子从开始到结束可能采取的每条路径都可以用一个费曼图来表示，每个费曼图都有与之相关的积分（费曼图和它对应的积分是一回事）。要计算从一组特定的起始条件出发产生特定结果的概率，你需要考虑所有可能描述这一情况的费曼图，计算每个图的积分，再将这些积分相加。这个数就是费曼图的振幅。物理学家接着将这个数的量值平方，就得到了所求的概率。

对于一个电子和一个正电子发生碰撞，产生一个μ子和一个反μ子的情况，上述计算过程很容易实现，但那只是简单无趣的物理学过程。物理学家真正关心的实验涉及带有圈的费曼图，圈代表粒子发射然后重新吸收额外粒子的情况。当一个电子与一个正电子发生碰撞时，在最终的μ子和反μ子对出现之前，会发生无数次中间碰撞。在这些中间碰撞中，光子之类的新粒子被创造出来，但在被观察到之前就湮灭了。入射和出射的粒子与之前的描述相同，但那些没有被观察到的碰撞仍然可能对结果产生微妙影响。

"这就像万能工匠（Tinkertoy）[①]一样。一旦你画了一个费曼图，你就可以根据理论的规则连上更多的线。"加州大学里弗赛德分校的物理学家弗利普·塔内多（Flip Tanedo）说。"你可以连上更多的枝和节点，让它变得更复杂。"

通过考虑圈，物理学家可以提高计算精度（增加一个圈就类似于把一个值计算出更多的有效数字）。但每增加一个圈时，需要考虑的费曼图的数量以及对应积分的难度都会急剧增加。例如，一个简单系统的单圈版本可能只需要一个费曼图，而同一系统的双圈版本就需要7个费曼图，三圈版本则需要72个费曼图。如果增加到5个圈，就需要计算大约12 000个积分——这一计算量，毫不夸张地说，可能需要数年才能完成。

相比于费力地计算如此多乏味的积分，物理学家更愿意通过只观察一个给定费曼图的结构，就能大概了解最终的振幅——就像数学家可以把原相和周期联系起来一样。

布朗说："这个过程非常复杂，积分也非常困难，所以我们想做的是只观察费曼图，就能窥见最终的答案，即最终的积分或周期。"

不可思议的关联

1994年，克赖默和英国开放大学的物理学家戴维·布罗德赫斯特（David Broadhurst）首次同时将周期和振幅呈现在一起，并在1995年发表了一篇论文。[1]这一工作促使数学家们推测，所有振幅都是混合泰特原相（mixed Tate motives）的周期。泰特原相是一种以哈佛大学名誉教

① "万能工匠"是一种在美国流行多年的积木类玩具，玩家可以把不同长度的棍子和轴插接组合成复杂的结构。——译者注

授约翰 · 泰特（John Tate）的名字命名的特殊原相，其所有周期都是黎曼ζ函数（数论中最有影响的构造之一）的倍数。在电子–正电子对入射和μ子–反μ子对出射的例子中，振幅的主要部分就来自黎曼ζ函数在3处取值的6倍。

如果所有振幅都是黎曼ζ函数值的倍数，这将为物理学家提供一类良定（well-defined）的数，让他们可以着手工作。但在2012年，布朗和他的合作者奥利弗 · 施内茨（Oliver Schnetz）证明，事实并非如此。[2] 尽管现在物理学家遇到的所有振幅可能都是混合泰特原相的周期，但布朗说："有一些怪物潜伏在那里，会阻碍你的工作。"这些怪物"肯定是周期，但并不是人们所希望的那种漂亮、简单的周期"。

物理学家和数学家确定知道的是，费曼图中圈的数量似乎与数学中一个被称为"权重"（weight）的概念有关。权重是一个和被积空间的维数有关的数：一维空间中周期积分的权重可以是0、1或2，二维空间中周期积分的权重最多为4，以此类推。权重也可用来对周期进行分类：人们猜测，所有权重为0的周期都是代数数，即可以作为多项式方程的解（这一点还没有被证明）。钟摆周期的权重总是1；π是一个权重为2的周期；黎曼ζ函数值的权重总是输入值的两倍（因此黎曼ζ函数在3处取值的权重为6）。

这种按权重对周期进行分类的方法可以沿用到费曼图中，费曼图中圈的数量与它振幅的权重也有某种关联。不含圈的费曼图，振幅为0；含有一个圈的费曼图，振幅都是混合泰特原相的周期，且权重最多为4。对于含有更多圈的费曼图，数学家猜测这种关系仍然存在，尽管他们现在还看不到它。

"考虑含有更多圈的费曼图，我们就能看到更一般的周期。"克赖默说，“数学家们对此非常感兴趣，因为他们对除混合泰特原相以外的原相了解得并不多。”

数学家和物理学家们目前正在反复地尝试，试图确定问题的范围并制定解决方案。数学家向物理学家提供了可以用来描述费曼图的函数（及其积分），物理学家则造出了数学家们提供的函数所无法求解的粒子碰撞构型。布朗说：“物理学家如此迅速地吸收了这些相当有技术性的数学想法，这非常令人惊讶。我们已经用尽了所有经典的数和函数，再没有什么可以提供给物理学家了。”

大自然的群

自从微积分在17世纪发展起来之后，物理世界中出现的数对数学进展的影响一直无处不在，如今也是这样。布朗说，来自物理的周期“在某种程度上是由上帝赋予的，这些周期来自物理理论——这就意味着它们具有丰富的结构，而数学家不一定会想到或试图发明这种结构”。

克赖默补充道：“看起来，大自然想要的周期似乎是一个比数学能定义的周期更小的集合，但我们还不能非常清楚地定义这个子集究竟是什么。”

布朗正在试图证明，存在一种数学群—— 一个伽罗瓦群——作用在来自费曼图的周期的集合上。“在目前已经计算过的所有例子中，答案似乎都是肯定的。”他说。但证明这种关系绝对成立仍遥遥无期。布朗说：“如果确实有一个群作用在来自物理的数上，那就意味着你找到了一大类对称性。如果这是对的，那么下一步就是探索为什么会存在这个巨大的对称群，以及它可能具有什么样的物理意义。”

除此之外，它还将加深两种基本几何构造之间业已存在的诱人关系，这两种基本几何构造来自截然不同的背景：一个是原相，数学家50年前为理解多项式方程的解而设计的对象；一个是费曼图，粒子碰撞过程的示意图。每个费曼图都有一个对应的原相，但原相的结构究竟能告诉我们它们对应费曼图的什么结构信息，仍有待数学家和物理学家们猜测。

量子问题启发新的数学研究

罗贝特·戴克赫拉夫

可能很多人意识不到，其实数学是一门跟环境密切相关的科学。尽管数学是对永恒真理的探索，但许多数学概念的起源都可以追溯至日常经验。占星术和建筑学促使埃及人和巴比伦人发展出了几何学，17世纪科学革命时期对力学的研究则为我们带来了微积分。

值得注意的是，即使我们几乎没有处理基本粒子的日常经验，量子理论的想法也给数学带来了巨大的威力。量子理论的怪诞世界——物体似乎可以同时出现在两个地方，并由概率定律主宰——不仅代表了一种比之前更基本的对自然的描述，还为现代数学提供了丰富内容。量子理论的逻辑结构一旦被完全理解和吸收，能否激发出一个或许被称为“量子数学”的新数学领域？

当然，数学和物理之间的关系长久且密切。伽利略有一句名言，讲一本等待破译的自然之书：“哲学写在宇宙这本宏大的书里，它一直迎着我们的目光敞开。但如果我们不先学会理解它所用的语言，不先阅读构成语言的字母，就无法理解这本书。这本书是用数学的语言写的。”更近一点儿的时代，我们可以引用理查德·费曼的话，他并不欣赏抽象的数学：“对于那些不懂数学的人来说，要理解最深层次的美是很困难的……如果你想了解自然、欣赏自然，就有必要理解她的语言。”（另一方面，他还说：“如果今天所有的数学都消失了，那么物理学只会倒退一周。”一位数学家对此机智地回应道：“这是上帝创造世界的一周。”）

数学物理学家、诺贝尔奖得主尤金·维格纳在书中雄辩地讲述了数学描述现实的惊人能力，将其描述为“数学在自然科学中不合理的有效性”。在许多相差甚远的背景中，都会出现相同的数学概念。但最近我们似乎看到了相反的情况：量子理论在现代数学中呈现出不合理的有效性。这些源于粒子物理学的想法有一种不可思议的倾向：倾向于出现在最多样化的数学领域，弦论尤其如此。无论量子理论在基础物理中的最终作用是什么，它对数学的刺激作用将产生持久且有益的影响。量子理论涉及的学科数量之多令人眼花缭乱：分析、几何、代数、拓扑学、表示论、组合、概率，等等——并且这一列表还在继续。学习量子理论的学生不得不学习所有这些学科，简直让人心疼。

量子理论这种不合理的有效性的根本原因是什么？在我看来，它与如下事实紧密相关：在量子世界中，所有可能发生的事情都会发生。

经典力学试图以一种非常直观的方式计算粒子从A到B的运动方式。例如，它的首选路径可能是一条测地线——弯曲空间中长度最小的路径。相反，在量子力学中，我们需要考虑从A到B的所有可能路径的集合，不管它们多长、多复杂。这就是费曼著名的“历史求和”诠释。然后，物理学定律会给每条路径分配一个权重，决定粒子沿这条特定轨迹运动的概率。遵循牛顿定律的经典解只是众多解中可能性最大的一个。所以，量子物理学用一种自然的方式研究了所有路径的集合（作为一个加权集合），并允许我们对所有可能性求和。

这种同时考虑所有对象的整体方法非常符合现代数学的精神，在现代数学中，对由各个对象组成的“范畴”的研究更多集中在对象之间的互动上，而不是任何具体的单个对象上。正是量子理论这种鸟瞰的角度，给我们带来了令人惊讶的新联系。

量子计算器

能体现量子理论魔力的一个突出例子是镜像对称——这是一种真正令人惊讶的空间等价关系，它彻底改变了几何。这一切要从计数几何开始说起，计数几何是代数几何中一个成熟但不太令人兴奋的分支，用来研究各种对象的计数问题。例如，研究人员可能想要计算某个卡拉比–丘（Calabi-Yau）空间中曲线的数量。卡拉比–丘空间是爱因斯坦引力方程的六维解，它是弦论学家特别感兴趣的对象——用于卷曲额外的空间维数。

你可以把一根橡皮筋绕一个圆柱体*N*次，同样，卡拉比–丘空间中的曲线也可以用一个整数进行分类，这个整数被称为次数，它被用来衡量曲线发生卷曲的次数。即使对于最简单的卡拉比–丘空间，即所谓的五次卡拉比–丘空间，找出它上面给定次数的曲线的数量也是一个公认的难题。来自19世纪的一个经典结果表明，五次卡拉比–丘空间中的直线（即次数为1的曲线）有2 875条。次数为2的曲线的数量在1980年前后才计算出来，结果要大得多：有609 250条。但要计算次数为3的曲线的数量，就需要弦论学家的帮助了。

1990年前后，一群弦论学家邀请几何学家来计算这个数字。几何学家设计了一个复杂的计算机程序，并给出了答案。然而，弦论学家怀疑答案有误——这表明程序代码中有错误。几何学家在检查后确认，代码中确实存在错误，但这些物理学家是怎么知道的呢？

弦论学家一直在努力将这个几何问题转化为物理问题。在此过程中，他们发明了一种一次性计算任意次数曲线数量的方法。[1]这一结果给数学界带来的冲击是难以估量的。这有点儿像发明了一种可以登上任何一座山的通用方法——不管这座山有多高！

在量子理论中，将所有次数的曲线数量封装进一个优雅的函数里，是再正常不过的操作。这种封装方式有一个明确的物理解释：应用“历史求和”原理，可以把它看作一根在卡拉比-丘空间中传播的弦的概率幅。可以认为，一根弦能够同时探测所有可能次数的所有可能曲线，因此是一个超级高效的“量子计算器”。

但要找到真正的答案，我们还需要第二个要素：物理学中一个利用所谓镜像卡拉比-丘空间的等效公式。“镜像”这个词并不像看上去那么简单。与普通镜子反射图像的方式不同，这里原空间和镜像空间的形状差异很大，它们甚至可能连拓扑性质①都不同。但在量子理论领域，这两个空间有许多共同性质。特别地，弦在两个空间中的传播是相同的。在原流形上较为困难的计算可以转化为镜像流形上一个简单得多的表达式，而后者只用一个积分就可计算。果不其然！

---

① 拓扑性质是指几何对象在连续变化（如拉伸或弯曲，但不包括撕开或黏合）下保持不变的性质。——译者注

等号的对偶

镜像对称说明了量子理论一个被称为对偶性（duality）的强大特性：两个不同的经典模型在被当作量子系统考虑时可以是等价的，就好像有人挥动了一下魔杖，然后所有差异都突然消失了。对偶性指向底层量子理论深刻但往往神秘的对称性。总体来讲，我们仍未充分理解对偶性，这表明我们对量子理论的理解充其量还是不完整的。

上述等价的第一个也是最著名的例子，是众所周知的波粒二象性，它表明每个量子粒子（比如电子）都可以被同时看作粒子和波。两种观点各有所长，它们为同一物理现象提供了不同视角。粒子和波哪个才是“正确”的观点，完全取决于具体问题的性质，而不是电子的性质。镜像对称的两面为“量子几何”提供了互相对偶且同样有效的视角。

数学具有连接不同世界的神奇能力。任何方程中最容易被忽视的符号就是不起眼的等号。想法流过等号，就好像等号传导的电流照亮了我们心中灵机一动的灯泡。双线表示想法可以双向流动。在寻找能例证这一性质的方程上，阿尔伯特·爱因斯坦是一位真正意义上的大师。以爱因斯坦质能方程$E = mc^2$为例（它无疑是历史上最著名的方程），该方程以一种朴素的优雅连接起了质量和能量这两个物理概念。在相对论出现以前，这两个概念被认为是完全不同的。通过爱因斯坦质能方程，我们知道质量可以转化为能量，反之亦然。爱因斯坦广义相对论的方程虽然不那么朗朗上口和广为人知，但它以同样出人意料和优美的方式将几何世界和物质世界连在了一起。这一理论简单概括起来就是，质量决定空间如何弯曲，空间决定质量如何运动。

镜像对称是展现等号威力的另一个完美例子，它连接了两个不同的数学世界：一边是辛几何的世界，辛几何是数学的一个分支，在很大程度上是力学的基础；另一边是代数几何的世界，即复数的世界。量子物理使一个领域的想法可以自由地流到另一个领域，促成了这两个数学学科意外的“大统一”。

令人欣慰的是，数学已经能够吸收量子物理和弦论中很多直观但往往不精确的推理，并将其中很多想法转化为严格的陈述和证明。数学家们即将把这种精确性应用到“同调镜像对称”中，这一课题极大地拓展了弦论中关于镜像对称的原始想法。从某种意义上说，他们正在编写一部完整的字典，收录这两个独立数学世界中出现的对象及其满足的所有关系。值得注意的是，这些证明往往并不遵循物理学论证所建议的方法。数学家的角色显然不是跟在物理学家身后做清理工作！相反，在许多情况下为了寻找证明，数学家必须发展全新的思路。这进一步证明，在量子理论以及最终的现实背后，隐藏着深刻但尚未被发现的逻辑。

尼尔斯·玻尔非常喜欢“互补性”（complementarity）这一概念。维尔纳·海森堡用他的不确定性原理证明，在量子力学中，我们可以分别测量粒子的动量p或者位置q，但无法同时测量它们，互补的概念即源于此。不确定性原理被发现后仅仅几周，1926年10月19日，沃尔夫冈·泡利在写给海森堡的一封信中巧妙总结了这种对偶性：“一个人可以用动量眼睛看世界，也可以用位置眼睛看世界，但如果睁开两只眼睛，他就会疯掉。”

玻尔晚年时试图将这一想法推至更广泛的哲学领域。他最喜欢的互补对之一是真实（truth）和明晰（clarity）。或许，数学的严格和物理的直觉也是表明两个互斥特性的另一个例子。你可以用数学的眼睛看世界，或者用与之互补的物理的眼睛看世界，但不能两只眼睛都睁开。

第 三 部 分

精妙的数学证明是如何诞生的

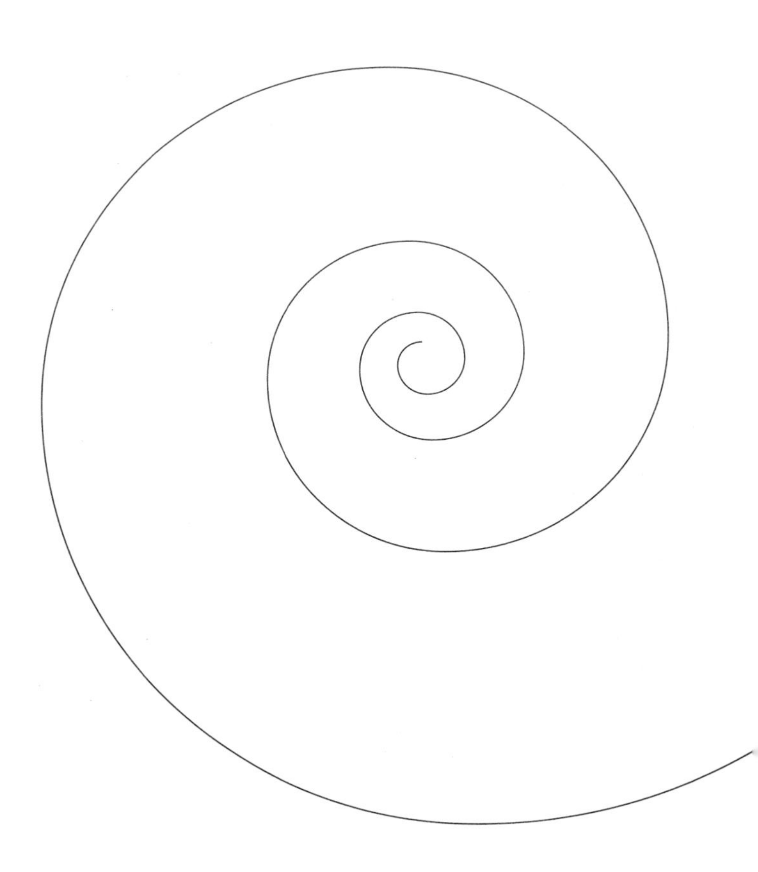

少有人走的
数学巅峰之路

凯文·哈特尼特

2017年一个温暖的春日清晨，许埈珥（June Huh）步行穿过普林斯顿大学的校园。按计划，他将前往麦克唐奈楼上课，但他不太确定怎么去那里。许埈珥是普林斯顿高等研究院的一员，这一远离俗世的研究院毗邻普林斯顿大学校园。作为高等研究院的成员，许埈珥并没有教课的义务，但他自愿教一门叫作“交换代数”的本科高级数学课程。被问及为什么要这样做时，他说：“当你教课时，你多少会做一些有用的事。但做研究时，大多数时候你都在做无用功。”

我们在上课前几分钟到达了教室。教室里零零散散地坐着9个学生，其中一个学生趴在桌上睡觉。许埈珥在教室前角找了个位置，从背包里拿出几页皱巴巴的笔记。然后他单刀直入，从上周结束的地方开始讲起。在接下来80分钟里，他带领学生们学习了德国数学家大卫·希尔伯特对一个定理的证明，该定理是20世纪数学领域最重要的突破之一。

只有少数几所大学在本科阶段讲授交换代数，但普林斯顿会定期开设这门课程。普林斯顿每年招收世界上少数几个最有前途的年轻数学人才。许埈珥说，即使按照这个标准，那天早上他班里的学生也称得上天赋异禀。其中之一，就是那天早上坐在教室前排的那个学生，是唯一一个连续五次在国际数学奥林匹克竞赛中获得金牌的人。

许埈珥在数学生涯伊始并没有得到太多赞誉。小学时考试成绩的不理想使他确信自己并不擅长数学。十几岁时，他的梦想是成为一名诗人。许埈珥的主修专业并不是数学，当他最终申请研究生时，除一所大学外，其他大学都拒绝了他。

9年后，34岁的许埈珥已经站在了数学世界的顶峰。他最著名的工作，是与数学家埃里克 · 卡茨（Eric Katz）和卡里姆 · 阿迪普拉西托（Karim Adiprasito）一起，证明了罗塔猜想（Rota's conjecture）这一长期存在的问题。[1]

比证明本身更值得关注的是许埈珥及其合作者实现它的方式——他们找到了一种方法，可以将一个数学领域中的想法重新解释到另一个它们似乎并不属于的数学领域。2017年春天，高等研究院给许埈珥提供了一个长期的研究员职位。在他之前，这一职位只授予过三位年轻的数学家，其中两人，即弗拉基米尔 · 沃埃沃德斯基（Vladimir Voevodsky）和吴宝珠（Ngô Bảo Châu）后来获得了数学界的最高荣誉——菲尔兹奖。

许埈珥在相当晚的时候才开始学习数学，并在之后取得如今的成就，就好比他18岁拿起网球拍，20岁就赢得温布尔登网球公开赛一样，属于几乎不可能发生的事。这是一条从天而降的职业途径，在今天的数学界简直根本不会发生——即使是为了有个地方待着，以让自己能做出新的发现，通常也需要经历数年的专业训练。然而，如果认为许埈珥的突破是他克服了自己非科班出身的劣势而取得的，那就大错特错了。在许多方面，他的这些突破是其独特经历的产物，是他在大学最后一年偶遇一位传奇数学家的直接结果。这位传奇数学家在某种程度上看出了许埈珥身上连他自己都未曾察觉的天赋。

意外的学徒

1983年，许埈珥在美国加州出生，当时他父母正在那儿读研究生。两岁时，他们一家人回到了韩国首尔。在那里，许埈珥的父亲教统计学，他母亲成为冷战开始以来韩国最早的俄罗斯文学教授之一。

许埈珥说，在一次糟糕的小学数学考试之后，他对这门学科采取了一种抵抗的态度：他认为自己并不擅长数学，所以决定将其视为“把一个逻辑上必要的陈述叠加在另一个陈述上”的无趣追求。十几岁时，他转而喜欢上了诗歌，认为诗歌是一种真正的创造性表达。“我知道我很聪明，但我无法用成绩证明这一点，所以就开始写诗。”许埈珥说。

许埈珥写了很多诗和一些中篇小说，大部分是关于他自己十几岁时的经历，但没有一篇得以发表。2002年，许埈珥考入首尔国立大学，当时他就认定自己无法以诗人的身份谋生，于是决定改行当一名科学记者。许埈珥在大学期间主修天文和物理，这也许是无意识地承认了自己潜在的分析能力。

大学最后一年时，许埈珥24岁。那一年，著名的日本数学家广中平祐以客座教授的身份来到首尔国立大学。广中平祐当时已经70多岁了，在日本和韩国家喻户晓。他于1970年获得菲尔兹奖，后来写了一本十分畅销的回忆录《创造之门》（*The Joy of Learning*）。那一代韩国和日本的父母都会把这本书送给自己的孩子，希望自己的下一代能成为伟大的数学家。在首尔国立大学，广中平祐开设了为期一年的代数几何（一个非常广泛的数学领域）讲座课程。许埈珥也选了这门课，他觉得广中平祐有可能成为他记者生涯中的第一个采访对象。

一开始，广中平祐的课上有100多个学生，其中包括不少数学专业的学生，但几周以后，来上课的人就屈指可数了。许埈珥猜测，其他学生退课可能是觉得广中平祐的课很难理解，而他之所以能坚持下来是因为自己并不指望能从这门课中学到什么。

许埈珥说："数学专业的学生退课是因为他们什么都听不懂。当然了，我也什么都听不懂，但非数学专业的学生对'理解某件事'有不同的标准。我确实理解了他在课堂上展示的一些简单的例子，这对我来说已经很不错了。"

下课后，许埈珥会特意找广中平祐聊天，两人很快就开始共进午餐。广中平祐还记得许埈珥的积极主动。"我并不会拒绝学生，但我也不会主动找学生，他只是正好来找我。"广中平祐回忆道。

许埈珥试图利用这些午餐时间询问广中平祐一些个人问题，但谈话最后总会回到数学上。每到此时，许埈珥都会尽量不暴露自己的无知。"不知怎么的，我很擅长假装听懂他在说什么。"他说。事实上，广中平祐从未意识到自己未来的学生缺乏正规训练。"那不是我记忆深刻的事。他给我留下了深刻印象。"广中平祐说。

随着午餐谈话的继续，两人的关系越来越好。许埈珥毕业后，广中平祐在首尔国立大学又多待了两年。在那期间，许埈珥开始在广中平祐的指导下攻读数学硕士学位。他们几乎总在一起。广中平祐会偶尔回日本，许埈珥就拎着广中平祐的行李穿过机场，跟他一起回去，甚至和广中平祐夫妇一起住在他们位于京都的公寓。

“我问他想不想住酒店，他说不喜欢。他就是这么说的。所以他就住在我公寓的一个角落。”广中平祐说。

在京都和首尔，广中平祐和许埈珥会一起出去吃饭或者长时间地散步，期间广中平祐会停下来给路边的花拍照片。他们成了朋友。“我喜欢他，他也喜欢我，所以我们聊了一些非数学的东西。”广中平祐说。

与此同时，广中平祐继续指导许埈珥，他从一些许埈珥能理解的具体例子开始，而不是直接向许埈珥介绍一些他可能无法掌握的一般理论。特别地，广中平祐教了许埈珥一些关于奇点理论的精微玄妙之处，广中平祐就是在这个领域取得了他最著名的结果。几十年来，广中平祐也一直在努力寻找特征p的奇点消解的证明，这是一个重要的悬而未决的问题。“显然，他想让我继续这项工作。”许埈珥说。

2009年，在广中平祐的敦促下，许埈珥申请了十几所美国的研究生院。他的资历很浅：不是数学专业出身，上过的研究生水平的课程很少，并且在已上的课上也表现平平。许埈珥的入学申请很大程度上取决于广中平祐的推荐，但大多数学校的招生委员会均对此不为所动。除了伊利诺伊大学厄巴纳–香槟分校，其他学校都拒绝了他，于是他在2009年秋季进入了这所大学就读。

图中的裂缝

在伊利诺伊州，许埈珥开始了一项最终帮助他证明了罗塔猜想的工作。罗塔猜想是意大利数学家吉安–卡洛·罗塔（Gian-Carlo Rota）在1971年提出的，它研究的是组合对象——组合对象是一些类似于万能工匠玩具的构造，比如图（graph）这种点和线段粘在一起的“组合”。

考虑一个简单的图：三角形。

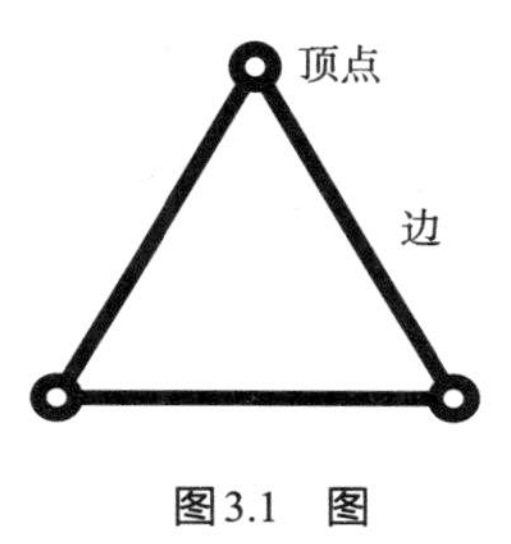

图3.1 图

数学家感兴趣的问题是：给定一些颜色，一共有多少种不同的方法为三角形的顶点着色，可以令任意一条边两端的两个顶点不能有相同的颜色。假设你有q种颜色。你的选择如下：

第一个顶点的颜色有q种选择：因为开始时你可以使用任何颜色。

相邻顶点的颜色有$q-1$种选择：因为你可以使用除第一个顶点的颜色以外的任何颜色。

第三个顶点的颜色有$q-2$种选择，因为你可以使用除前两个顶点的颜色以外的任何颜色。

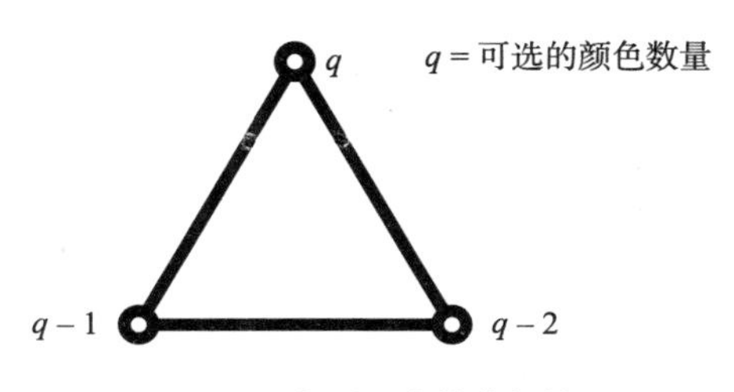

图3.2 三角形顶点的着色情况

着色方法的总数将是所有选择的乘积，在这个例子中就是$q \times (q-1) \times (q-2) = q^3 - 3q^2 + 2q$。

上述方程被称为这个图的色多项式，它有一些有趣的性质。取其每一项的系数：1，–3和2。该序列的绝对值——1，3，2——有两个特殊的性质。第一，它是“单峰的”，即它只有一个峰值，在该峰值之前，

三角形的色多项式

$$q \times (q-1) \times (q-2) = q^3 - 3q^2 + 2q$$

公式的系数

↓

1，3，2

该序列的绝对值

性质1：该序列是单峰的

该序列只有一个峰值，在该峰值之前，序列只会上升；在该峰值之后，序列只会下降

1，**3**，2

↑

峰值

其他单峰序列的例子

1，2，3，4，**5**，4，3，2，1

2，3，5，7，**9**，8，7，6，5

性质2：该序列是对数凹的

该序列中任意连续三个数都满足最外面两个数的乘积小于中间数的平方

1，3，2 是对数凹的

$(1 \times 2 = 2 < 3^2)$

图3.3　多色项式系数的性质

序列只会上升；在该峰值之后，序列只会下降。

第二，它是“对数凹”的，即该序列中任意连续三个数都满足外面两个数的乘积小于中间数的平方。序列（1，3，5）满足这个要求（$1 \times 5 = 5 < 3^2$），但序列（2，3，5）不满足这个要求（$2 \times 5 = 10 > 3^2$）。

你可以想象无穷多的图——这些图有更多的顶点和边，这些顶点和边可以通过任何方式相连。每个图都有唯一的色多项式。在数学家研究过的每一个图中，其色多项式的系数总是单峰的和对数凹的。所谓的里德猜想（Read’s conjecture）即断言上述事实总是成立。许埈珥将开始证明这一猜想。

从某种意义上来说，里德猜想是非常反直觉的。要理解其中的原因，多了解一些如何将图分解成子图并重新组合的过程将很有帮助。考虑一个稍微复杂一点的图——图3.4中的矩形。

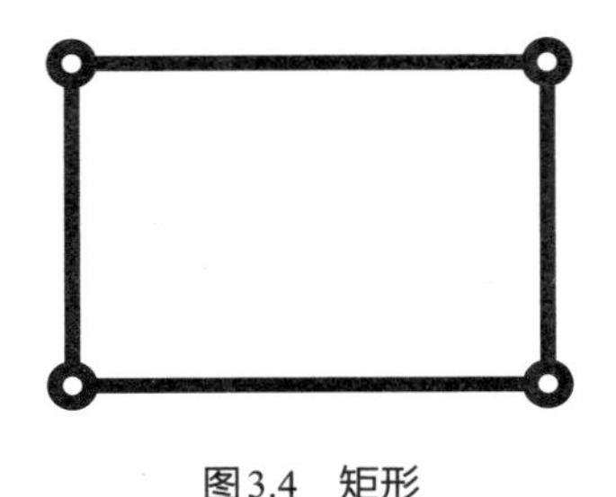

图3.4　矩形

矩形的色多项式比三角形的色多项式更难计算，但任何图都可以分解成子图，相比之下子图更容易处理。子图是通过从原图中删掉一条（或多条）边（如图3.5所示），或将两个顶点收缩成一个顶点（如图3.6所示）而得到的图。

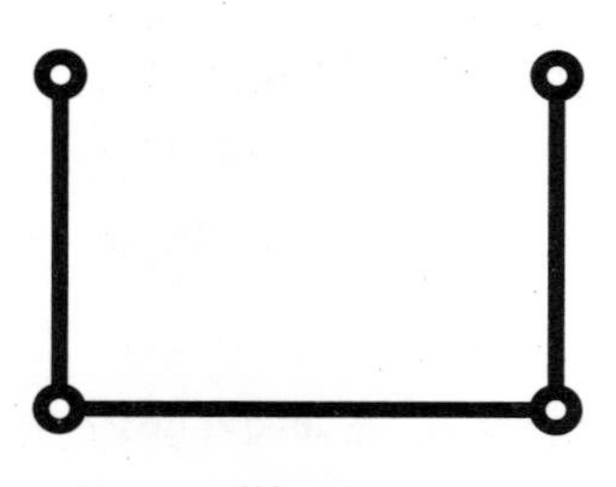

图3.5　删掉一条边的矩形

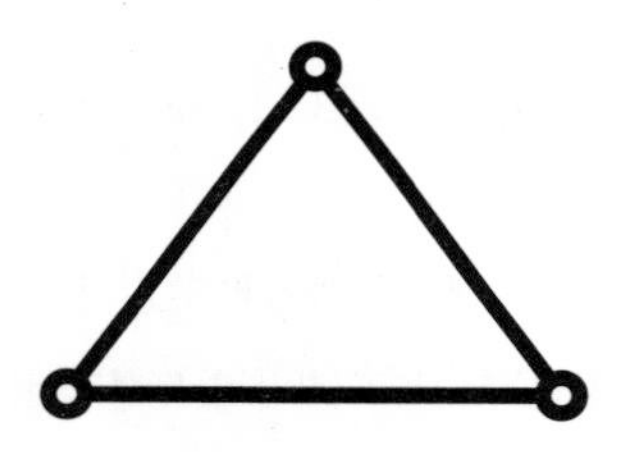

图3.6　收缩掉一条边的矩形

矩形的色多项式等于删掉一条边的矩形的色多项式减去三角形的色多项式。当你注意到与矩形本身相比，删掉一条边的矩形的着色方案应该更多时，这一点就很直观了：在删掉一条边的矩形中，上面没有被一条边相连的两个点会给你更多的着色自由度。（例如，你可以给它们着

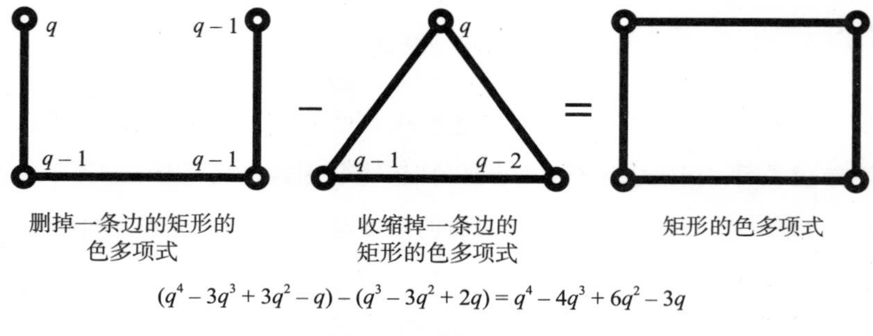

图3.7　矩形及其子图的色多项式关系

上相同的颜色，但当它们相连时，你就不能这么做。）那它能给你多大的自由度呢？恰好是三角形的着色数。

任何图的色多项式都可以通过子图的色多项式来定义，并且所有这些色多项式的系数总是对数凹的。

然而，一般而言，当你对两个对数凹序列进行加减时，得到的序列并不是对数凹的。因此，在组合色多项式的过程中，你会期望对数凹性消失。但它并没有消失，这说明在此过程中还有别的事情在发生。“这就是人们好奇这种对数凹现象的原因。”许埈珥解释道。

寻找隐藏的结构

许埈珥刚到伊利诺伊时并不知道里德猜想。大多数一年级的研究生在课堂上花费的时间要多于在自己研究上的时间，但在结束了跟随广中平祐的三年学徒生活之后，许埈珥有了自己要研究的想法。

在到美国中西部后度过的第一个冬季，许埈珥发展了将奇点理论（这是他跟广中平祐学习的重点）应用于图的技术。在此过程中，许埈珥发现当他从图中构造出一个奇点时，他就可以用奇点理论来证明原来这个图的很多性质——例如，解释为什么一个图的色多项式的系数会遵循对数凹模式。

这一点对许埈珥来说非常有趣，于是他去查阅图论的文献，想看看是否有其他人解释过他看到的这些对数凹模式。许埈珥发现，对图论学家来说，这些模式仍然是完全神秘的。

许埈珥说：“我发现自己观察到的这种模式实际上是图论中一个著名的猜想，叫里德猜想。从某种意义上说，我在不知道问题的情况下解决了问题。”

许埈珥无意中对里德猜想的证明，以及他将奇点理论与图相结合的方式，都可以看作其朴素数学方法的产物。他了解奇点理论的方式主要是自学和跟随广中平祐的非正式学习。观察过他在过去几年崛起过程的人认为，正是这种经历让他没那么受制于关于哪些数学方法值得尝试的传统观点。“如果你把数学看作一块分为几个国家的大陆的话，我认为许埈珥的情况就相当于，没有人真的告诉他存在这些边界。他绝对不受任何界限的约束。”高等研究院主任罗贝特·戴克赫拉夫说。

许埈珥把自己对里德猜想的证明发布到网上后不久，密歇根大学邀请他去做报告，专门介绍这一结果。2010年12月3日，许埈珥在一个坐满了数学家的房间里开始了自己的报告，而这些数学家正是一年前拒绝了他的研究生申请的那批人。至此，许埈珥的天赋在其他数学家眼中已是显而易见。杰西·卡斯（Jesse Kass）当时是密歇根大学的数学博士后研究员。卡斯回忆说，就在许埈珥到访之前，一名资深教员鼓励他去听许埈珥的报告，因为这样“30年后你就可以告诉你的孙子，你在许埈珥成名之前就听过他的报告了”。卡斯现在是南卡罗来纳大学的教授。

许埈珥的报告没有让大家失望。

“从某种程度上说，这个报告非常优美和清晰；它一下子就切中了要点。对于刚开始读研究生的人来说，能做一个如此清楚的报告的并不多见。”密歇根大学数学家米尔洽·穆斯塔策（Mircea Mustaţă）说。

在许埈珥的报告之后，密歇根大学的教授们邀请他转校，于是许埈珥在2011年去了密歇根。到那时，他已经知道里德猜想是一个更宏大更重要的问题——罗塔猜想的特例。

罗塔猜想与里德猜想非常相似，但它的研究对象不再是图，而是一类比图更抽象的，被称为“拟阵”（matroid，图可以看作是一类特别具体的拟阵）的组合对象，以及由拟阵产生的另一种称为“特征多项式”的方程。但两者的基本点是相同的：罗塔猜想预测，任何拟阵的特征多项式的系数总是对数凹的。

罗塔猜想的陈述很简单，证据也很多，但要证明它，也就是解释为什么会出现对数凹性，却极其困难。拟阵本身没有任何东西能表明，为什么对子拟阵的特征多项式进行加减时，这些对数凹性会一致地保持（就像当你对图的色多项式进行加减时，没有明显的理由表明对数凹性会保持一样）。每当观察到一种没有明显原因的模式时，你会自然地深入地表以下——去寻找长成这棵树的根。当许埈珥及其合作者开始攻克罗塔猜想时，他们就是这么做的。

许埈珥说：“在具体的例子中很容易观察到对数凹性。你只需要计算感兴趣的序列，就可以看到对数凹性就在那里。但由于某些原因，解释为什么会出现这一现象是很困难的。”

起初，许埈珥试图推广他在证明里德猜想时使用的奇点理论的技术，但他很快发现，这些技术在更抽象的拟阵领域并不奏效。

这次失败，让许埈珥开始寻找隐藏在拟阵表面之下的、能够解释其数学行为的其他结构。

跨越边界

一些人类理解上的重大飞跃，发生在有人将一个领域的成熟理论推广到另一个领域中看似不相关的现象的时候。以万有引力为例。人们一直明白从高处释放物体，物体就会掉到地面；当牛顿意识到同样的动力学定律可以解释行星的运动时，我们头顶的天空就变得更加清晰了。

在数学中，类似的思想迁移经常发生。1994年，颇有影响力的数学家威廉·瑟斯顿在他那篇被广泛引用的论文《论数学的证明与进步》（On Proof and Progress in Mathematics）中解释说，“导数”这个概念有几十种不同的理解方式。[2]一种是你在微积分中学到的——导数是一个函数中无穷小变化的度量。但导数也会以其他形式出现：与函数图像相切的直线的斜率，或在特定时刻由函数给出的瞬时速度。瑟斯顿写道：“这是一系列**思考**或**想象**导数的不同方式，而非一系列不同的**逻辑定义**。”

许埈珥对罗塔猜想的研究，涉及对另一个古老数学领域——“霍奇理论”的重新认识。霍奇理论是20世纪30年代由苏格兰数学家威廉·霍奇（William Hodge）发展起来的。称其为“理论”只表明它是对某一特定事物的研究，就像你可以说“直角三角形理论”是对直角三角形的研究一样。在霍奇理论中，我们感兴趣的对象是“光滑射影代数簇的上同调环”。

从表面上看，霍奇理论与图或拟阵之间的关系似乎远到不能再远了。霍奇理论中的上同调环是由包含无穷概念的光滑函数产生的。相比之下，像图和拟阵这样的组合对象则是纯粹离散的——它们是点和线的组合。要问霍奇理论在拟阵的背景下有什么意义，有点儿像问如何求一个球体的平方根，这个问题似乎就没有任何意义。

然而，我们有充分的理由问这一问题。霍奇理论提出之后的60多年里，数学家们已经在远离最初代数背景的情形下发现了许多霍奇型结构的例子。这就好像一度被认为是直角三角形唯一来源的毕达哥拉斯关系，后来被证明也可以用来描述素数的分布。

“有一种感觉是，这些结构只要存在，就是基本的。它们可以解释关于数学结构的一些事实，而这些事实很难用其他任何方法解释。”许埈珥说。

在这些新近发现了霍奇型结构的背景中，有一部分是与组合相关的，这促使许埈珥开始思考：这些来自霍奇理论的关系是否能用来解释这些对数凹模式？然而，在一个陌生的领域寻找熟悉的数学概念并不是一件容易的事。事实上，这有点像寻找地外生命——你可能对生命有什么标志性特征有自己的想法，也有可以指引你搜索的线索，但你仍然很难预测新的生命形式会是什么样子。

合作关系的发展

近年来，许埈珥与俄亥俄州立大学的数学家卡茨和耶路撒冷希伯来大学的数学家卡里姆·阿迪普拉西托一起，合作完成了许多他最重要的工作。他们组成了一个不同寻常的三人组。

阿迪普拉西托最初想成为一名厨师。在进入组合学（图论和罗塔猜想等问题所在的数学领域）之前，他在印度各地背包旅行。阿迪普拉西托高中时很喜欢数学，但后来放弃了，因为他觉得“数学对我来说不够有创造性”。卡茨则对独立摇滚乐队有着狂烈的热爱和深入细致的了解，这些都是他早年作为大学电台DJ（音乐节目主持人）时培养的。三位合作者中，卡茨是最接近拥有典型数学血统的，他认为自己是在未来诗人和未来厨师的创造性想法之间做翻译。

卡茨说：“卡里姆有一些不知道从何而来的惊人想法，而许埈珥对数学应该如何发展有着美好的愿景。通常很难把卡里姆的想法融入许埈珥的愿景中，也许我做的一部分事情就是和卡里姆聊天，把他的想法翻译成更接近数学的东西。”

早在2011年，卡茨就开始关注许埈珥证明里德猜想的工作。那时，许埈珥对证明罗塔猜想还没有任何头绪。卡茨仔细阅读了许埈珥关于里德猜想的证明，他发现如果在论证中去掉特定的一步，他就可以用那篇论文的方法给出罗塔猜想在部分情形下的证明。于是他跟许埈珥联系，在短短几个月时间里，两人合写了一篇文章（发表于2012年），解释了一小类被称为“可实现的”拟阵的对数凹性。

然而，那篇论文并没有解决罗塔猜想中最难的部分——证明“不可实现的”拟阵的对数凹性，而拟阵大多数都是不可实现的。前文提到，20世纪50年代出现的霍奇理论最初被定义在“代数簇的上同调环”上。如果你想证明霍奇型结构解释了我们在拟阵中观察到的现象，你就需要找到一种方法来解释如何从拟阵中提取出类似于上同调环这样的对象。对于可实现的拟阵，有非常直接的方法能做到这一点，这也是为什么许埈珥和卡茨能很快证明可实现拟阵的罗塔猜想。但对于不可实现的拟阵，并没有明显的方法可以将上同调环实例化——它们就好比一种语言，这种语言中根本没有词语来表达这个概念。

4年来，许埈珥和卡茨一直试图在不可实现拟阵的情形下定义霍奇结构，但失败了。在此期间，他们确定了霍奇理论的一个特殊方面——霍奇指标定理（Hodge index theorem）本身就足以解释对数凹性，但这里存在一个问题：他们无法证明霍奇指标定理对拟阵也成立。

这时，阿迪普拉西托进入了我们的视野。2015年，他来到高等研究院访问许埈珥。阿迪普拉西托意识到，虽然只用霍奇指标定理就可以解释对数凹性，但要对拟阵证明霍奇指标定理，则要尝试证明（包括霍奇指标定理在内的）更多来自霍奇理论的想法——这三位合作者将其统称为“克勒包”（Kähler package）。

阿迪普拉西托说：“我告诉许埈珥和埃里克，事实上有一种纯组合的方法可以证明它。然后我们很快就想出了一个计划。我觉得是他们提出了问题，我提供了技术。”

这一技术给出了罗塔猜想的完整证明。2015年11月，三人在网上发布了他们的工作。[3]从那时起，这项工作就传遍了整个数学界。他们的工作为霍奇理论提供了一个完全来自组合学的视角；反过来，霍奇理论又为解决组合学中的未解问题提供了一种全新的方法。

这项工作也提升了许埈珥的知名度。除了获得了高等研究院的新职位之外，他还经常被认为是菲尔兹奖的有力竞争者——这一奖项每4年颁发一次，授予40岁以下最有成就的数学家。

分道扬镳

早在2012年，刚刚证明了里德猜想的许埈珥就回到自己的母校首尔国立大学，报告了自己的工作。台下的听众中就有他的恩师广中平祐。广中平祐回忆说，当他得知奇点理论可以应用于图论时，他感到很惊讶。报告结束后，广中平祐问许埈珥，这项新工作是否标志着他研究兴趣的改变。

“我记得我问过他，是否完全沉浸于图论之类的东西，而对奇点失去了兴趣。他说不，他仍然对奇点感兴趣。”广中平祐说。

许埈珥也记得那次谈话。事实上，当时他正迈向数学中一个全新的方向。他觉得或许自己只是没准备好大声说出来——尤其对那个改变了他命运的人。许埈珥说：“当时我正要离开这条道路。我想他意识到了这一点，但我还是离开了这条道路。也许是某种心理作用，让我不想承认自己完全舍弃了奇点理论。”

从那以后，许埈珥和广中平祐再也没见过面。广中平祐今年87岁[①]，业已退休，但他仍然致力于证明奇点理论中一个困扰了他几十年的问题[②]。2017年3月，广中平佑在哈佛大学他曾经的个人主页上发布了一篇长文，宣称给出了一个证明。包括许埈珥在内的一些数学家已经初步审查了这一工作，但尚未验证该证明是否成立。广中平祐的身体状况已不再适合长途旅行，但他还是希望能再次看到自己的爱徒。“我只能从别人那里听到他的消息。”广中平祐说。

一天下午，我们在高等研究院校园内许埈珥的公寓里喝咖啡，我问他，他对没有从事广中平祐可能希望他从事的领域有何感想。他想了一会儿，说他很愧疚。

他说：“和广中先生在一起的很多时候，我都不得不假装自己理解他的意思。由于缺乏数学背景，我无法和他一起进行严肃的研究。这给我留下了一份需要长期补习的功课。”

与此同时，许埈珥认为，自己从数学启蒙到今天所走过的道路，对他的工作发展是有利的，或许还可以说是必要的步骤。我们在普林斯顿的一个街角分别时，他说：“我需要思考的空间。”然后，他就遁入了高等研究院安静的氛围。许埈珥找到了自己进入数学的路，现在他在路上了，他将通过它找到自己的路。

---

① 广中平祐生于1931年，在本书英文版出版时（2018年）87岁。——编者注

② 即前文提到的“特征P的奇点消解”问题。——译者注

一个寻找已久又险些得而复失的证明

纳塔莉·沃尔乔弗

2014年7月17日清晨，名不见经传的德国退休统计学家托马斯·罗延在刷牙时突然灵光一现，想到了一个著名猜想的证明方法。这个猜想处于几何、概率论和统计的交叉领域，已经困扰了顶尖专家们数十年。

这个猜想就是诞生于20世纪50年代的高斯相关不等式（GCI），其最优雅的形式在1972年被提出，从那时起，它就一直令数学家魂牵梦绕。宾夕法尼亚州立大学的统计学家唐纳德·理查兹（Donald Richards）说："我知道有人为此工作了40年。我本人就已经在它上面花了30年时间。"

在浴室水槽前产生证明的"原始想法"之前，罗延并没有过多关注过高斯相关不等式。他早年在一家制药公司工作，1985年转至德国宾根的一所小型技术大学，以便有更多的时间来改进他和其他行业统计学家用来分析药物试验数据的统计公式。2014年7月，罗延67岁，已经退休，但仍在研究他的公式，他发现GCI可以扩展为一个他长期专门研究的统计分布的陈述。7月17日上午，罗延找到了计算扩展后的GCI中一个关键导数的方法，以此得到了最终证明。他说："那天晚上，我就写好了第一份证明草稿。"

由于不了解数学领域首选的文字处理软件LaTeX，罗延在Word文档中输入了自己的计算结果。接下来的一个月里，他将自己的论文发布到了预印本网站arxiv.org[1]上，还发送了一份给理查兹。一年半前，理查兹曾在少数几个人当中简要地传阅过自己对GCI的一次失败证明。他说："我是通过邮件收到罗延的文章的。当我看到它的时候，我就立刻意识到这个猜想被解决了。"

一看到那份证明，"我恨不得暴打自己一顿。"理查兹说。几十年来，他和其他专家一直想方设法攻克GCI，用到的数学方法也越来越复杂。他们确信，要证明这一猜想，需要用到一些凸几何、概率论或分析方面大胆的新想法。一些数学家在经历了多年徒劳无功之后，开始怀疑这个不等式实际上是错的。然而，罗延最终的证明简洁明了，只有区区几页纸，并且用到的都是经典技术。理查兹觉得颇为震惊，他和其他人居然都没找到这个证明。"但另一方面，我不得不说，当我看到这个证明时，我松了一口气，"他说，"我记得曾对自己说过，要是在有生之年能看到这个证明，那我死也瞑目了。"理查兹笑了："看到它，我真的很高兴。"

理查兹将这一消息通知了几位同事，甚至还帮助罗延在LaTeX中重新输入了他的论文，使它显得更专业一点儿。理查兹和罗延联系了其他一些专家，但他们似乎对这一戏剧性的断言不屑一顾。在过去的几十年里，关于GCI的错误证明层出不穷，其中就包括2010年以来挂在arxiv.org上的两篇。魏茨曼科学研究所和特拉维夫大学的博阿兹·克拉塔格（Bo'az Klartag）回忆道，2015年，同事给他发来一封邮件，里面附有三篇声称证明了GCI的论文，其中就包括罗延这篇。他打开了其中一篇，发现了一个错误，然后由于时间不够，他就把其他两篇放在一边了。出于这样或那样的原因，罗延的成就迟迟没有得到承认。

有时候，出自名不见经传的作者的证明一开始会被忽视，但通常不会持续太久：专家们表示，像罗延的文章这样重要的论文通常会被提交给像《统计年刊》（*Annals of Statistics*）这样的顶尖期刊并发表，然后自然就众所周知了。但罗延已经没有了提升职业生涯的需要，因此他跳过了顶级期刊缓慢且往往需要同行评议的典型过程，而将文章投到了能够快速发表的《远东理论统计杂志》（*Far East Journal of Theoretical Statistics*）。这是一本总部设在印度阿拉哈巴德的期刊，基本不为专家所知，而且它在网页上还将罗延列为编辑之一，这不免令人生疑（他在前一年同意加入了这本期刊的编委会）。

由于带有这一嫌疑，罗延的证明就这样被继续忽略。直到2015年12月，波兰数学家拉法乌·拉塔瓦（Rafał Latała）和他的学生达留什·马特拉克（Dariusz Matlak）发布了一篇宣传罗延证明的论文，事情才出现了转机。他们重新组织了罗延的证明，令其更容易被大家理解。[2]之后，仍然过了一段时间，消息才开始慢慢传开。2016年7月，GCI被证明两年之后，在距离宾根仅65英里的海德堡理论研究所工作的统计学家蒂尔曼·格奈廷（Tilmann Gneiting）才获悉这一消息，他对此深感震惊。2017年初，费城天普大学的统计学家艾伦·艾曾曼（Alan Izenman）在被问及对此事的评论时，他仍然没有听说过这个证明。

在21世纪，罗延证明了GCI的消息为何传播得如此缓慢，没有人说得清楚。克拉塔格说："在这个很容易进行交流的时代，这显然是缺乏沟通的结果。"

“但不管怎么说，至少我们找到了它，”他补充道，“而且它很漂亮。”

GCI猜想最著名的形式出现在1972年，它将概率和几何联系了起来：在飞镖游戏（包括在更高维数中的假想飞镖游戏）中，它为玩家的胜算设定了一个下界[3]。

想象两个凸多边形，比如中心重合的一个矩形和一个圆。以这一中心为靶心，向这两个形状投射飞镖，这些飞镖将落在中心周围的一个钟形曲线，即“高斯分布”中。高斯相关不等式断言，一个飞镖同时落入矩形和圆内的概率，总是大于或等于单独落入矩形内的概率乘以单独落入圆内的概率。简而言之，由于两个形状存在重叠，击中其中一个形状会增加同时击中另一个形状的概率。只要中心重合，同样的不等式也适用于任意维数的两个凸对称形状的情形。

GCI猜想的一些特殊情况已经被证明了——例如，1977年，弗吉尼亚大学的洛伦·皮特（Loren Pitt）证明了GCI对二维凸形成立。但对一般情况的GCI猜想来说，所有试图证明它的数学家都无功而返。[4] 1973年，皮特在美国新墨西哥州的阿尔伯克基与同事们共进午餐时，第一次听说了这个不等式，从那之后他就一直在尝试证明它。皮特回忆道：“作为一名心高气傲的年轻数学家……看到那些将自己标榜为数学家和科学人士的前辈们都不知道这个问题的答案，我真的大吃一惊。”他把自己锁在汽车旅馆的房间里，并发誓不证明或反驳这个猜想就不走出那道门。“50多年过去了，我仍然不知道答案。”他说。

尽管数百页的计算没有带来任何结果，但皮特和其他数学家确信——并以二维情形的证明为依据——GCI的凸几何框架将给出一般情形的证明。皮特说：“面对这个我过于执着的问题，我已经形成了一套定式思维。而罗延所做的和我脑子里想的东西截然不同。”

罗延的证明可以追溯到他在制药行业的经历，以及GCI本身鲜为人知的起源。1959年，美国统计学家奥利芙·邓恩（Olive Dunn）猜想出GCI这一公式，用来计算“同步置信区间”，即多个变量同时落入的预估范围。后来GCI才被表述成关于凸对称形的陈述[5]。

假设你想基于一个测量样本，来估计给定人口中95%的人的体重和身高范围。如果你在x–y坐标图上描绘人们的体重和身高，那么体重将沿x轴呈钟形曲线分布，身高将沿y轴呈钟形曲线分布，并且体重和身高一起将遵循一个二维钟形曲线分布。然后你可以提出这样的问题：体重和身高分别在什么范围（记为$-w < x < w$和$-h < y < h$）时，才能使95%的人口落入这一范围组成的矩形？

如果体重和身高是相互独立的，那么你只要计算出体重落在$-w < x < w$内的概率、身高落在$-h < y < h$内的概率，然后把它们相乘，就得到了同时满足两个条件的概率。但体重和身高是相关的。就像飞镖游戏中的重叠形状一样，如果一个人的体重落在正常范围内，那他的身高很可能也落在正常范围内。邓恩推广了3年前提出的一个不等式，提出如下猜想：两个高斯随机变量同时落在矩形区域内的概率总是大于或等于每个变量落在各自指定区域内的概率之积（这可以推广到任意有限个变量的情况）。如果这些变量是相互独立的，那么联合概率等于各独立概率之积。但变量之间的任何相关性都将使联合概率增加。

罗延发现，他可以推广GCI，使其不仅适用于随机变量的高斯分布，也适用于更一般的统计分布——伽马分布。伽马分布与高斯分布的平方相关，可以用于某些统计测试。他说：“数学中经常会出现这样的情况：一个看起来困难的特殊问题可以通过回答一个更一般的问题来解决。”

在罗延的广义GCI中，他通过一个因子（我们记为C）来表示变量之间的相关性，并定义了一个取决于C的新函数。当$C = 0$（对应于像体重和眼睛颜色这样的独立变量）时，该函数等于各独立概率之积。当你将相关性提高到最大，即$C = 1$时，该函数等于联合概率。为了证明后者大于前者，即GCI为真，罗延就需要证明该函数总是随C单调递增。如果它相对于C的导数（即变化率）始终为正，这一点就会满足。

对伽马分布的驾轻就熟激发了罗延在浴室水槽前的顿悟。他知道可以用一种经典技术将他的函数变形简化。突然，罗延发现变形后函数的导数和原函数导数的变形是等价的，而他可以很容易地证明后一个导数总是正的，这就证明了GCI。皮特说："罗延拥有使他能够施展自己的魔法的公式。我没有这些公式。"

专家表示，任何统计学专业的研究生都能看懂这些证明。罗延说，他希望这个"出奇简单的证明……可以鼓励年轻学生发挥自己的创造力，发现新的数学定理"，因为"有时候你并不需要很高的理论水平"。

不过，一些研究人员仍然想找到GCI的几何证明。事实上，罗延的解析证明给出了凸几何中一些奇怪的新现象，而GCI的几何证明将有助于解释这些现象。尤其是，皮特说，GCI定义了重叠凸形表面向量之间的有趣关系，这有望发展成凸几何中一个新兴的子领域。"至少现在我们知道，这种向量之间的关系是成立的。不过，如果有人能用自己的方式洞穿这种几何，我们就能以一种新的方式理解一类问题。"

理查兹说，除了几何意义之外，GCI的某个变形还可以帮助统计学家更好地预测股票价格等随时间波动的变量的范围。在概率论中，由于GCI已经被证明，我们就可以精确计算小球概率中出现的速率，它与粒子在流体中的随机运动路径有关。理查兹说，他已经猜想出了一些推广

GCI的不等式，现在他想用罗延的方法来尝试证明。

罗延的主要兴趣，在于改进许多统计测试中都会使用的一些公式的实际计算，例如通过测量病人的反应时间和身体晃动程度等几个变量来确定药物是否会导致疲劳。他说，他扩展的GCI确实能改进制药行业的这些工具。最近，他的另一些与GCI相关的工作也提供了进一步的改进。至于证明受到的冷遇，罗延并没有觉得特别失望或惊讶。他在一封邮件中写道："我经常被来自德国（顶尖）大学的科学家忽视，已经习惯了。我不太擅长'社交'和建立人脉。我的生活质量也不需要靠这些来保证。"

证明一个重要猜想这件事本身带来的"深深的喜悦和感激之情"已经是足够的褒奖了。"它就像某种恩赐。"他说，"我们可能在一个问题上花了很长时间，然后代表神经元奥秘的天使突然降临，带来了一个绝妙的想法。"

“局外人”攻克 50年历史的数学问题

埃莉卡·克拉赖希

2008年，耶鲁大学的丹尼尔·施皮尔曼（Daniel Spielman）向同事吉尔·卡拉伊（Gil Kalai）介绍了自己正在研究的一个计算机科学问题。这一问题涉及如何“稀疏化”一个网络，使其节点之间的连接更少，但仍能保留其基本特征。

网络稀疏化可应用于数据压缩和有效计算，但施皮尔曼这一特殊问题给卡拉伊带来了新的启示：它似乎与著名的卡迪森-辛格问题（Kadison-Singer problem）有关。卡迪森-辛格问题是一个关于量子物理学基础的问题，近50年来一直没有解决。

几十年来，卡迪森-辛格问题已经蔓延至数学和工程学中十几个相去甚远的领域，但似乎没人能破解它。在2014年的一篇综述中，密苏里大学哥伦比亚分校的彼得·卡萨扎（Peter Casazza）和珍妮特·特里梅因（Janet Tremain）写道：这个问题“挑战了过去50年来一些最有才华的数学家的最大努力”。[1]

作为一名计算机科学家，施皮尔曼对量子力学和卡迪森–辛格问题所属的C^*–代数领域都知之甚少。但当主要任职于耶路撒冷希伯来大学的卡拉伊描述了卡迪森–辛格问题的众多等价表述之一时，施皮尔曼意识到，自己可能处在解决它的最佳位置上。他说："对于我考虑的事情来说，卡迪森–辛格问题看上去非常自然且重要。我想，'我必须努力证明它'。"施皮尔曼粗略地估计了一下，自己解决这个问题可能要花上几个星期的时间。

然而，实际情况是，施皮尔曼花了5年时间。2013年，他与自己的博士后亚当·马库斯（Adam Marcus，目前在普林斯顿大学）和研究生尼基尔·斯里瓦斯塔瓦（Nikhil Srivastava，目前在加州大学伯克利分校）一起，最终成功解决了卡迪森–辛格问题。[2] C^*–代数和许多其他领域中的一个重要问题被三个局外人——三位计算机科学家解决了，这一消息很快传遍了数学界。而这三位计算机科学家对该问题的核心学科几乎一无所知。

这些领域的数学家对此喜忧参半。卡萨扎和特里梅因称施皮尔曼他们的解决方案是"我们这个时代的一项重大成就"，它解决该问题的方式完全出乎人们预料，而且看起来陌生得令人费解。之后，研究卡迪森–辛格问题的专家们开始致力于理解证明的想法。"施皮尔曼、马库斯和斯里瓦斯塔瓦给这个问题带来了一大堆我们从来没有听说过的工具。"卡萨扎说，"我们很多人都喜欢这个问题，都渴望看到它得到解决，但我们很难理解他们是如何做到的。"

加州大学洛杉矶分校的陶哲轩一直在关注这些进展，他说："那些对这些方法为何有效有着深刻直觉的人，并不是长期致力于研究这些问题的人。"数学家们已经举行了几次研讨会来尝试把这些不同阵营的人统一起来，但学界可能还需数年时间才能消化这一证明。“我们还不知道如何使用这种神奇的工具。”陶哲轩说。

然而，计算机科学家已经迅速应用了这些新技术。例如，2014年，两位研究人员使用这些工具，在理解著名的旅行推销员问题（traveling salesman problem）方面取得了重大进展。普林斯顿大学的数学家阿萨夫·瑙尔（Assaf Naor）工作的领域与卡迪森–辛格问题密切相关，他表示，肯定会有更多诸如此类的进展。“这些工具太深刻了，肯定会有更多的应用。”

共同的问题

理查德·卡迪森（Richard Kadison）和伊萨多·辛格（Isadore Singer）在1959年提出了一个问题：如果你知道一个“量子态”在某个特殊子系统中的完整信息，那么你有多大可能知道这个态在整个量子系统中的信息？这一问题的提出是受到了传奇物理学家保罗·狄拉克一句非正式评论的启发，并建立在维尔纳·海森堡不确定性原理的基础之上。该原理断言，我们不能以任意精度同时测量某些属性对——比如粒子的位置和动量。

卡迪森和辛格关心这样一类子系统：它包含尽可能多的可被同时测量的不同属性（又称“可观测量”）。他们问的是，如果你对这样一个子系统的状态有完整了解，那你能否推断出整个系统的状态？

卡迪森和辛格证明，如果你测量的系统是一个可以沿一条连续直线运动的粒子，在这种情况下，上述问题的答案是否定的：有可能存在很多不同的量子态，从可同时测量的可观测量来看，它们都是一样的。[3]

卡迪森在邮件里写道："这就好比许多不同的粒子同时位于完全相同的位置——从某种意义上说，它们处在平行的宇宙里。"不过他也警告说，目前尚不清楚这些状态是否可以在物理上实现。

卡迪森和辛格的结果并没有说明，如果粒子所在的空间不是一条连续直线，而是一条更不规则的线——例如卡迪森设定的那样，是一个"粒状的"的空间——会出现什么现象。这一问题后来被称为卡迪森-辛格问题。

基于在连续情形下的工作，卡迪森和辛格猜测，在新的情形下，答案仍然是存在平行宇宙。但他们并未将这一猜测表述为猜想——在事后看来，这是一个非常明智的举动，因为他们本能的直觉被证明是错误的。卡迪森说："我很高兴自己一直小心谨慎。"

卡迪森和辛格现在分别是宾夕法尼亚大学和麻省理工学院的荣休教授。他们提出这一问题时，人们对量子力学哲学基础的兴趣正在复兴。尽管一些物理学家提倡对这门学科采取"闭上嘴，只管算"（shut up and calculate）的方法，但其他更倾向于数学的物理学家却死死抓住了卡迪森-辛格问题，他们认为这是一个关于C*-代数的问题。C*-代数是一个抽象的结构，它不仅能够捕获到量子系统的代数性质，也能捕获概率论中使用的随机变量、被称为矩阵的数字方块和正规数的代数性质。

C*-代数是一门深奥的学科——用卡萨扎的话来说，它是"数学中最抽象的废话"。"领域外的人对此知之甚少。"卡迪森-辛格问题存在的前20年里，它一直安居在这个难以理解的领域。

1979年，宾夕法尼亚州立大学荣休教授乔尔·安德森（Joel Anderson）证明了该问题等价于"矩阵何时能分解成更简单的块"这样一个容易表述的问题，从而推广了卡迪森-辛格问题。[4]矩阵是线性代数中的核心对象，被广泛用于研究可以被线、面和高维空间所描述的数学现象。于是突然之间，卡迪森–辛格问题变得无处不在。在随后的几十年里，它成为一个又一个领域的关键问题。

由于这些不同领域之间往往缺乏互动，在卡萨扎以前，没有人意识到卡迪森–辛格问题已经变得如此普遍。卡萨扎发现，卡迪森–辛格问题与自己研究的信号处理领域中最重要的问题等价。这一问题涉及某个信号的处理是否可以分解成更小、更简单的部分。卡萨扎深入研究了卡迪森–辛格问题。2005年，他、特里曼及其他两位合作者合写了一篇文章，证明它等价于数学和工程领域中十几个最大的未解决的问题。[5]他们证明，解决这些问题中的任何一个，都将解决所有问题。

卡萨扎他们的论文中包含的众多等价表述之一，是几年前圣路易斯华盛顿大学的尼克·韦弗（Nik Weaver）给出的。[6]在韦弗的版本中，卡迪森–辛格问题被归结为一个听上去很自然的问题：何时可以将一组向量分成两组，使得每组向量的方向集与原始集合的大致相同。“这是一个很漂亮的问题，它揭示了卡迪森–辛格问题核心的关键组合问题。”韦弗说。

然而，除了卡萨扎的综述和另一篇对韦弗的方法表示怀疑的论文外，韦弗的表述似乎没有得到任何响应，这让他非常惊讶。韦弗觉得没有人注意到他的论文，但事实上，韦弗的表述已经吸引到了合适的人来尝试解决它。

电气性能

当施皮尔曼在2008年得知韦弗猜想时，他就知道这是属于他的问题。有一种自然的方式，可以在网络和向量组之间进行转换。在前几年里，施皮尔曼通过将网络视为物理对象，为它们建立起了一套强大的新方法。例如，如果将网络看成一个电路，流过某条给定边（而非寻找替代路径）的电流量就给出了一种衡量该边在网络中的重要性的自然方法。

在卡拉伊向他介绍完卡迪森–辛格问题的另一种形式之后，施皮尔曼发现了韦弗猜想。施皮尔曼意识到，韦弗猜想与一个关于网络的简单问题几乎完全相同：何时可以将网络的边分成两类（比如红边和蓝边），使得由此产生的红色网络和蓝色网络具有与整个网络相似的电气特性？

这并不总是可行的。例如，如果原始网络由两个内部高度相连的集群组成，且这两个集群只通过一条边彼此连接，那么这条边在网络中就具有极高的重要性。因此，如果这条关键边是红色的，那么蓝色网络就无法具有与整个网络相似的电气特性。事实上，蓝色网络甚至不是连通的。

韦弗的问题是，这是不是将网络分解成更小相似网络的唯一障碍。换句话说，如果有足够多的方式在一个网络中四处走动——例如没有哪条边的作用非常重要——那么这个网络就可以被分解成两个具有相似电气性能的子网络吗？

施皮尔曼、马库斯和斯里瓦斯塔瓦猜测答案是肯定的，他们的直觉不仅来自他们之前关于网络稀疏化的工作，也来自计算机模拟结果：他们进行了数百万次模拟而没有发现任何反例。马库斯说："我们的很多东西都是由实验引导的。换到20年前，我们三个人坐在同一个房间里也解决不了这个问题。"

即使这个问题引出了一个又一个的绊脚石，但模拟结果令这个团队确信，他们正走在正确的道路上。他们不断取得突飞猛进的进展，这足以让他们着迷。在该团队研究这个问题的第4年结束时，马库斯的博士后奖学金到期了。他决定暂时离开学术界，加入当地一家名为Crisply的初创公司，但并没有离开纽黑文。他说："我每周为公司工作四天，然后去一次耶鲁。"

一个网络的电气性能由一个被称为网络"特征多项式"的特殊方程控制。当他们三人对这些多项式进行计算机实验时，他们发现方程似乎有隐藏的结构：它们的解总是实数（而不是复数），且令人惊讶的是，将这些多项式相加得到的新多项式似乎总是具有同样的性质。"这些多项式的作用比我们想象的大，"马库斯说，"我们将这些多项式作为传递知识的方式，但实际上这些多项式本身似乎就包含知识。"

研究人员们日拱一卒，发明了一套新技术来处理这些所谓的"交错多项式"，以描述这种基本结构。最后，2013年6月17日，马库斯给韦弗发了一封邮件。10年前，韦弗是他在华盛顿大学的本科生导师。"我希望你还记得我，"马库斯写道，"我写这封信是因为，我们……认为我们已经解决了你的猜想（就是你证明的那个等价于卡迪森–辛格问题的猜想）。"几天内，有关这个团队成果的新闻就传遍了博客圈。

瑙尔说，这个证明经过了彻底的检查，具有非常高的原创性。"我喜欢的就是这种新鲜感，"他说，"这就是我们想要解决未解问题的原因——因为偶尔会有人想出一个与之前截然不同的解答，从而完全改变我们的视角。"

计算机科学家已经将这一新观点应用到了"非对称"旅行推销员问题上。在旅行推销员问题中，推销员必须经过一系列城市，而他的目的是让旅行总距离最小。非对称版本的旅行推销员问题包括A到B的距离和B到A的距离不同的情况（例如，路线包括单行道）。

寻找非对称问题近似解的最著名的算法可以追溯到1970年，但没有人知道它的近似有多好。[7]现在，利用卡迪森–辛格问题证明的想法，加州大学伯克利分校的尼马·阿纳里（Nima Anari）和西雅图华盛顿大学的沙扬·奥韦斯·加兰（Shayan Oveis Gharan）证明，这种算法的表现比人们意识到的要好得多。[8]瑙尔表示，这一新结果是“极其重大的进展”。

卡迪森–辛格问题的证明意味着，其十几个等价形式中的所有构造在原则上都可以实现——量子知识可以扩展到整个量子系统，网络可以分解成电气性能相似的一些网络，矩阵可以分解成更简单的块。这一证明不会改变量子物理学家的工作，但可以应用于信号处理，因为它表明用来把信号数字化的向量集可以分解成更小的帧，这些更小的帧可被更快地处理。用卡萨扎的话来说，该定理“有可能影响一些重要的工程问题”。

但原理与实践之间存在巨大鸿沟。这一证明确定了这些不同结构的存在性，但并没有说明如何去实现这些结构。卡萨扎说，目前“完全没有可能”从这一证明中找出一个有用的算法。但既然数学家知道了这个问题有一个肯定回答，卡萨扎希望能很快出现一个构造性证明——更不用说他所在领域的数学家能真正理解的证明。他说：“之前，我们所有人都确信答案是否定的，所以没人真的想去证明它。”

对于三个局外人解决了自己领域的核心问题，研究方向与卡迪森–辛格问题密切相关的数学家们可能会感觉很遗憾，但事实并非如此。马库斯说：“我们能够试着去解决这一问题的唯一原因是，那个领域的人已经扫清了C^*–代数中的所有障碍，只剩下一小部分，而那恰恰是他们以自身技术无法解决的一小部分。”他还说：“我觉得这个问题之所以存在了50年，是因为它实际上有两个部分难以解决。”

尽管已经花了5年的时间研究卡迪森–辛格问题，马库斯仍表示：“我无法用C^*–代数的语言告诉你这个问题是什么，因为我对此一无所知。”他还说，他自己、斯里瓦斯塔瓦和施皮尔曼能够解决这个问题，这件事表明了他希望未来数学所拥有的一些特征。他说，当数学家从各个领域引入新的想法时，“就是我认为知识中发生真正有意思的飞跃的时候”。

驯服“怪波”，点亮LED的未来

凯文·哈特尼特

20世纪50年代，贝尔实验室的物理学家菲利普·安德森（Philip Anderson）发现了一个奇怪的现象：某些波在似乎应该自由传播的情况下，却停了下来——就像海啸停在海洋中间一样。

1977年，由于发现了现在被称为“安德森局域化”（Anderson localization）的现象，安德森被授予诺贝尔物理学奖。“安德森局域化”是指波停留在某个“局部”区域，而并不以你期望的方式进行传播的现象。安德森研究的是电子在不纯材料中运动的现象（电子既表现为粒子也表现为波），但在某些情况下，这种现象也会发生在其他类型的波上。

即使在安德森取得这一发现之后，关于局域化还有很多问题未解。尽管研究人员能够证明局域化的确会发生，但他们无法预测它会在何时何地发生。这就像你站在房间的一边，期待着一个声波传到你耳朵里，但它一直没抵达你的耳畔。安德森的研究告诉你，声波没有到达是因为它在途中某个地方局域化了，但你仍然想弄清它到底去了哪儿。这就是数学家和物理学家们几十年来努力想解释的问题。

这时，斯维特拉纳·梅伯罗达（Svitlana Mayboroda）出现了。37岁的梅伯罗达是明尼苏达大学的数学家。2012年，她开始解开这一存在已久的局域化难题。梅伯罗达提出了一个叫作“地形函数”的数学公式，它可以精确预测波发生局域化的位置，以及发生局域化时波采取的形式。

梅伯罗达说：“你想知道如何找到局域化发生的区域，但用简单直接的方法很难实现这一点。地形函数神奇地提供了一种寻找局域化区域的方法。”

梅伯罗达的工作始于纯数学领域，但与大多数数学进展不同的是，她的工作已经开始被物理学家应用了——大部分数学进展要等到几十年后才会产生实际用途，甚至永远不会有。发光二极管（LED）尤其依赖于局域化现象。当半导体材料中的电子从能量较高的位置出发，在能量较低的位置被捕获（即“局域化”），并以光子的形式释放出能量差时，它们就会发光。LED仍在研发之中：要想让这些设备如许多人所期待的那样成为人工照明的未来，工程师需要制造出能更有效地将电子转换为光的LED。如果物理学家能更好地理解局域化的数学基础，工程师们就能制造出更好的LED——在梅伯罗达的数学发现的帮助下，这项工作已经在进行当中。

怪波

局域化并不是一个直观的概念。请想象这样一个场景：你站在房间的一边，看到有人在摇铃，但铃声从未传到你耳朵里。现在请再想象一下，铃声之所以没有传到你耳朵里，是因为它掉进了一个建筑陷阱里，就像海的声音被装进了一个贝壳。

当然了，在一个普通的房间里不会发生这种事：声波会自由传播，最后要么击中你的耳膜，要么被墙壁吸收，要么与空气中的分子发生碰撞而消散。但安德森意识到，当波穿过高度复杂或无序的空间（比如一个墙壁非常不规则的房间）时，它可能会把自己困在原地。

安德森研究了电子在某一材料中运动时的局域化。他意识到，如果材料是良序的（即拥有良好的秩序，比如晶体，其原子均匀分布），那么电子就会像波一样自由移动。但是，如果材料的原子结构更加随机——就像许多工业制造的合金一样，这里有一些原子，那里有一大堆原子——那么电子波就会以非常复杂的方式散射和反射，而这有可能会导致波完全消失。

"在这些材料的制造过程中，无序性是不可避免的，没有办法避免。"巴黎综合理工学院的物理学家、梅伯罗达密切的合作伙伴马塞尔·菲洛什（Marcel Filoche）说，"唯一的指望是，你可以操纵它、控制它。"

物理学家很早就知道，局域化与波的干涉有关。如果一个波的波峰与另一个波的波谷对齐，就会产生相消干涉，即两个波互相抵消。

波在除少数几个孤立地点之外的其他位置都相互抵消时，局域化就会发生。要实现这种几乎完全的抵消，需要让波在一个复杂的空间中移动，这个空间会将波分解成各种大小的波，这些波随即以令人眼花缭乱的方式相互干涉。正如你可以把所有颜色混合起来得到黑色一样，当你把这些如此复杂的声波混合在一起时，就会得到无声。

原理很简单，但实际计算过程却极为复杂。要理解局域化，研究人员必须模拟无数种波的大小，并探索这些波相互干涉的每一种可能方式。如果在物理学家真正想理解的三维材料上进行这种计算，会花费研究人员数月时间——这是难以承受的。对于某些材料来说，这甚至是完全不可能的。

除非你拥有地形函数。

地形的分层

2009年，梅伯罗达去法国访问，并在一场报告中介绍了自己一直在做的关于薄板的数学研究。她解释说，当板材的形状比较复杂时，你从一侧施加压力，板材可能会以非常不规则的方式扭曲——它会在意想不到的地方凸出来，而在其他地方几乎保持平整。

菲洛什也在观众席上。此前，他已经花了十多年时间研究振动的局域化。他的研究建立起了一种被称为“分形墙”（Fractal Wall）的减噪屏障的原型，这种减噪屏障可用于高速公路沿线。在梅伯罗达的报告之后，两人开始猜测，梅伯罗达板材不规则的凸起模式，是否与菲洛什振动在一些地方局域化，并在另一些地方消失的方式有关。

在接下来的3年里，他们发现这两种现象的确相关。在2012年的一篇论文中，菲洛什和梅伯罗达引入了一种在数学上感知波所“看到”的地形的方法。[1]由此产生的地形函数解释了波经过区域的几何信息和材料信息，这些信息可以用来勾勒局域化的边界。在此之前，也有很多人试图准确锁定局域化波的位置，但他们的努力均以失败告终，原因在于考虑所有可能的波实在是太复杂了，但梅伯罗达和菲洛什找到了将问题简化为单一数学表达式的方法。

要了解地形函数是如何运作的，我们可以考虑一块带有复杂外边界的薄板。请想象用一根棍子击打这块薄板，它可能在一些地方没有声音，在另一些地方有声音。那么问题来了：你怎么知道某个位置是否有声音呢？

地形函数考虑的是板材在均匀压力下会如何弯曲。板材在被施压时凸起的地方是看不见的，但振动能感知到这些膨胀，地形函数也是如此：这些凸起正是板材会发生声响的位置，而围绕这些凸起的线正是地形函数绘制的局域化线。

“想象一块板材，在一侧施加气压来推它，然后通过凸起点的数量来测量不均匀性。这就是地形函数所做的事情。”麻省理工学院的数学家、地形函数研究的合作者戴维·杰里森（David Jerison）说。

在2012年的论文之后，梅伯罗达和菲洛什开始寻找将地形函数从机械振动扩展到电子波的量子世界的方法。

电子在波状现象中是独一无二的。与其把它们想象成波，不如认为它们具有或多或少的能量，能量的大小取决于它们在材料的原子结构中所处的位置。对于某种给定的材料，有一张“地图”（被称为“势”，“势能”一词就与这一概念有关）会告诉你其能量的大小。像导体这样原子结构有序的材料的势图相对容易绘制，但对于原子结构高度不规则的材料来说，它们的势就很难计算。这些混乱无序的材料正是电子波会发生局域化的材料。

“材料的随机性使得预测势图变得非常困难。”菲洛什在一封邮件中解释道，“此外，这个势图还取决于运动电子的位置，而电子的运动反过来又取决于势能。”

绘制无序材料势图的另一大困难在于，当波在某个区域发生局域化时，它们实际上并未完全被局限在那个区域，而是在远离局域化区域的过程中逐渐消失。在诸如振动板一类的机械系统中，我们可以毫无顾忌地忽略这些远处的痕迹。但在充满超敏感电子的量子系统中，这些痕迹就非常重要了。

“如果这儿有一个电子，那儿有另一个电子，它们分布在不同的地方，它们相互作用的唯一方式就是通过它们呈指数衰减的尾部。对于相互作用的量子系统，你绝对需要（能够描述）这一点。”菲洛什说。

在接下来的5年时间里，菲洛什和梅伯罗达与更多人合作，提高了地形函数的预测能力。他们与杰里森、明尼苏达大学的道格拉斯·阿诺德（Douglas Arnold）以及巴黎第十一大学的居伊·戴维（Guy David）一起发明了新版本的地形函数——简单来说，就是原来函数的倒数，它精确地预测了电子发生局域化的位置和所处的能级。

“地形函数的威力在于，它可以让你控制波，让你设计一个真正可以控制局域化的系统，而不是让上帝来决定这些。”梅伯罗达说。事实证明，这正是制造更好的LED所需的。

有序和光明

LED通常被誉为照明的未来。与传统灯泡相比，它能更有效地将能量转化为光能。但LED仍然有点儿像偶然找到的资源：我们有这个东西，我们知道它很有用，但我们并不完全了解如何把它变得更好。

“在这种情况下，缺少的就是可控性。你不知道自己为什么做得这么好，也不知道该怎么做才能更进一步。”菲洛什说。

我们知道的是：LED是通过局域化工作的。LED包含一些由电极界定的半导体材料的薄层。这些电极施加电压，使电子运动。电子的运动方式是从一个原子跳到另一个原子，同时在“势能”图上占据新的位置。随着电子的移动，它们会留下带正电的“空穴”，这些“空穴”以重要的方式与电子相互作用。至于电子本身，当它们从能量较高的位置移动到能量较低的位置时，在适当的情况下，它们会以光子的形式释放出能量差。把足够多的光子集中起来，你就能驱散黑暗。

当然了，电子并不总是按照你的意愿来运动。现代LED由一种半导体合金——氮化镓的晶片制成，氮化镓晶片包裹着一种相关合金——氮化铟镓组成的更薄的层。这些薄薄的内层被形象地称为“量子阱”（quantum well）——当电子掉入时，它们会在较低的能级上局域化。如果它们在有孔的地方局域化，能量差会以光子的形式释放出来；如果它们在无孔的地方局域化，能量差会以热能的形式释放出来，所有的努力都付之东流。

所以这就是问题的背景：你想让电子在量子阱中有孔的地方局域化，以产生光。由于诸多原因，氮化镓是实现这一点的良好材料，但它也有缺点——限于它的制造方式，你最终得到的材料在原子水平上是非常不规则的。

“你会发现空间中有些区域铟原子较多，其他区域铟原子较少。这种组合的随机变化意味着，位于不同区域的电子，其能量是不同的。”克劳德·魏斯布赫（Claude Weisbuch）说。魏斯布赫是加州大学圣巴巴拉分校半导体物理学的领军人物，他与同在该校工作的詹姆斯·斯佩克（James Speck）一起，共同领导一个由美国能源部资助的项目，该项目旨在使用地形函数开发更好的绿色LED。

地形函数能反映出制作LED的杂乱材料的势能。它可以告诉你，电子波会在哪里发生干涉以致相互抵消，会在哪里局域化，以及以什么能量局域化。对试图制造这些设备的工程师来说，这就像在黑洞洞的房间里打开了一盏明灯。

魏斯布赫说："多亏有地形理论，我们头一次得以对LED进行真正的量子模拟。"

6年前，梅伯罗达完成了第一版的地形函数。从那时起，地形函数就已经扩展到了许多不同的研究领域：在麻省理工学院，杰里森正在探索这个函数更广泛的数学含义；在法国，菲洛什正在使用扫描隧道显微镜对该函数的预测进行实验评估，另一个由朗之万研究所的帕特里克·塞巴（Patrick Sebbah）领导的独立研究团队正在直接测量振动板的局域化；而在加州，魏斯布赫正在设计新的LED。总而言之，这一应用对于一项数学发现而言，速度堪称惊人。

"对我来说，这几年发生的事情完全不可思议。"梅伯罗达说，"我自己都难以相信。"

五边形密铺证明
解决百年历史的数学问题

纳塔莉·沃尔乔弗

几何中最古老的问题之一是，哪些形状可以密铺平面，即它可以通过自我拼接，以一种被称为“镶嵌”的无限模式覆盖平面区域。M. C. 埃舍尔绘制的蜥蜴和其他生物组成的镶嵌图表明，有无穷多种形状都可以做到这一点。当数学家只考虑凸多边形（即内角都向同一个方向弯曲的简单平边形状，例如三角形和矩形）时，厘清可密铺平面的凸多边形就简化为一项有限但仍然艰巨的任务。2017年，法国国家科学研究中心（CNRS）和里昂高等师范学院的数学家米夏埃尔·拉奥攻克了五边形这一仅剩的情形（这一工作已经持续了99年），最终完成了对可密铺平面的凸多边形的分类。

只要你尝试一下把正五边形（即所有边长都相等、所有内角都相等的五边形）边靠边地摆放在一起，你会发现它们之间很快就会产生空隙：它们不能密铺。古希腊人证明，正多边形中只有三角形、四边形和六边形可以密铺（现在很多浴室的地板就采用了六边形密铺的方式）。

但通过挤压和拉伸，使五边形变成非正五边形，就有可能实现密铺了。德国数学家卡尔·赖因哈特（Karl Reinhardt）在他1918年的博士论文中，确定了5种可密铺平面的不规则凸五边形：它们是由一些共同规则所定义的五边形类，比如“边a等于边b”，“边c等于边d”和“角A和角C都等于90度”。

赖因哈特不知道他的5类五边形是否就是所有可密铺平面的不规则凸五边形，而这一问题在之后的50年里也毫无进展。后来，在1968年，约翰斯·霍普金斯大学的理查德·克什纳（Richard Kershner）又发现了另外3类密铺凸五边形，他宣称自己已经证明了除此之外不存在其他密铺凸五边形。[1]但他的论文略去了这一证明。克什纳在一份介绍性的笔记中写道：“这是有充分理由的，因为完整的证明需要一本相当厚的书才写得下。”

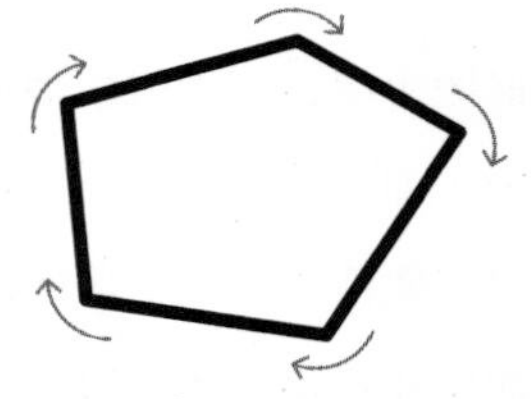

凸五边形：当你沿它走一圈时，你总是向一个方向转弯

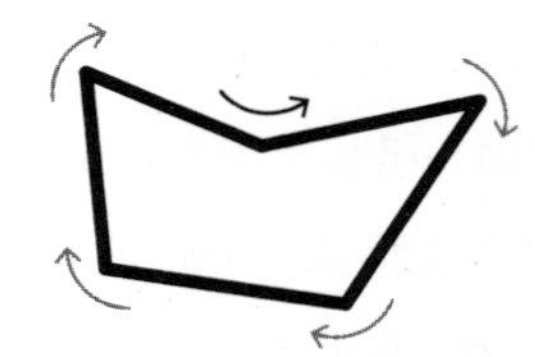

凹五边形：当你沿它走一圈时，你有时向右转，有时向左转

图3.8　凸五边形和凹五边形

1975年，克什纳关于密铺五边形的断言登上了马丁·加德纳（Martin Gardner）为《科学美国人》（*Scientific American*）撰写的通俗数学专栏，随后这一消息传遍了大众。但不久之后，像玛乔丽·赖斯（Marjorie Rice）——圣迭戈一位只受过高中数学教育的家庭主妇——这

样的外行读者就发现，除了克什纳知道的那几类之外，还有新的密铺五边形类（赖斯找到了4个，一个名叫理查德·詹姆斯的程序员找到了一个）。密铺五边形类列表的数目增加到了13个，1985年增加到14个。之后，在2015年，华盛顿大学博塞尔分校数学系副教授凯西·曼（Casey Mann）和他的合作者利用计算机搜索，发现了第15种密铺凸五边形。[2]

当拉奥听说曼及其团队的发现后，他开始进行彻底的搜索，希望一劳永逸地完成密铺凸五边形的分类。

在其计算机辅助证明中，拉奥确定了371种五边形的角在一个密铺中聚集在一起的可能情况，然后检查了所有的情况。[3]最后，他的算法确定，只有已知的这15种五边形可以做到这一点。拉奥的证明为密铺凸多边形这一领域画上了句号：15种五边形，3种六边形（这是赖因哈特在1918年的博士论文中确定的），所有的四边形和三角形。（不存在七条或七条边以上的密铺凸多边形。）

曼说，当他和同事们听到来自法国的消息时，他们正努力完成这一穷举性证明的部分步骤。“拉奥比我们更快一步，”他说，随后苦笑着补充，“这很好，因为它节省了我们大量的工作。”

匹兹堡大学数学教授托马斯·黑尔斯（Thomas Hales）是利用计算机编程来解决几何问题方面的领军人物，他独立地重复了拉奥证明中最重要的一半，表明其中没有漏洞。

对所有密铺凸多边形分类的旅程已经结束，但另一段旅程才刚刚开始。同许多密铺问题的专家一样，拉奥开始寻找难以捉摸的“爱因斯坦”（einstein）。“爱因斯坦”是一种假想中的形状，只能以非周期的方式密铺平面，且密铺的方向永远不会重复。它的名字与那位著名的物理学家并没有什么关系，而是德语里“一块石头”的意思。拉奥说：“对于每一个研究密铺的人来说，这都是一座圣杯。”他将自己关于密铺五边形的证明视为探索这一更大问题过程中一座早期的里程碑。

好的集合

在拉奥的证明中，他首先证明了，对于密铺来说，只需检查有限多种凸五边形的角拼在一起的方式。他用简单的几何守恒律对五边形的5个角——标为角1到角5——在密铺顶点处的可能相交情况进行了限制。这些限制条件包括：角1到角5的和必须等于540度（这是任意五边形的内角和），所有5个角都必须地位平等地参与密铺，因为它们都是每个五边形瓷砖的一部分。此外，对于某个给定点，如果相邻五边形的角都在这里相交，那么该点处的所有角之和必须始终等于360度；如果某些角与另一个五边形的边相交，那么该点处的所有角之和必须始终等于180度。

通过施加这样的规则，拉奥发现，除了371种情况外，“要么角度方程自相矛盾，要么（表示不同角出现频率的）百分比自相矛盾”，加州大学戴维斯分校数学教授格雷格·库珀伯格（Greg Kuperberg）说。拉奥将这些角度条件的可能集合称为“好的集合”。虽然并不能保证只有有限多个好的集合，“但他的计算机实验带来了好消息”。库珀伯格说。

在他证明的第二个主要步骤（一共有两个主要步骤）中，拉奥逐一检查了好的集合，并检查了是否存在满足这些角度条件的密铺。拉奥说，写代码是“更复杂的部分”。

库珀伯格解释说：“对于这371种情况中的每一种，拉奥的算法试图通过每次只放置一块瓷砖，只使用允许的顶点形态，来拼接出密铺。”“在这371棵可能的树中进行搜索时，算法确定要么这棵树上的每条路都归向15类已知的五边形之一，要么这棵树上的所有路都在有限步后失败。”里奇·施瓦茨（Rich Schwartz）解释说，他是布朗大学研究相关问题的数学家。

拉奥说他对未能发现更多其他的类感到失望，但研究密铺问题的专家表示，证明完整的列表就只包含15种密铺方式，比仅仅找到一个新的密铺例子更重要。

这一穷举性的证明也有助于引导对假想中的“爱因斯坦”的探索，就是那块梦寐以求的、在一个方向不断变化的序列中自我拼接的瓷砖。

“拉奥这一突破性结果的一个结论是，单个凸多边形不可能非周期性地密铺平面。”库珀伯格说。由于所有15类密铺凸五边形（以及所有其他凸多边形）密铺平面的方式都是周期性的——即密铺平面的瓷砖方向序列会有规律地重复，因此，如果“爱因斯坦”存在，它必须是凹的，即同时具有向内和向外弯曲的锯齿状的角，就像五角星的角一样。

寻找“爱因斯坦”

专家表示，有充足的理由相信爱因斯坦是存在的，尽管其形状可能非常复杂。要构造出非常复杂的形状才能实现非周期性密铺平面，这一点反而增加了它的吸引力。

如果你使用至少两种不同形状的瓷砖，就可以实现非周期性密铺：例如著名的彭罗斯（Penrose）密铺；或者，如果你使用一种由互不相连的部分组成的奇怪瓷砖——这种瓷砖被称为索科拉尔–泰勒（Socolar-Taylor）瓷砖，也可以实现非周期性密铺。但是，是否存在单个连通的瓷砖可以实现非周期性密铺，它可能有哪些性质，这些都仍然未知。曼说，人们认为爱因斯坦存在，“可能是由于它与密铺理论中另一个非常核心的问题——判定问题有关”。“判定问题是指，如果有人给你一块瓷砖，你能否给出一个计算机算法，输入这块瓷砖的信息，然后输出‘是的，这块瓷砖可以密铺平面’或‘不，它不能密铺平面’。”

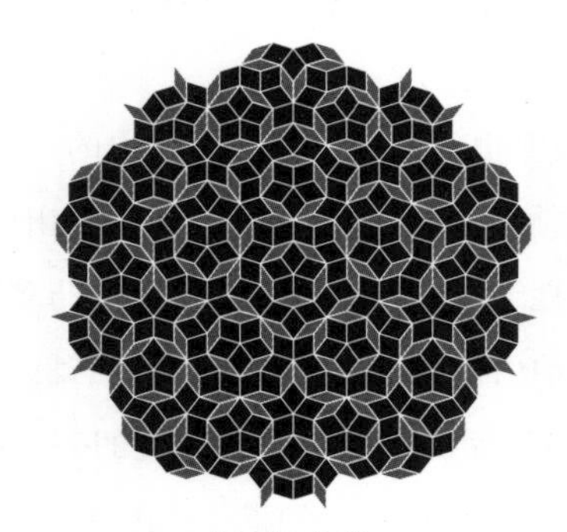

彭罗斯密铺

一种索科拉尔–泰勒瓷砖

索科拉尔–泰勒瓷砖
瓷砖在一个方向不断变化的
序列中非周期性地自我拼接

图3.9　彭罗斯密铺和索科拉尔–泰勒密铺

图片来源：Inductiveload（上），索科拉尔和泰勒（下）。

曼说："大多数人认为这种算法过于复杂，不可能存在。"研究人员已经证明，没有算法可以判定任意不同形状的集合是否可以密铺平面。许多专家怀疑（尽管尚未证实）单个瓷砖的判定问题也是"不可判定的"。反过来，这将推出爱因斯坦瓷砖是存在的。曼说，由于"检查某些对象是否是周期性的是很容易的事"，因此，如果单个形状只是周期性地密铺平面，那么判定问题应该是可判定的。爱因斯坦瓷砖的存在性与单个瓷砖的判定问题，解决了其中一个，应该就能解决另外一个。

拉奥计划将他的算法应用到寻找"爱因斯坦"的踪迹上，不过他说凹形是一个比凸形更难解决的组合问题。得知拉奥开始考虑这一问题后，其他研究者十分高兴。不久前，拉奥和一位合作者证明了一个关于王氏瓷砖（Wang tiles）非周期性密铺的不同结果。王氏瓷砖是一种边带有颜色的正方形，它只允许颜色匹配的两条边相互拼接。[4]之前的工作已经证明，存在只能给出非周期性密铺的王氏瓷砖的集合。"数学家找到的第一个这样的集合有超过20 000个瓷砖，"曼说，"后来这一数字减少到了14。拉奥证明，你可以用11块瓷砖做到这一点，并且这个数字是最小的。所以他也成功解决了这个问题，他前途无量。"

纸牌游戏的简单证明震惊数学家

埃丽卡·克拉赖希

在2016年在线发布的一系列论文中，多位数学家解决了一个关于模式匹配纸牌游戏的问题，该问题早在游戏之前就出现了。这一解决方案是如此简单，令数学家大为惊讶，它还给其他组合学问题带来了新的进展。

这一游戏被称为牌组游戏（Set），发明于1974年，其目标非常简单：在一副81张的牌中找出特殊的3张牌（被称为“一组”）。每张牌的图样都不相同，它包括4种属性——颜色（可以是红色、紫色或绿色）、形状（椭圆形、菱形或波浪形）、底纹（实心的、条纹的或空心的）和数字（1个、2个或3个相同的形状）。在典型的玩法中，12张牌面朝上放置，玩家们需要在其中找到这样一组牌：它包括3张牌，这3张牌的上述每种属性要么都相同，要么都不同。

有时，12张牌中并没有这样的组，所以玩家会再添加3张牌。更少见的是，15张牌中仍然没有这样的组。人们可能会问，不包含任何组的牌集最多能有多少张牌？

答案是20。这是意大利数学家朱塞佩·佩莱格里诺（Giuseppe Pellegrino）在1971年所证明的。[1]但对数学家来说，这个答案仅仅是个开始。毕竟，只包含4种属性的图样并没有什么特别之处——它只是给出了一个可控的牌堆规模。我们可以轻易想象出包含更多属性的牌，例如它们可以有额外的图案，甚至可以播放不同的声音，或者有划痕和气味。对于每个整数n，都有相应版本的牌组游戏：它有n种属性，3^n张不同的牌。

对于每个这样的游戏版本，我们都可以考虑不包含任何组的牌集——数学家给它们起了一个容易混淆的名字，叫“上集”（cap set）——并专注于研究它们最大能有多大。对于属性不超过6种的游戏，数学家已经计算出了其最大上集的大小，但对于有100或200种属性的游戏，我们可能永远不会知道其最大上集的精确大小，威斯康星大学麦迪逊分校的数学家乔丹·埃伦贝格（Jordan Ellenberg）说。有太多不同的牌组需要考虑，计算量太过庞大，根本无法进行。

然而，数学家们仍然可以尝试找出一个上集大小的上限——即确保至少有一个组时所需要牌的数目。这个问题是一个叫拉姆齐理论（Ramsey theory）的数学领域中最简单的问题之一，拉姆齐理论研究的主题是在某个模式出现之前，对象集可以有多大。

加州大学洛杉矶分校的陶哲轩表示：“我们认为上集问题是拉姆齐理论中其他所有问题的模型。人们一直相信，我们会先在上集问题上取得进展。一旦解决这个问题，我们就能在其他地方取得进展。”

然而直到最近，这一进展都极其缓慢。数学家们在1995年和2012年发表的文章中确定，上集必须小于整个牌堆大小的$1/n$。[2]然而，许多数学家想知道，上集真正的界是否能比$1/n$小得多。

他们的猜测是对的。2016年在线发布的一些论文证明，上集在整个牌堆中的相对大小随n的增大呈指数递减。例如，在一个有200种属性的游戏中，之前的最好结果是上集的大小不超过牌堆大小的0.5%；而新的界表明，上集的大小不超过牌堆大小的0.000 004 3%。

剑桥大学数学家、菲尔兹奖得主蒂莫西·高尔斯（Timothy Gowers）说，之前的结果“已被认为是一个相当大的突破了，但现在这个结果完全打破了他们达到的界”。

高尔斯表示，上集的界仍有改进的空间，但至少在近期内，任何进一步的进展都可能是渐进的。“在某种意义上，这完全解决了这一问题。”

游戏、牌组和匹配

为了找到上集大小的上界，数学家们将这个游戏转换成了几何过程。对于传统的牌组游戏，每张牌可被编码为一个有4个坐标的点，其中每个坐标可以取3个值（传统上写作0、1和2）中的一个。例如，有2个红色条纹的椭圆的牌可能对应于（0, 2, 1, 0）这个点，第一个数0告诉我们图样是红色，第二个数2告诉我们形状是椭圆，等等。对于有n种属性的牌组游戏版本，也有类似的编码方式，其中每个点的坐标不再是4个，而是n个。

牌组游戏的规则恰好可以转化为所得n维空间的几何：空间中的每条直线恰好包含三个点，共线的三个点恰好形成一个组。因此，一个上集就是一个不包含完整直线的点集。

之前得到上集大小上界的方法，是使用一种名为傅立叶分析的技术，该技术将上集中的点视为波的组合，并寻找波振动的方向。陶哲轩说：“人们普遍认为，这是一条正确的路。”

然而这一次，研究者们使用了一种完全不同的方法解决了上集问题——而且只通过几页相当基础的数学推导。高尔斯说："对我来说，整件事中令人愉悦的一点是，我可以坐下来阅读论文，半小时后就理解这个证明。"

这个证明使用了"多项式方法"，这种新方法虽然简单，但直到大约10年前才在数学领域崭露头角。陶哲轩说，这种方法给出了"漂亮且简短的证明"，这有点儿"神奇"。

多项式是一种由数和变量方幂构成的数学表达式，例如$x^2 + y^2$或$3xyz^3 + 2$。给定任意一组数，可以构造一个在所有这些数处取值为0的多项式——例如，如果你取数字2和3，就可以构造表达式$(x - 2)(x - 3)$，将它展开，得到多项式$x^2 - 5x + 6$，它在$x = 2$或$x = 3$时等于0。利用类似的方法，可以构造在一组点（例如，与一组牌对应的点）上取值为0的多项式。

乍一看，这似乎不是一个非常深刻的事实。然而，不知怎的，这些多项式似乎常常包含一些从点集中不容易看到的信息。埃伦贝格说，数学家们并没有完全理解为什么这种方法如此有效，以及它可以用于哪类问题。他补充说，在论文发布在网上之前，他认为上集是一个"多项式方法无法发挥作用的问题的例子"。

这一情况在2016年5月5日发生了改变。这一天，三位数学家——佐治亚理工学院的厄尼·克鲁特（Ernie Croot），以色列海法大学的弗谢沃洛德·列夫（Vsevolod Lev）和匈牙利布达佩斯科技经济大学的彼得·帕尔·帕赫（Péter Pál Pach）在线发布了一篇文章，展示了如何使用多项式方法来解决一个与上集问题密切相关的问题，在这个问题中，牌组的每种属性可以有4种不同的选择，而非3种。[3]由于技术性的原因，这个问题比原来的牌组问题更容易处理。

牌组游戏要点

玩牌组游戏需要有4种属性的牌：形状（菱形、椭圆形或波浪形）、数字（1个、2个或3个相同的形状）、颜色（这里用浅灰、中等灰色和深灰表示）和底纹（实心、条纹或空心）。玩家需要找出一个3张牌的牌组，使得这3张牌的每种属性要么都相同，要么都不同。不含任何这样一组牌的牌集被称为上集。

所有的牌

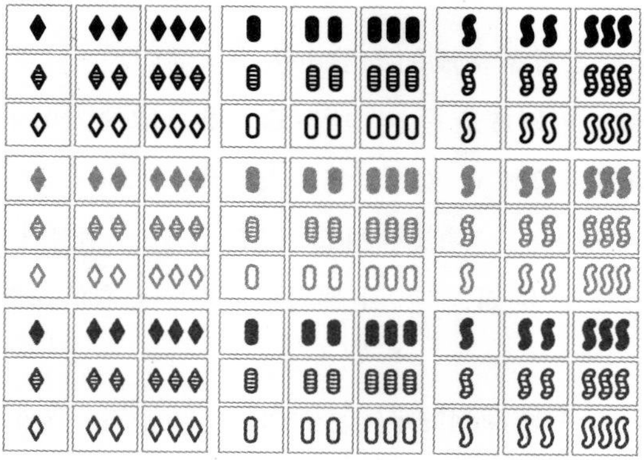

上集

构造一个较大上集的一种简单方法是，对每种属性，只取3个选项中有其中2个选项的牌。这个上集的大小将是整个牌组大小的$(2/3)^n$，其中n是属性数量。

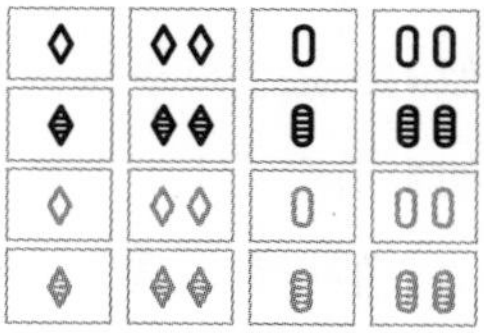

什么样的牌形成一组？

一些例子：

这些属性都相同吗？或者都不同吗？			
颜色	×	都不同	都相同
形状	都不同	都不同	都相同
底纹	都不同	都不同	都相同
数字	×	都不同	都相同
	不成一组	成一组	成一组

图3.10　牌组游戏规则

在这个游戏变体中，对于一堆不含任何组的牌，克鲁特、列夫和帕赫考虑了在桌上额外加入哪些牌能形成一个组。然后他们构造了一个在这些额外的牌上取值为0的多项式，并找到了一种巧妙的简单方法，将这个多项式分解成指数更小的部分，这将给出不含任何组的牌集大小的界。这是一个“非常有创意的做法”。埃伦贝格说：“一些真正新的东西出现了，并且它还很简单，这真是棒极了。”

这篇文章很快引发了连锁反应，埃伦贝格称其为“互联网速度的数学”。10天之内，埃伦贝格和荷兰代尔夫特理工大学的数学家迪翁·海斯韦特（Dion Gijswijt）各自独立发表了文章（后来共同发表在《数学年刊》上），展示了如何修改上述论证，以便在短短三页纸内解决原来的上集问题。[4]埃伦贝格说，关键技巧是要意识到有许多不同的多项式在给定的一组点上取值为零，而选择合适的多项式可以“从这一方法中获得更多信息”。新的证明确定了上集最多是整个牌组大小的$(2.756/3)^n$。

数学家们迅速行动，争先恐后地努力理解这个新证明的含义。很快，就有人在网上发布了一篇文章，表明这个证明排除了用于尝试构造更高效的矩阵乘法算法的一种方法。[5]同月，耶路撒冷希伯来大学的吉尔·卡拉伊（Gil Kalai）写了一篇“紧急”博客文章，指出上集的结果可以用来证明“埃尔德什–塞迈雷迪向日葵猜想”（Erdős-Szemerédi sunflower conjecture），这一猜想涉及向日葵模式中的重叠集合。

高尔斯说：“我想很多人都会想，‘我能用这个做什么？’”他在一篇博客文章中写道，克鲁特、列夫和帕赫的方法是“一项可以收入工具箱的重要的新技术”。

埃伦贝格说，上集问题最终被如此简单的技术解决，这着实令人羞愧。“这会让你好奇还有什么其他问题实际上是很容易解决的。”

80 年未决谜题的神奇答案

埃丽卡·克拉赖希

2015年，加州大学洛杉矶分校的数学家陶哲轩解决了一个80年未决的数论问题——埃尔德什差异问题，该问题是匈牙利传奇数学家保罗·埃尔德什提出的。埃尔德什以其提出的数千个问题而闻名，其中很多问题已经带来了出奇深刻的数学发现。牛津大学的数学家本·格林（Ben Green）说，这个特殊的问题是埃尔德什最喜欢的问题之一，“多年来他屡次提及此事，尤其是在晚年”。

埃尔德什差异问题的简化版本是这样的：假设你被囚禁在一条隧道中，隧道中向左两步是悬崖，向右两步是毒蛇坑。为了折磨你，穷凶极恶的俘获者强迫你不断地左右移动。你需要设计一系列移动步骤来让自己避开危险：例如，如果你上一步向左走，那你就希望下一步向右走，以免掉下悬崖。你可以试着左右交替地移动，但有一些限制：你必须提前列出自己的移动步骤，而俘获者可以让你按照列表中的步骤，每隔两步（从第二步开始）或三步（从第三步开始），或其他一些等距间隔序列来移动。在这种情况下，是否存在一个移动步骤的列表，使得无论俘获者如何选择移动序列，你都能活下来？

这个谜题是数学普及者詹姆斯·格里姆（James Grime）设计的。你可以列出一个包含11个移动步骤的列表来避免死亡，但如果你试图增加第12步，那你注定会失败：俘获者必然能找到某个等距间隔序列，将你扔下悬崖或推进毒蛇坑。

1932年前后，埃尔德什提了一个问题：从本质上讲，如果悬崖和毒蛇坑离隧道中心有三步而不是两步会怎么样呢？如果离隧道有N步呢？你能列出一个包含无穷个移动步骤的列表来避开死亡吗？埃尔德什猜想答案是否定的，也就是说，无论悬崖和毒蛇坑离隧道有多远，你都不能永远地避开它们。

但80多年来，数学家们在证明埃尔德什差异猜想（如此命名是因为人们将“你”与隧道中心之间的距离称为差异）方面没有取得任何进展。蒙特利尔大学和伦敦大学学院的安德鲁·格兰维尔表示：“这个领域的每个人都为此努力过，但都失败了。在这个问题上，没有人真正写出过有意义的文章，因为大家都没有巧妙的想法。”

即使是悬崖和毒蛇坑离隧道中心只有三步这种看似简单的情形，也涉及大量的可能选择。2014年，英国利物浦大学的鲍里斯·科涅夫（Boris Konev）和阿列克谢·利西察（Alexei Lisitsa）借助计算机计算（其输出文件的大小与整个维基百科的数据量相当），最终解决了这一问题。他们证明，可以写出一个最多包含1 160个移动步骤的安全列表，再多就不行了。[1]然而，他们的证明并未对更一般的问题提供突破。

然后，陶哲轩在2015年9月17日在线发布的预印本中证明，无论悬崖和毒蛇坑离隧道有多远，总存在一个最大的安全移动步骤列表。[2]

为了解决这一问题，陶哲轩测量了乘性函数（亦称乘性数列）的熵[①]（entropy），这是一个起源于编码理论的概念。乘性函数和熵这两个数学对象不仅是埃尔德什差异问题的核心，也是数论中一些最深刻的问题（例如理解素数分布）的核心。格林预测，数论与熵的这种新颖结合“必将开辟新的研究途径”。

格兰维尔说，在陶哲轩的结果出现之前，埃尔德什差异问题一直是我们在面对乘性函数时“觉得自己无法理解的最荒谬的事情”之一。“陶哲轩的解决方案看似通过直接的观察就能得到，但不知怎的，它需要花费大量深刻的想法和智慧才能实现。”他认为，陶哲轩的解决方案是“一个了不起的突破”。

大铁球的抓手

蒂莫西·高尔斯是剑桥大学的数学家，同时也是大规模在线数学合作计划“博学者”的发起人。2009年底，他开始为下一个博学者项目寻找合适的主题。他在一系列博文中介绍了包括埃尔德什差异问题在内的几个可能项目，并让读者们参与决定。关于埃尔德什差异问题的博文很快吸引了近150条评论。2010年1月6日，高尔斯在一篇名为“紧急”的博文中写道，这个问题显然是众望所归。

正如埃尔德什自己所做的那样，这一项目将差异问题归结成了一个关于数列的问题，该数列只由+1和–1（而不是右和左）构成。在项目进行过程中，陶哲轩发现，本质上我们只需要解决乘性数列的差异问

① 熵是一个衡量数列随机程度的量。——编者注

题：乘性数列是满足第（$n\times m$）项等于第n项乘以第m项（因此，第6项等于第2项乘以第3项，等等）的数列。

乘性数列具有较高的存活前景，这是有道理的。在由+1和–1组成的乘性数列中，每个等距间隔数列作为整体来讲要么与原数列相同，要么是原数列的镜像。例如，每隔3项组成的数列就是原数列乘以其第3个元素：这个数要么是+1，要么是–1。所以，如果你已经对主数列找到了一个可存活的步骤列表，那么对俘获者可能选择的每个等距间隔数列，它都会自动给你一个可存活的步骤列表。

乘性数列与数论中的深刻结构有关。著名的刘维尔函数就是这样一个例子。如果将刘维尔函数写成一个数列，那么它的第n项取+1还是–1，取决于n本身有偶数个素因子还是奇数个素因子：这为数学家提供了一个研究不超过某个给定数的素数个数的方法。他们深入研究了乘性数列，但许多关于乘性数列的基本问题仍然负隅顽抗，悬而未决。博学者项目的参与者最终发现，埃尔德什差异问题也属于这样一类问题。陶哲轩说："到了2012年，（博学者项目）对这一问题的研究就逐渐停止了。"

但陶哲轩表示，经过了博学者项目之后，这个问题看上去好像更容易解决了。陶哲轩说，用原本高尔斯想出来的一个比方说："在此之前这个问题就像一个巨大的铁球，你必须把这个球捡起来，但它是完全光滑的。但在博学者项目之后，这个问题有了一个抓手。所以现在你至少可以试着把这个球捡起来。如果你能找到一台起重机，你还可以把它吊起来。"

吊起铁球

2015年1月，两位数学家——芬兰图尔库大学的凯萨·马托麦基和麦吉尔大学的马克西姆·拉齐维尔迈出了建造那台起重机的第一步，尽管当时人们没有立即意识到他们做到了这一点。马托麦基和拉齐维尔提出了一种可以理解乘性数列中相近邻域之间关系的方法，长期以来，这都被认为是一项遥不可及的成就。[3]

陶哲轩开始与马托麦基和拉齐维尔合作，研究该方法在数论问题中的一系列潜在应用。2015年9月6日，陶哲轩写了一篇博文，介绍了这一方法与刘维尔函数相关的一些工作，并提到这个问题让他想起了数独难题。几天后，一位名叫乌韦·斯特罗因斯基（Uwe Stroinski）的博学者项目参与者在博文下方评论道，埃尔德什差异问题也具有类似数独难题的味道。他问，马托麦基和拉齐维尔的方法是否也适用于这一问题？

"我回复说，'不，我不这么认为。'"陶哲轩说。他坚信（事实证明也确实如此），在埃尔德什的难题中，每个数列最终都会导向死亡。如果要构造允许使你存活一段时间的数列，马托麦基和拉齐维尔的方法可能会有用，但对于证明数列最终会失败这个反过来的问题，他们的方法可能无济于事。然而，陶哲轩进一步思考了这一问题，随即意识到自己下意识的反应是错的——如果能控制某个复杂的和式，那他实际上就能证明埃尔德什猜想。

陶哲轩说："既然我知道了这可以解决差异问题，我就认真尝试去正面攻克这个问题。"一天下午，当他在等儿子上完钢琴课时，答案出现了：他可以使用一个类似于"魔术师的选择"的论证——"魔术师为某位观众提供了两种选择，看上去控制权好像是在观众手中，但无论你选哪一个，魔术师都有一个提前计划好的把戏。”

陶哲轩的“把戏”是将一个候选数列拆分成若干片段，然后逐段检查该序列，看你是否能从俘获者手中逃过一劫。陶哲轩证明，当你遇到一个新的片段时，必然会发生以下两种情况之一：要么俘获者可以杀死你，要么数列的熵会以确定的数量下降。但熵永远不会降到0以下，因此，如果你逐段前进，那你最终一定会碰到一个片段，在那个片段上，唯一的可能就是俘获者可以杀死你。

陶哲轩只用了一个月的时间就解决了这个问题。“这证明了他惊人的实力，”格兰维尔说，“一旦他开始认真对待一件事情，这件事就很难从他手中逃脱。”

陶哲轩第一次见到埃尔德什是在一次数学比赛中，那时他只有10岁。他对“魔术师的把戏”这一方法的力量感到兴奋。“我希望它可以用来证明许多其他事情。”

数学家攻克
高维版本的球堆积问题

埃莉卡·克拉赖希

在2016年在线发布的两篇论文中，一位乌克兰数学家解决了有数百年历史的“球堆积”问题的两个高维版本。她证明，在8维和24维（后一情形与其他研究人员合作完成）的情形下，两种高度对称的排列能够以尽可能最密集的方式将球体堆积在一起。

数学家最晚从1611年就开始研究球堆积了。当时，约翰内斯·开普勒推测，在空间中把相同大小的球体堆在一起的最密集的方式，就是杂货店里常见的用来摆放橙子的金字塔形。尽管这个问题看起来简单，但它直到1998年才得以解决——托马斯·黑尔斯以250页的数学论证结合庞大的计算机计算，最终证明了开普勒的猜想。[1]

高维的球堆积很难想象，但非常实用：球体密堆积与手机、空间探测器和互联网通过噪声信道发送信号时使用的纠错码密切相关。高维球体很容易定义——它只是高维空间中与给定的中心点有固定距离的点的集合。

在高维空间中寻找相同大小球体的最密堆积应该比黑尔斯解决的三维情形更复杂，因为每增加一个维度就意味着有更多可能的堆积方式要考虑。然而数学家们早就知道有两个维数是特殊的：8维和24维，这两个维数中分别存在着被称为E_8和利奇格（Leech lattice）的对称球堆积，这两种令人眼花缭乱的球堆积要好于在其他维数上已知的最密球堆积的候选者。

“不知怎么的，一切都刚好完美地融合在了一起，这简直是个奇迹。”马萨诸塞州剑桥市微软新英格兰研究院的数学家亨利·科恩说，“我想不出一个简单且直观的方法来解释它是什么。”

出于数学家们尚未完全理解的一些原因，E_8和利奇格与包括数论、组合和双曲几何在内的许多数学学科有关，甚至与弦论等物理领域也有关。科恩说，它们形成了“一种纽带，让许多不同的数学领域相交汇”。“这其中发生了一些奇妙的事情，我想知道它是什么。”

数学家们已经积累了令人信服的数值证据，表明E_8和利奇格分别是各自维度上的最密堆积。但这些证据还不足以形成严格的证明。早在十多年前，研究人员就知道证明中缺少的应该是一个“辅助”函数，它可以计算最大容许的球体密度，但他们尚未找到这个正确的函数。

2016年3月14日，马林娜·维亚佐夫斯卡（Maryna Viazovska）在线发布了一篇论文，给出了8维情形缺少的函数。[2]她的工作使用了模形式的理论，模形式是一种强大的数学函数，当它被应用于某个问题时，似乎可以解锁大量的信息。在8维情形下，当时还是柏林数学学院和柏林洪堡大学博士后研究员的维亚佐夫斯卡找到正确的模形式，只用23页纸就证明了E_8是最密的8维堆积。

普林斯顿大学和高等研究院的彼得·萨尔纳克（Peter Sarnak）说：

“就像所有伟大的事情一样，这个证明非常简单。刚开始读论文时，你就知道它是对的。”

一周之内，维亚佐夫斯卡、科恩和其他三位数学家成功地将她的方法推广到了利奇格。“我想我们中一些人已经对此期待了很长时间。”黑尔斯说。

填充空隙

我们可以在每个维数构造一个类似于金字塔状的橙子堆，但随着维数增加，高维橙子之间的空隙也会增大。到8维时，这些空隙已经大到足以容纳新的橙子，并且只有在8维情况下，新添加的橙子才被紧紧固定在空隙中。由此产生的8维球堆积就是E_8，虽然它是通过两步构造出来的，但它的结构比预想的要均匀得多。“一部分神秘之处在于，这个对象比听上去要漂亮和对称得多。”科恩说，“它有很多额外的对称性。”

类似地，利奇格也是通过在密度较低的堆积中添加球体来构建的，这一点几乎是在事后才被发现的。20世纪60年代，英国数学家约翰·利奇（John Leech）研究了一种24维堆积，它可以通过“戈莱码”（Golay code）构造。戈莱码是一种纠错码，后来被用于传输旅行者号探测器拍摄到的有历史意义的木星和土星照片。在利奇关于这种堆积的文章发表后不久，他注意到，这种堆积所产生的空隙有足够的空间，可以放入更多的球，并且这样做会使堆积的密度增加一倍。[3]

利奇格由此产生。在利奇格中，每个球体都被其他196 560个球体包围。普林斯顿大学数学家约翰·康韦通过探测格的结构，在这种独特的排列中发现了三种全新的对称类型。[4]耶路撒冷希伯来大学的数学家吉尔·卡拉伊说，利奇格是“少数几个最令人兴奋的数学对象之一”。

2003年，科恩和哈佛大学的诺姆·埃尔基斯（Noam Elkies）发明了一种方法，来比较E_8和利奇格在各自维数上与其他球堆积方式的表现。[5]科恩和埃尔基斯的工作表明，在每个维数中都存在一个无穷的“辅助”函数序列，它可以用来计算该维数中容许的球体堆积密度的上限。

在大多数维数中，迄今为止发现的最密球堆积甚至无法接近这种方法产生的密度极限。但科恩和埃尔基斯发现，在8维和24维中，最密堆积——E_8和利奇格——好像几乎撞到了上限的天花板。科恩和石溪大学的阿比纳夫·库马尔（Abhinav Kumar）对辅助函数序列进行大量的数值计算后发现，在8维和24维中，可能的最密堆积的密度比E_8和利奇格高至多0.000 000 000 000 000 000 000 000 000 000 01%。[6]

鉴于这种非常接近的估计，似乎很明显E_8和利奇格一定是各自维数中的最密堆积。科恩和埃尔基斯猜测，对于这两个维数中的每一个，都应该有一些辅助函数来给出与E_8和利奇格的密度相匹配的精确答案。埃尔基斯在一封邮件中写道：“我们做了很多次报告，甚至召开了一两次会议来宣传这个问题，希望这样一个（函数）是已知的，或者只要我们知道了它在哪个数学领域就能很容易找到它，但一无所获。”

黑尔斯说，多年来他一直认为正确的函数应该存在，但不知道如何找到它。“我觉得我们可能需要拉马努金转世才能找到它。”他说。拉马努金指的是20世纪初的数学家斯里尼瓦瑟·拉马努金，他以似乎能凭空找到深刻的数学思想而闻名。

后来，维亚佐夫斯卡使用了拉马努金也广泛研究过的一种数学对象：模形式，发现了E_8和利奇格难以捉摸的辅助函数。黑尔斯说：“她拉来了一个拉马努金。”

开采黄金

模形式是具有特殊对称性的函数，就像埃舍尔的版画中天使和魔鬼的圆形镶嵌图案一样。这些函数具有启发不同数学领域的惊人能力——例如，它们在1994年费马大定理的证明中就发挥了重要作用。尽管模形式已经被研究了几个世纪，但数学家们仍在揭开隐藏在其系数中的深层秘密。萨尔纳克称模形式为金矿。“我等着某天有人写一篇题为‘模形式不合理的有效性’的文章。”他说。

然而不幸的是，模形式的数量十分有限，并且它们是高度受约束的对象。“你不能只写下一个模形式，就让它做你需要的任何事。”科恩说，“所以问题在于，是否真的存在一个模形式能做你需要它做的事。”

维亚佐夫斯卡2013年的博士论文是关于模形式的，而且她在离散优化方面也有专长。离散优化是球堆积问题的核心领域之一。因此，5年前，当维亚佐夫斯卡的朋友、挪威科技大学的安德里·邦达连科（Andrii Bondarenko）建议他们一起研究8维球堆积问题时，维亚佐夫斯卡同意了。

他们与德国马克斯·普朗克数学所的达尼洛·拉琴科（Danylo Radchenko）一起断断续续地研究这个问题。最终，邦达连科和拉琴科转向了其他问题，但维亚佐夫斯卡仍继续独自持灯前行。她说：“我觉得这是属于我的问题。”

经过两年的努力，维亚佐夫斯卡成功为E_8找到了正确的辅助函数，并证明它是正确的。维亚佐夫斯卡表示，她很难解释自己是如何知道该使用哪种模形式的，她目前正在写一篇文章，试图描述引领自己找到模形式的“哲学原因”。她说：“这背后有一个全新的数学故事。”

2016年3月14日，维亚佐夫斯卡发表了她的论文。之后，她被这篇论文在球堆积研究人员中引发的兴奋情绪所震惊。“我认为人们会对这个结果感兴趣，但我不知道会有这么多关注。”维亚佐夫斯卡说。

那天晚上，科恩发邮件向她表示祝贺，在两人邮件交流时，他问维亚佐夫斯卡是否有可能将自己的方法推广到利奇格。“我当时觉得，‘我已经累了，应该休息一下。’”维亚佐夫斯卡说，“但我还是想试着发挥作用。”

他们两人开始与库马尔、拉琴科以及罗格斯大学的斯蒂芬·米勒（Stephen Miller）合作。得益于维亚佐夫斯卡早期的研究成果，他们很快为利奇格找到了一种构造正确辅助函数的方法。在维亚佐夫斯卡发布她第一篇论文后仅一周，该团队就在网上发布了一篇12页的论文。[7]

这些结果对纠错码没有任何实际意义，因为已知E_8和利奇格接近完美就足以满足所有现实世界的应用。但这两个证明却给数学家们提供了一种完结感和一个强大的新工具。科恩说，接下来一个自然的问题是，这些方法是否可以用来证明E_8和利奇格具有“泛最优性”。这意味着它们不仅提供了最密堆积，而且如果将这些球体的中心视为互斥的电子的话，它还提供了能量最低的堆积。

斯坦福大学的阿克沙伊·文卡特什（Akshay Venkatesh）表示，由于E_8和利奇格与数学和物理学的许多领域有关，维亚佐夫斯卡的方法最终很可能带来更多的发现。“在我看来，这个函数很可能也是某个更丰富的故事的一部分。”

第四部分

最优秀的数学头脑是如何工作的

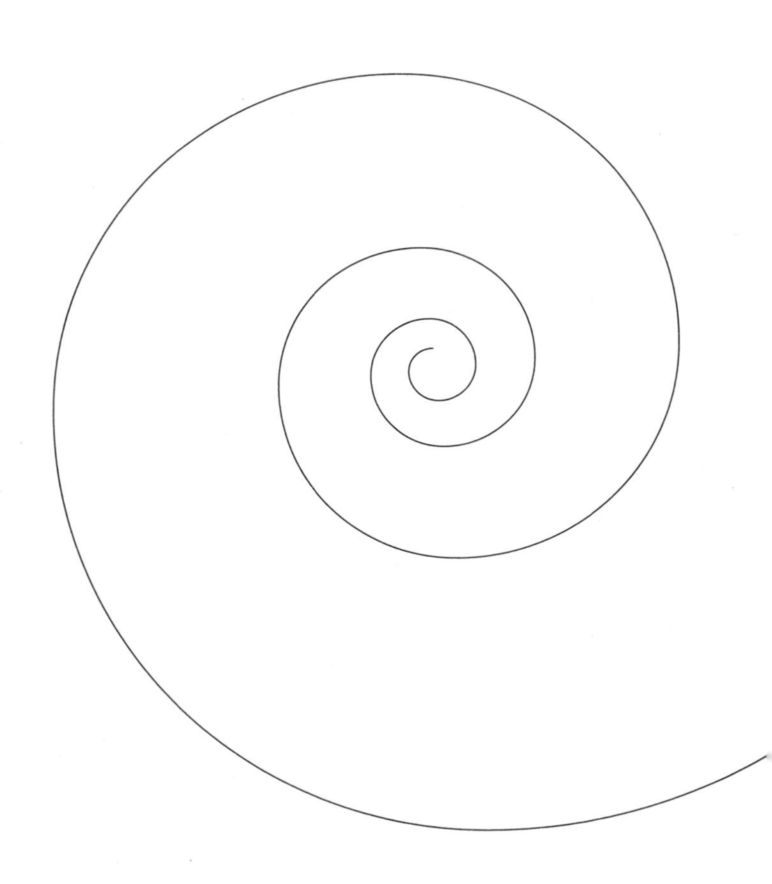

抽象曲面的坚韧探索者

埃丽卡·克拉赖希

当马里亚姆·米尔扎哈尼还是一个8岁小女孩时，她经常给自己讲一个非凡女孩的传奇故事。每天晚上睡觉前，她的女主角会成为市长、环游世界，或是完成一些其他伟大的使命。

而到了2014年8月，这位37岁的斯坦福大学数学家仍然在脑海中构思着精巧复杂的故事。她的雄心壮志从未改变，故事的主角却变成了双曲曲面、模空间和动力系统。米尔扎哈尼说，从某种程度上说，数学研究就像写小说。“其中有很多不同的角色，而且你会越来越了解它们。”她当时告诉《量子》杂志，“但随着剧情发展，当你回头再看某个角色时，它早已和你的第一印象完全不同了。”

尽管故事线的展开往往需要数年时间，但无论这些角色去往何方，这位伊朗数学家都一路跟随。身材娇小但又不服输的米尔扎哈尼以顽强的毅力解决了其所在领域最困难的问题，因而在数学家中享有盛誉。她的嗓音低沉而稳重，一双眼睛呈灰蓝色，显示出坚定的自信，但同时又不失谦逊。当被要求描述自己对某一特定研究问题的贡献时，她笑了笑，迟疑了一下，最后说："说实话，我不觉得自己有多大的贡献。" 2014年2月，当米尔扎哈尼收到一封电子邮件，说她获得了数学领域公认最高荣誉的菲尔兹奖时，她还以为发送邮件的账号被盗了。

不过，其他数学家却对米尔扎哈尼的工作赞誉有加。曾与米尔扎哈尼合作过的芝加哥大学数学家亚历克斯·埃斯金（Alex Eskin）认为她关于如何在具有双曲几何的曲面上给环路计数的博士论文"极为杰出"。"那是你一看就知道会被写进教科书的数学工作。"他说。

同样任职于芝加哥大学的数学家本松·法尔布（Benson Farb）认为，在抽象曲面的动力学（与台球桌有关）这一问题上，米尔扎哈尼和埃斯金两人里程碑式的合作，可能是米尔扎哈尼所在的竞争激烈的领域中"十年间最重要的定理。"[1]

德黑兰

米尔扎哈尼自幼在德黑兰长大。她小时候并没有想成为数学家的念头，主要目标只是读遍所有她能找得到的书。她还在电视上看了玛丽·居里和海伦·凯勒等著名女性的传记纪录片，后来又读了一本关于文森特·凡·高的传记《渴望生活》（*Lust for Life*）。这些故事在米尔扎哈尼心中植入了一份隐约的抱负，她希望能在一生中做出一番伟大的事业——也许是成为一位作家。

米尔扎哈尼读完小学时正逢两伊战争即将结束。对于有心向学的学生而言，此时机会正纷至沓来。她参加了德黑兰法尔扎尼根女子中学的入学测试，并获得就读资格。该中学由伊朗国家杰出人才发展组织管理。“我觉得自己是幸运的一代。”米尔扎哈尼告诉《量子》杂志，“在我十几岁时，社会状况已经趋于稳定。”

刚到新学校的第一周，米尔扎哈尼就遇到了她一生的挚友罗亚·贝赫什提（Roya Beheshti）——她现在是圣路易斯华盛顿大学的数学教授。当时还是孩子的她们，总喜欢在学校附近繁华商业街上成排的书店中探险。由于书店禁止阅读，她们就随机挑书购买。米尔扎哈尼说：“虽然现在听起来很奇怪，但因为当时书很便宜，所以我们就直接买了。”

令米尔扎哈尼沮丧的是，她那年数学课成绩很差。数学老师认为她并没有特别的天赋，这让她信心备受打击。米尔扎哈尼说，在那个年纪“别人怎么看你很重要，所以我失去了对数学的兴趣”。

然而第二年，米尔扎哈尼遇到了一位比较会鼓励人的老师，她的表现也开始突飞猛进。贝赫什提说：“从第二年开始，她就是学校的知名人物了。”

米尔扎哈尼继续在法尔扎尼根女子中学高中部就读。在那里，她和贝赫什提拿到了当年选拔参加国际信息学奥林匹克竞赛的全国比赛试题。国际信息学奥林匹克竞赛是一项面向高中生的编程比赛，每年举办一次。米尔扎哈尼和贝赫什提花了几天时间研究这些问题，并成功地解决了6道题中的3道。尽管参赛的学生必须在三小时内完成考试，但米尔扎哈尼还是很高兴能解决其中至少一道。

米尔扎哈尼和贝赫什提渴望发掘自己在类似比赛中的潜力，于是她们一起找到了学校校长，要求学校参照与该校并比的男子中学，安排开设奥数课程。“我们校长是一个很有魄力的人物。”米尔扎哈尼回忆说，“如果我们真的想要某样东西，她就会设法办到。”校长并没有因为伊朗奥数国家队从未派过女生参赛而放弃，米尔扎哈尼说：“她的心态非常积极乐观——‘即便你是第一个，你也能做到’。我觉得这种信念对我的一生影响重大。”

1994年，17岁的米尔扎哈尼和贝赫什提一同进入了伊朗奥数国家队。米尔扎哈尼在奥数比赛中的成绩为她赢得了一块金牌。次年，她再度参赛并以满分拿到金牌。参加比赛让米尔扎哈尼发现了自己的潜能，并对数学产生了更深挚的热爱。她说：“你必须花费一番精力和努力，才能看到数学之美。”

20年后，法国巴黎第七大学的安东·佐里奇（Anton Zorich）认为，米尔扎哈尼给人的印象仍然是一个“对身边发生的所有数学都兴奋不已的17岁女孩”。

哈佛

哈佛大学的柯蒂斯·麦克马伦（Curtis McMullen）是米尔扎哈尼的博士生导师，他认为奥数金牌并不总是能带来在数学研究方面的成功。“在这些竞赛中，你面对的是由人精心设计出来的有巧妙解答的问题，但在研究中，你面对的问题也许根本就没有答案。”不过他表示，米尔扎哈尼有别于许多奥赛高分的选手，“她能够形成自己的视野”。

1999年，米尔扎哈尼在德黑兰谢里夫理工大学拿到数学本科学位，之后进入哈佛大学研究生院学习。在那里，她参加了麦克马伦的讨论班。起初，米尔扎哈尼并不理解他所讲的很多内容，却被双曲几何之美迷住了。她开始去麦克马伦的办公室不停地问问题，并用波斯语草草记下笔记。

麦克马伦是1998年的菲尔兹奖得主，他回忆道：“米尔扎哈尼有一种大胆的想象力。对于必定发生的事情，她会在脑海中形成一个想象的画面，然后到我办公室描述它。最后她会转过身来问我：‘这样对吗？’她以为我知道答案，这让我一直受宠若惊。”

米尔扎哈尼开始迷上了双曲曲面——这是一种形状类似于甜甜圈、有两个或两个以上洞的曲面，具有非标准的几何性质：粗略地说，这种曲面上每一点附近都类似于鞍面。双曲“甜甜圈”无法在普通的空间中构造，而是以抽象的方式存在，曲面上的距离和角度是根据一组特定的方程计算的。假设有生物居住在由这类方程确定的曲面上，它们会感受到曲面上的每一点都是鞍点。

事实证明，每个多洞的“甜甜圈”都可以通过无穷多种方式被赋予双曲结构——有胖的甜甜圈、瘦的甜甜圈，或这两者的任意组合。这种双曲曲面在被发现后的一个半世纪以来，已经成了几何学中的核心研究对象之一，与数学甚至物理学的许多分支有关。

但当米尔扎哈尼开始读研究生时，关于这种曲面的一些最简单的问题都尚未得到解答。其中一个问题与双曲曲面上的直线，即测地线有关。即使在弯曲的曲面上，也有“直”线段的概念：它就是两点之间的最短路径。在双曲曲面上，有些测地线是无限长的，就像平面中的直线；而另一些测地线则会形成闭合的环路，就像球体上的大圆一样。

随着测地线长度的增加，双曲曲面上具有给定长度的闭测地线的数量呈指数增长。这些测地线大多会在光滑地闭合前多次与自己相交，但有一小部分测地线——被称为“简单测地线”——从不与自己相交。法尔布说，简单测地线是“解开整个曲面结构和几何的关键对象”。

然而，数学家们并不知道双曲曲面上到底有多少条给定长度的简单闭测地线。法尔布说，在闭测地线中，简单测地线是“（实际）发生概率为0的奇迹”。因此，要准确地对它们计数是极其困难的：“只要有一丝差错，你的答案就不对了。”

米尔扎哈尼在2004年完成的博士论文中回答了这个问题。她发展了一个公式，说明长度为L的简单测地线的数量如何随着L的增大而增加。在此过程中，她还在其他两个重要研究问题之间建立了联系，并双双解决了它们。一个问题是关于所谓“模空间”——给定曲面上所有可能的双曲结构的集合——的体积公式；另一个问题则为一个旧猜想提供了一个令人惊讶的新证明，这一猜想由普林斯顿高等研究院的物理学家爱德华·威滕提出，它涉及与弦论相关的模空间的某些拓扑量。威滕猜想非常困难，以至于第一个证明它的数学家——位于巴黎郊外的法国高等科学研究院（IHES）的马克西姆·孔采维奇（Maxim Kontsevich）部分由于这项工作，被授予1998年的菲尔兹奖。

法尔布认为，解决这两个问题任何之一“都会是一项重大成果，将这两个问题联系起来也是一样”。而米尔扎哈尼两者都做到了。她的博士论文分别发表在《数学年刊》、《数学发现》（*Inventiones Mathematicae*）和《美国数学会杂志》（*Journal of the American Mathematical Society*）这三本顶尖数学期刊上。[2]法尔布说，大多数数学家一辈子都做不出这么好的工作，“而她在自己的博士论文中就做到了”。

“宏伟的工作”

米尔扎哈尼形容自己是一个思维很慢的人。和那些灵光一现就能解决问题的数学家不同，她更倾向于研究可以反复思考多年的深刻问题。她说：“几个月或几年之后，你看待问题的角度会发生很大的改变，会看到它与之前极为不同的方面。”有些问题她已经思考了十多年，但依然没有找到答案。

米尔扎哈尼并没有被那些能一个接一个迅速解决问题的数学家吓倒。“我不会轻易失望。从某种意义上说，我很有信心。”

米尔扎哈尼缓慢而沉稳的方式也体现在她生活的其他方面。当她还在哈佛大学读研究生时，她未来的丈夫——当时还是麻省理工学院研究生的扬·冯德拉克（Jan Vondrák）就体会到了这一点。某天他们两人相约去跑步，“她体态非常娇小，而我的身材很好，所以我自认为会跑得比她快。一开始我的确跑在前面，”现在是斯坦福大学副教授的冯德拉克回忆道，“但她从未放慢速度。半小时后，我跑不动了，但她仍然在以同样的速度前进。”

米尔扎哈尼在思考数学时会不断涂鸦，画一些曲面和其他与研究相关的图形。冯德拉克在2014年告诉《量子》杂志：“她把这些巨大的纸片铺在地上，花好几个小时一遍又一遍地画着在我看来都长得一模一样的图形。”他还说，在她家中的办公室里，各种论文和图书都凌乱地随意散落着。“我不知道她在这种环境下是如何工作的，但她最后总能解决问题。”冯德拉克猜测道，“这也许是因为她研究的问题过于抽象和复杂，所以她无法一步一步写出逻辑步骤，因而只能做大步的跳跃。”

米尔扎哈尼认为涂鸦能帮助自己集中注意力。她说：“当你在思考一个困难的数学问题时，你并不想把所有的细节都写下来。但画图的过程可以在某种程度上帮助你保持与逻辑步骤的联系。”米尔扎哈尼说，她3岁的女儿阿娜希塔在这位数学家母亲涂鸦时常常惊呼：“哦，妈妈又在画画了！”米尔扎哈尼说：“也许她认为我是个画家。”

米尔扎哈尼的研究涉及许多数学领域，包括微分几何、复分析和动力系统。她说："我喜欢跨越人们在不同领域之间设立的假想'边界'——这种感觉很新奇。"她还说："在我的研究领域，有很多工具可用，但你不知道哪一个会成功。总之要保持乐观，并尝试在它们之间建立联系。"

麦克马伦说，有时米尔扎哈尼建立起的联系非常令人兴奋。例如，在2006年，她利用类似于走滑型地震的机理，解决了双曲曲面的几何形变问题。麦克马伦表示，在米尔扎哈尼的工作之前，"这个问题完全无从下手"。但米尔扎哈尼只用了一行证明，"就在这个极为晦涩的理论和另一个完全清晰的理论之间建立了联系"。

2006年，米尔扎哈尼开始了她日后与埃斯金成果丰硕的合作，在埃斯金眼中，米尔扎哈尼是他最喜欢的合作者之一。"她非常乐观，这一点很有感染力。"他在2014年说道，"当你和她一起工作时，你会觉得自己更有可能解决那些初看起来似乎毫无希望的问题。"

在几次合作之后，米尔扎哈尼和埃斯金决定着手解决他们领域中最大的未解问题之一。该问题关注的是台球在一个多边形台球桌上来回反弹的一系列行为，其中这个多边形台球桌的内角度数都是有理数。台球桌上的台球是动力系统（即按照一组给定的规则随时间演化的系统）的一些最简单的例子，但事实证明，台球的行为出乎意料地难以确定。

"对有理台球桌的研究始于一个世纪以前，当时一些物理学家围坐在一起，讨论台球如何在一个三角形的台球桌上运动。"时任斯坦福大学博士后研究员的亚历克斯·赖特（Alex Wright）说，"他们本来以为这个问题在一周内就能解决，但100年后，我们仍然在考虑这个问题。"

为了研究较长的台球轨迹，一个有用的方法是想象将台球桌沿台球轨迹的方向挤压，使其逐渐形变，这样就能在给定时间内观察到更多的台球路径。这一操作将原来的台球桌变成了一系列新的台球桌，它也可以看成是原来的台球桌在数学家们所谓的“模空间”中移动，这个模空间由具有给定边数的所有可能台球桌构成。通过将每个台球桌变成一个叫作“平移曲面”的抽象曲面，数学家们可以通过理解由所有平移曲面构成的更大模空间，来分析台球的动力学。研究人员已经证明，理解模空间中某个特定的平移曲面在挤压作用下移动形成的“轨道”，有助于回答许多关于原来台球桌的问题。

从表面上看，这个轨道可能是一个极其复杂的对象——例如一个分形。然而，麦克马伦在2003年证明，当平移曲面是一个有两个洞（被称为“亏格2”）的甜甜圈时，情况并不复杂：每一个轨道要么填满整个空间，要么填满该空间中一些被称为子流形的简单子集。

麦克马伦的结果被誉为一项巨大的进展。他回忆在论文发表之前，当时还是研究生的米尔扎哈尼来到他的办公室问他：“你为什么只做亏格2的情况？”

麦克马伦说：“米尔扎哈尼就是这样的人。一旦看到了什么线索，她就想弄得更清楚一些。”

经过多年的努力，2012年和2013年，米尔扎哈尼和埃斯金成功将麦克马伦的结果推广到了所有拥有多于两个洞的甜甜圈曲面［部分工作与现任职于加州大学圣迭戈分校的阿米尔·穆罕默迪（Amir Mohammadi）合作进行］。[3]佐里奇说，他们的分析是“一项宏伟的工作”，并强调其应用远超台球桌问题。他说：“人们在过去30年里对模空间进行了深入的研究，但我们对它的几何性质仍然知之甚少。”

米尔扎哈尼和埃斯金的工作“开启了一个新的时代”，赖特说。他花了几个月研究了他们172页的论文。[4]他说：“这就好像我们之前试着用小斧头砍伐红杉林，但现在他们发明了链锯。”他们的工作已经得到了应用——例如，了解在复杂的布满镜子的房间里保安人员的视线问题。[5]

赖特在一封邮件里写道：“在米尔扎哈尼和埃斯金的论文中，每一层困难和想法之下都隐藏着另一层困难和想法。当我抵达中心时，我被他们建立的庞大机器震惊了。”

埃斯金说，正是米尔扎哈尼的乐观和坚韧支撑两人一路走了下来。“有时我们会遇到挫折，但她从不惊慌。”他说。

回想起来，就连米尔扎哈尼自己也对当时两人能坚持下来感到惊讶。“如果我们当初知道事情会如此复杂，我想我们可能已经放弃了。”她说。她停顿了一下，接着说：“我不知道。其实，我也不知道。不过我从不轻易放弃。”

历史首次

米尔扎哈尼是第一位获得菲尔兹奖的女性。数学界的性别失衡由来已久且普遍存在，而菲尔兹奖尤其不适合许多女数学家的职业生涯：它只颁给40岁以下的数学家，而恰好是在这段时间里，许多女性不得不为了抚养孩子而放弃职业生涯。

然而米尔扎哈尼确信，将来会出现更多的女性菲尔兹奖得主。她说：“有很多伟大的女性数学家正在从事着伟大的工作。”

米尔扎哈尼为被授予菲尔兹奖而深感荣幸，但她并不想成为数学界女性的代表。她说，如果她还处在雄心勃勃的少年时期，她会为这个奖欣喜若狂，但如今的她迫切希望大家转移对她成就的注意力，好让她专心于研究。

对于自己数学故事的下一个篇章，米尔扎哈尼有一个宏伟的计划。她开始与赖特合作，尝试建立一个完整列表，包含所有能被平移曲面的轨道填满的集合。佐里奇写道，这样一个分类将是理解台球和平移曲面的“魔杖”。[6]

这是一个不小的任务，但这么多年来米尔扎哈尼已经学会了胸怀大志。“你必须要忽略那些唾手可得的结果，这有点儿棘手。”她告诉《量子》杂志，“其实我不确定这是不是做研究最好的方式——因为你一直在折磨自己。”但米尔扎哈尼很享受这一过程，她说：“生活本来就不该太容易。”

2017年7月14日，米尔扎哈尼因癌症去世，年仅40岁。

没有博士学位的“叛逆者”

托马斯·林

弗里曼·戴森——世界闻名的数学物理学家。他和邦戈鼓演奏者、诺贝尔奖得主、物理学家理查德·费曼等人一起共同建立了量子电动力学；发明了众多数学技术；领导团队设计了一个生产医用同位素的低功率核反应堆；梦想乘坐由核弹驱动的宇宙飞船探索太阳系；写过一些技术性和科普性的科学书籍；为《纽约书评》（*New York Review of Books*）撰写了数十篇评论；并在2013年12月度过了自己90岁生日。目前，他正在思考一个新的数学问题。

弗里曼多年的同事和朋友，物理学家、计算生物学家威廉·普雷斯（William Press）说：“弗里曼只对一类问题感兴趣，它必须是尚未解决的、适定的[①]，而且要包含某种能体现他独特天赋的东西。”他说，弗里

① “适定的”（well-posed）是数学家雅克·阿达马（Jacques Hadamard）提出的对一类数学问题的定义。一个适定的问题必须满足以下3个条件：1. 解是存在的；2. 解是唯一的；3. 解的行为随着初始条件的变化而连续变化。——编者注

曼这位天才代表了一种大多数物理学家都缺乏的“创造力和朝气”：“他能在数学概念的世界里看得更远，并能立马找到通向遥远解决方案的道路。”

普雷斯说他给戴森提了许多“不合格”的问题，戴森在收到这些问题的几个月甚至几年后一直没有回应。但当他问到一个关于“重复的囚徒困境”（它是经典博弈论场景“合作还是背叛”的一种变体）的问题时，戴森第二天就回复了。普雷斯说：“他可能只用了一分钟就知道了答案，然后花半个小时把它写了下来。”

2012年，他们合作在《美国国家科学院院刊》（*Proceedings of the National Academy of Sciences*）上发表了一篇文章，被广泛引用。[1]

第二年，普雷斯前往新泽西州的普林斯顿，参加高等研究院为戴森举办的为期两天的90岁生日庆祝活动。高等研究院是戴森过去60年工作的地方。为了庆祝戴森90岁生日，主办方准备了一个大到仿佛无边无际的蛋糕和一片长长的白色蜡烛森林，并组织了一系列讲座，以表彰他在数学、物理学、天文学和公共事务等领域兼收并蓄的成就。包括戴森的16个孙子孙女在内，共有350人参加了这次庆祝活动。哈佛大学教授姚鸿泽开启了数学部分的讲座，介绍了戴森关于随机矩阵普适性的工作。接着，宾夕法尼亚州立大学的乔治·安德鲁斯（George Andrews）和科隆大学的卡特林·布林格曼（Kathrin Bringmann）介绍了戴森早期在数论方面的贡献所带来的影响，这是戴森在高中时就开始思考的问题。普林斯顿大学物理学家威廉·哈珀（William Happer）和一位同样对人为导致气候变化的危险持怀疑态度的同事，围绕“为什么全球变暖暂停了”这一耸人听闻的主题做了报告，结束了第一天的讲座。

戴森承认自己在气候科学方面的观点存在争议。但就在那次生日庆祝活动之后几天，他在接受《量子》杂志的一小时专访时表示："总的来说，我更像是一个循规蹈矩的人。"尽管如此，戴森还是满怀深情地将科学描述为一种蔑视权威的行为。他在2006年出版的散文和评论集《反叛的科学家》(*The Scientist as Rebel*)中写道，"我很幸运能在学校里接触到科学，并把它作为小男生们的颠覆性活动。"[2]他以其特有的对社会问题的关注，继续向家长们建议道："今天，我们应该努力让自己的孩子接触科学，作为对贫困、丑陋、军国主义和经济不公的反抗。"

庆祝活动的第二天，众多演讲者回顾了与戴森过去的合作，并反复地称赞了他的才华，随后，普雷斯登场了，他采取了完全不同的策略。当谈到他和戴森在"囚徒困境"问题上的合作时，这位得克萨斯大学奥斯汀分校的教授认为，"与弗里曼一起追忆一篇刚刚发表的论文似乎有点儿过分了"。于是，他转而描述了自己最近关于更安全的适应性临床试验的研究结果，并补充说尽管他有可靠的计算数据，但事实证明牵涉到的数学分析令人生畏。[3]"要是我当初和弗里曼合作研究这个问题就好了——也许现在还有机会。"他狡黠地说。

事实证明，普雷斯的评论是有先见之明的。庆祝活动之后，戴森就开始考虑这个问题——但普雷斯并不知情。直到2014年3月《量子》联系他时，他才发现了这位新的"合作者"。"我很高兴得知这件事被他提上了日程！"普雷斯说，"我很期待他能想出什么办法。"

2013年12月，《量子》杂志在普林斯顿高等研究院采访了戴森。为清晰起见，我们对采访进行了编辑和精简。

严格来说，您 20 年前就从高等研究院退休了。您现在在做什么？

我以前是个科学家，做了很多计算。这是一个竞争激烈的世界，当我老了，我决定不再和聪明的年轻人竞争，所以我转向写书。现在我已经是《纽约书评》的书评人了。大约每个月，我会写一篇评论，然后我就会收到很多回复和信件，只是很多人都误解了我的意思。

写书评之前您在做什么？

我接受过数学家的训练，现在仍然是一个数学家。我的技能就是做计算，然后把数学应用于各种各样的问题，这使我首先进入了物理学领域，之后是其他一些领域，比如工程学，甚至还有一点儿生物学，有时还有一点儿化学。数学可以应用于各种各样的事物，这是作为数学家的乐趣之一。

为什么选择了数学？

我认为决定性的时刻是阅读埃里克·坦普尔·贝尔（Eric Temple Bell）写的《数学大师：从芝诺到庞加莱》（*Men of Mathematics*）的时候。贝尔是加州理工学院的教授，他这本书实际上是一本很精彩的数学家传记集。历史学家谴责它把数学家们的生平过度浪漫化了。但这本书的精彩之处在于，它向我们展示了数学家大多是骗子，他们的素质良莠不齐，一点儿也不像圣人，他们中的很多人不择手段，也不太聪明，但仍然能做出很好的数学研究。所以它传递给一个孩子的信息就是："如果他们都能做到，为什么你不能呢？"

引导您的职业生涯的主要问题有哪些？

我不是一个喜欢做大问题的人。我寻找的是谜题，是自己能解决的有趣问题。我不在乎它们是否重要，所以我绝不会痴迷于解决一些大的奥秘。那不是我的风格。

最初吸引您的是什么样的谜题？

我最初是一名纯数学家，发现了一些源于数字本质的问题，这些问题非常微妙、困难而又优美。那是我17岁左右，高中刚毕业的时候。在对现实世界感兴趣之前，我就对数字感兴趣了。

这些数字本身有什么奇特之处，让您想弄清楚它们？

这就像是问为什么小提琴手喜欢拉小提琴一样。我用数学工具掌握了这项技巧，我想尽可能好地运用这些数学工具，只是因为它们很优美。就像音乐家拉小提琴一样，他们并不是希望改变世界，他们只是因为喜欢这个乐器。

您以量子电动力学（描述光、物质和带电粒子之间相互作用的物理学理论）和解决重正化问题（这有助于摆脱数学中不必要的无穷大）方面的工作而出名。这些工作是如何产生的？

我1947年到康奈尔的时候，哥伦比亚大学刚刚做了一个关于氢原子的漂亮实验。氢原子是最简单的原子，如果你想着手理解原子，你就应该从氢原子开始。这些实验是威利斯·兰姆（Willis Lamb）和他在哥伦比亚大学的学生罗伯特·雷瑟福德（Robert Retherford）做的，他们使用微波观察氢原子，第一次观察到了氢原子非常精细的行为，兰姆还得到了非常精确的结果。可问题在于，量子理论不足以解释兰姆的结果。理查德·费曼是个绝对的天才，他或多或少知道如何解释这一问题，但他无法将自己的想法转化成通常的数学表述。这时我加入了研究，我的数学技巧使得精确计算氢原子的运动变为可能。令人惊讶的是，我的计算结果和实验现象完全一致，所以事实证明理论是正确的。

我没有发明任何新的东西——我只是把费曼的想法翻译成了数学，让大家更容易理解它，结果我出名了。所有这些事都发生在大约6个月内。

这是否引出了您想探究的其他问题?

我收到了来自美国和英国各地的工作邀请，但问题是我还不想安定下来，变成一个要带很多学生、负担过重的教授。所以我逃去了英国，在伯明翰度过了幸福的两年，那两年里我没有任何责任，继续研究其他问题。

我对太空旅行非常感兴趣，所以我接下来做的一件令人兴奋的事就是和加州一家叫通用原子（General Atomics）的公司合作了几年，建造了一艘宇宙飞船。那时候，人们愿意承担各种风险，各种疯狂的计划都能得到支持。所以有了一群疯狂的年轻人——领头的是弗雷迪·德·霍夫曼（Frederic de Hoffmann），他曾在洛斯阿拉莫斯（国家实验室）工作，对核弹非常了解，我们决定驾驶一艘由核弹驱动的宇宙飞船环游太阳系。我们打算把飞船发射到太空——大约每秒爆炸4颗炸弹，“嘭，嘭，嘭，嘭”——一路飞到火星，然后飞到木星和土星，我们打算自己坐上去旅行。

猎户座计划[①]后来怎么样了?

我梦想着建造宇宙飞船，在圣迭戈度过了美好的两年。我们当时

① 即上文提到的建造由核弹驱动的宇宙飞船的计划。——编者注

不仅做了计算，还放飞了一个直径约1米的小模型，里面装有化学炸药。它在空中“嘭，嘭，嘭，嘭”地爆炸了几次，最后飞到了几百英尺[①]的高空。令人惊讶的是我们从来没受过伤。我们甚至都不需要买炸药，我们有一些在海军工作的朋友从海军那儿偷了些炸药。不管怎样，我们确实从海军那儿借过试验台，并在试验台上做了一些小型飞行试验。这一过程持续了两年。到那时，我们很明显要在和沃纳·冯·布劳恩（Wernher von Braun）的阿波罗计划的竞争中获胜了。阿波罗计划将使用普通火箭登月。

猎户座宇宙飞船听起来像是一个孩子梦寐以求的东西。这个“伟大的梦想”没能实现，您当时有多失望？

当然了，猎户座飞船最终没能起飞让我们非常失望。但很明显，它会把环境弄得一团糟。这些炸弹在向上穿过大气层时，会产生放射性沉降物。虽然当时美国和苏联已经出于军事目的在大气中引爆核弹了，而这些核弹比我们计划使用的要大得多，但我们仍然造成了一些核污染，这就是项目失败的原因，我认为这是一个正当的理由。

您被当成一名持有不同寻常的观点且特立独行的科学家。您觉得这一名声是怎么来的？

有人说我总是喜欢反对科学共识，我觉得这一看法是完全错误的。事实是，我持有的唯一一个有争议的观点就是气候了。我可能只花了1%的时间在气候问题上，这是我唯一反对主流观点的领域。总的来说，

① 1英尺≈0.3米。——编者注

我更像是一个循规蹈矩的人，我只是对气候问题有激进的看法，因为我认为大多数人都大错特错了，而且如果大多数人都持同一观点，你必须确保他们不是在胡说八道。

大多数科学家都站在这个议题的对立面，那怎样才能说服您改变立场呢？

我所能确信的是，我们并不了解气候，因此这是一种中立的立场。我并不是说大多数人都是错的，我只是说他们不明白他们看到的是什么。要解决这个问题，需要做很多困难的工作。所以除非发生一些极其特别的事，否则我会一直保持中立。

您没有拿到博士学位就成了康奈尔大学的教授，您似乎很为这件事自豪。

哦，是的。我很自豪自己没有博士学位。我认为博士学位制度非常令人厌恶。人们在19世纪发明这项制度的初衷，是为了培养德国教授，在那种情况下这是很好的制度。这对于极少数想要一辈子都做教授的人来说是件好事。但现在，博士学位制度已经成了一种工会会员证，拥有它你才能找到工作，不管是当教授还是做其他什么事情，这是非常不合适的。它迫使人们浪费自己生命中的很多时间，年复一年地假装做着一些他们根本不适合做的研究。最后，他们得到了这张能表明自己资格的纸，但这真的说明不了什么。攻读博士学位所要花的时间太长了，这阻碍了女性成为科学家，我认为这是一个巨大的悲剧。所以我一生都反对它，但我并没有成功。

您是如何成功逃避这个要求的呢?

我比较幸运，因为我是在第二次世界大战时接受的教育，当时一切都处于混乱状态，所以我在没有博士学位的情况下也得以留在学术界，并最终成为一名教授。现在这是绝对不可能的。所以，我很自豪自己没有博士学位，我养了6个孩子，他们都没有博士学位，这就是我的贡献。

回顾您的职业生涯，在过去的几十年里，您对科学的态度发生了怎样的变化?

现在我已经活跃了快70年，但我仍然在使用同样的数学方法。我认为计算机的出现带来的主要影响是改变了数据库的规模。我们现在拥有海量的数据，但对其知之甚少。所以，我们现在所了解的事物——我忘了这句话是谁说的——只是信息海洋中的一些小岛。当务之急是要扩大被理解的小岛的面积。

您觉得将来有哪些科学进步会对社会产生重大影响?

人们经常问我科学领域接下来会发生什么重要的事，但关键是如果它很重要，它就不可能被我们猜到。所有真正重要的事情出现时都是一个大惊喜。当然了，这样的例子有很多，暗能量就是最新的例子。我所提到的任何事情，显然都不会成为惊喜了。

您目前正在研究某个数学问题吗?

我对时间的利用是一个微妙的问题。我并没有真的做一些竞争性的科研，但我喜欢手头有个问题能研究的状态。我很幸运自己有一个朋友，他叫比尔·普雷斯，是临床试验方面的专家，而他研究的问题实际上成了一个有趣的数学问题。他发表了一篇论文，解释了如何以最小的生命损失来真正有效地进行临床试验。他是计算机方面的专家，所以他的所有结果都是以数字的形式得出来的，所以我接下来的任务就是把他做的事转化成方程，就像我对费曼做的一样。我不确定它是否奏效，但这就是我目前正在考虑的问题。

对于像您这样有诸多智力追求的人来说，退休意味着什么？

我从研究院的教授位置退休时保留了所有的优待，唯一变化是没有薪水了。我还有办公室，需要做的事还有秘书帮助，午餐桌上也还有我的位子。另一个好处是不必参加教师会议了。

解决混沌问题的
巴西神童

托马斯·林　埃丽卡·克拉赖希

2014年一个寒冷的春日，倾盆大雨。阿图尔·阿维拉（Artur Avila）被困在巴黎第六大学的校园里，本该有一件穿在身上的夹克被他在芝加哥登上红眼航班前就弄丢了。“我们等一下吧。”这位巴西数学家一副睡眠不足的样子，慢吞吞地说。他那件舒适的黑色T恤勾勒出一位看起来像是世界杯中场球员的健壮体形。“我不想生病。”在日常生活中，阿维拉总是会小心地避开所有使情况复杂化的因素和风险。由于担心在路上自己会因为思考“单峰映射”和“拟周期薛定谔算子”等问题而忽视了路标或者迎面而来的车流，他既不开车也不骑车。“巴黎的车太多了。”他说，“我怕一些疯狂的公交车会撞死我。”

很快，话题就转向了另一件让阿维拉担心的事情——他担心媒体过分强调巴西缺乏智力成就的现状（这是很明显的），将阻碍那里的学生追求纯数学和科学研究的职业。那年世界杯前，热门新闻网站和《早安巴西》（Good Morning Brazil）等电视节目反复提到这样一个问题：作为世界第七大经济体，巴西是如何做到获得了5次世界杯冠军，却没有获得过一次诺贝尔奖的？［诺奖得主、英国生物学家彼得·梅达沃（Peter Medawar）与巴西的联系并不紧密——他出生在巴西，但在他母亲的祖国英国长大——并不能算一个真正的巴西人。］即便是阿根廷，这个人口只有巴西五分之一的足球劲敌，也拥有5位诺贝尔奖得主。

对阿维拉来说，这些批评刺痛了他。"这有损巴西的自我形象。"他说。

其实在那时，这位土生土长的里约热内卢的儿子已经有了一件秘密武器，一个令人信服的证据，表明巴西已进入了由美国、法国和俄罗斯等国组成的数学精英国家的行列，但他不能告诉任何人——直到几个月后，2014年8月，国际数学联盟宣布将当年的菲尔兹奖授予阿维拉，他成了历史上第一个获此殊荣的巴西人。菲尔兹奖被认为是数学界的诺贝尔奖。菲尔兹奖评选委员会认为，35岁的阿维拉"对动力系统理论做出了深刻的贡献，这些贡献已经改变了该领域的面貌"。

"他是世界上最优秀的分析学家之一。"2014年，法兰西公学院的著名数学家、1994年菲尔兹奖得主让–克里斯托夫·约科兹（Jean-Christophe Yoccoz）说。他表示，在他指导过的诸多才华横溢的博士后研究人员中，"阿维拉是独一无二的"。约科兹解释道，大多数数学家专注于某个狭窄的子领域，并且成功率很低，但阿维拉"尝试了很多重要问题，并解决了不少"。

马塞洛·维亚纳（Marcelo Viana）说，阿维拉的工作"不能归结为'一个大定理'，因为他在几个不同的主题上有非常多深刻的结果"。他与阿维拉合作解决了一个长期存在的关于台球混沌行为的问题。他们两人证明了一个公式，可以预测出台球下一次最有可能击中桌子的哪个边，以及经过1 000次或100万次碰撞反弹后可能击中哪个边——所有这些预测的误差范围都相同。维亚纳观察到，相比之下，如果你试图预测天气，“你能很好地预测明天的天气，但预测后天的天气可能就没那么准确了，而要预测15天后的天气，结果可能就非常糟糕了。”

在菲尔兹奖得主公布之前的几个月，巴西动力学家韦灵顿·德梅洛（Welington de Melo）就预测他之前的博士生将获得这一数学界的最高荣誉。“这对巴西来说非常重要。”他说，“我们之前从未获得如此重量级的奖项。这一点尤其重要，因为阿维拉一直在巴西读书。”

沙滩上的数学

除了横冲直撞的公共汽车以外，阿维拉还害怕两样东西，那就是幻灯片和所得税表格。他说，为了给参加2010年印度海得拉巴国际数学家大会的数千人做一场完美的大会报告，他受到的压力让他几乎精神瘫痪。在他2008年在加州理工学院做完一次报告之后，他拒绝了一笔超过2 000美元的酬金，只是为了避免文书工作。

阿维拉说：“我从事大多数工作的话很快就会被炒鱿鱼。”他补充说，自己经常一觉睡到下午，并且“不善于管理时间”。

但在数学领域，阿维拉以一头扎进陌生领域并迅速解决一系列雄心勃勃的未解问题而闻名。他的同事形容其工作风格是具有高度的合作性，且速度快得出奇；形容其本人则是拥有一种清晰的直觉，能够简化深刻复杂的问题。

“他在几何方面拥有很强的洞察力。”法国塞日–蓬图瓦兹大学亚美尼亚裔法籍动力学家拉斐尔·克里科里安（Raphael Krikorian）说，“他会告诉你应该从哪个方面入手，应该做什么。当然了，之后你必须自己工作。”

阿维拉现在拥有巴西和法国双重国籍。一年中，他有半年时间待在巴黎，担任法国最大的国家科学组织CNRS的研究主任；另外半年时间待在里约热内卢，担任巴西国家纯粹与应用数学研究所（IMPA）的研究员。巴西与法国的联系并非巧合：在20世纪七八十年代，法国顶尖的年轻数学家艾蒂安·吉斯（Étienne Ghys）和约科兹等人就曾在IMPA做研究，他们通过从事公民服务的方式来代替自己的义务兵役。

在里约热内卢温暖的夏季和冬季，阿维拉会躺在床上思考问题，或在离公寓仅有一个街区距离的莱伯伦海滩上一边漫步一边思考问题。在那里，他有更多的时间和自由来深入思考他的工作，让思想自由流动。他喜欢说：“我不相信只要把头撞在墙上，解决方案就会出现。”有时，他会邀请合作者们陆续来到里约热内卢，而对于这些合作者来说，这只能被描述为一种非传统的工作体验。

芝加哥大学数学家阿米·威尔金森（Amie Wilkinson）说：“上次我来里约热内卢的时候，特意在海滩附近找了一家酒店，这样我就可以和他一起工作了。”威尔金森先在海滩上寻找阿维拉，那里挤满了性欲过剩的里约人，后来又回到酒店试着打电话给他，最后发现他“真的站在水里”。她说：“我们在水中见面，在没过膝盖的水里一起工作。这真是太疯狂了。”

“如果你和阿维拉一起工作，”她说，“你必须穿泳衣。”

阿维拉的父母从来没有想过他们的儿子长大后会成为一个纯数学者——他们从来没有听说过任何一个纯数学家，他们希望阿维拉成为一名工作稳定的政府官员。他的父亲在亚马孙的农村长大，直到十几岁时才开始接受正规的教育。但当阿维拉出生时，他已经成为一家政府再保险企业的会计师，能够让家人在里约热内卢过上中产阶级的生活，为他安静的儿子买数学书。小时候的阿维拉无意模仿巴西史诗级球星贝利的“倒挂金钩”，而是对读书更感兴趣。阿维拉6岁时，他母亲（他母亲至今仍在帮他处理报税的事务）送他去圣本笃学校读书。这是一所保守的天主教学校，以其学术水平和毗邻拥有镀金内饰的16世纪圣本笃修道院而闻名。两年后，他的父母分开了。随着时间推移，阿维拉越来越专注于数学，几乎忽略了其他一切——他经常在其他科目上表现不佳，八年级后因拒绝参加强制性的宗教考试而被开除。他说自己离开学校时“完全没有为正常的社会交往做好准备”。

1992年，在被学校开除之前，阿维拉第一次接触到了更广泛的数学圈子。当时，学科主任路易斯·法比亚诺·皮涅罗（Luiz Fabiano Pinheiro，在圣本笃学校被亲切地称为“法比亚诺”）鼓励这位13岁的神童参加著名的数学奥林匹克竞赛少年组的比赛。阿维拉对自己从未见过的问题感到兴奋，但遗憾的是，他对此毫无准备。“这是我第一次觉得自己什么也做不了。”他说。第二年，在法比亚诺的帮助下，阿维拉转到了另外一所学校，之后他获得了国家级的最高荣誉。两年后，阿维拉在于加拿大多伦多举行的国际数学奥林匹克竞赛中获得金牌。

“我第一次见到阿维拉时，就知道他会出类拔萃。”法比亚诺用葡萄牙语说，他的前妻埃利安娜·维安纳（Eliana Vianna）给他翻译。“阿维拉是我的所有学生中最好的。”这位教了50年书的退休教师说。

通过数学竞赛，阿维拉知道了IMPA，这是巴西每年举办全国奥林匹克竞赛颁奖典礼的地方。在那里，他遇到了卡洛斯·古斯塔沃·莫雷拉（Carlos Gustavo Moreira）、尼古劳·科尔桑·萨尔达尼亚（Nicolau

Corção Saldanha）等著名数学家。虽然严格来说阿维拉还在上高中，但他已经开始学习研究生阶段的数学了。

动力系统

在巴西，阿维拉可以充分享受数学的乐趣，而不用承担在美国可能面临的职业压力。"对我来说，在IMPA学习比在普林斯顿或哈佛更好。"他说，"在巴西长大并接受教育对我产生了非常正面的影响。"

IMPA关注的一个主要方向是动力系统。动力系统是数学的一个分支，研究根据一组规则随时间演变的系统，例如围绕恒星转动的一系列行星、在桌子上来回反弹的台球，或者数量随时间推移增大或减小的生物种群。

一些研究人员表示，许多年轻数学家被动力系统吸引，原因之一是它属于一门相对较新的学科。与数论这类古老的学科不同，它在开始解决问题之前不需要大量的先修理论知识。动力系统在数学和自然界中无处不在。"它就像把许多其他学科黏合在一起的胶水。"克里科里安说。剑桥大学数学家、1998年菲尔兹奖得主蒂莫西·高尔斯曾描述过"两种数学文化"：一种是创造新数学的理论建构者，一种是分析现有问题的问题解决者。约科兹说，包括阿维拉和他本人在内的大多数动力系统学家都属于问题解决者。他认为"两种方式都是必要的"。

在阿维拉开始研究该问题之前的几十年里，数学家们就有了一个深刻的发现：要产生复杂的行为，不必非得从复杂的规则开始。即使是一些简单的规则，当被一次次不断重复时，偶尔也会产生混沌。混沌是一种看似随机且不可预测的行为，其中初始条件的微小改变都可能产生截然不同的结果。人们最早发现具有混沌行为的简单系统之一，是描述种群增长的所谓逻辑斯谛模型（logistic model），该模型给出了一个精确的公式，来描述种群数量每年如何变化。阿维拉进入这一领域后，刚好写下了这个故事的最后一章。

在自然界中，由于资源丰富，小种群往往增长迅速；但随着资源逐渐稀少，更大的种群将增长得更慢，甚至下降。1838年，比利时数学家皮埃尔·韦吕勒（Pierre Verhulst）把这种直觉总结成描述种群增长的逻辑斯谛方程。逻辑斯谛方程的图像是一个开口向下的抛物线，如果种群数量较小，它会迅速上升；但如果种群数量超过环境的承载能力，它便会急剧下降。种群随时间变化可以看成沿这条抛物线移动——小种群可能在下一年变大，而大种群可能在下一年变小。

当然了，并非所有种群的反应都相同。逻辑斯谛方程用一个取值在1到4之间的参数r来表征这种多样性，此外，它还控制着抛物线的陡度：r值越高，表示种群对较小变化的反应越突然、越极端。r值小的种群，其数量可能趋于某个平衡点，也可能年复一年地在几个值之间来回反弹。但对于某些大于3.569 95（被称为“混沌起始点”）的r值，系统会变得完全不可预测。

“它就是一条抛物线——小孩子在学校里就学过怎么画它。”威尔金森说，“然而，这样简单的图像却包含如此丰富的内容。”

研究人员几十年前就知道在混沌开始后，存在所谓的“稳定岛”——它由一些大于3.569 95的r值组成，在这些r值下种群数量趋向于呈现出例如3年或7年的周期。20世纪90年代末，位于长岛的石溪大学的米哈伊尔·柳比奇（Mikhail Lyubich）阐明了这些稳定岛之外的情况：对于混沌开始后的几乎所有参数，方程的行为都是“随机的”，以不可预测的方式来回反弹，而这正是混沌的标志。[1]

柳比奇在1998年访问IMPA之前刚刚完成了对逻辑斯谛方程的分析。在那里，他遇到了阿维拉，并立即让这个害羞的19岁男孩放松了下来。“作为一名学生，我非常害怕犯错。”阿维拉说，“但柳比奇非常温柔，一点儿也不吓人。”

柳比奇、德梅洛和阿维拉决定尝试将柳比奇对混沌开始后行为的分析推广到更一般的情形。20世纪70年代中期，数学家发现，逻辑斯谛方程表现出的周期与混沌的特定混合方式，似乎是一类方程的普遍特征，这类方程的基本形状与开口向下的抛物线（叫作单峰映射[2]）相同。研究人员还在流体动力学、化学和其他科学领域的各种系统中发现了同样的周期与混沌的混合。不过，他们很难将这一观察结果用数学形式表示出来。

这三位数学家研究了一类单峰映射在混沌开始后的行为。他们把问题归结成了一个特定的问题，然后阿维拉解决了它。2012年，柳比奇在对阿维拉工作的综述中写道，他的构造“非常精致，初看起来好到不像是真的——但它成功了，而且完成了论证”[3]。

这一证明表明，一大类单峰族的行为都与逻辑斯谛族类似：在混沌开始后，存在着稳定岛，它们几乎完全被引发随机行为的参数包围。

锤子和钉子

在春季和秋季，当阿维拉在巴黎的CNRS工作时，他就像是一个数学上的自由电子，从一个研究所跑到另一个研究所，寻找“有吸引力的”问题。“美有时存在于数学陈述中，有时存在于数学工具的使用中。”

他说，“我想研究的，则是它们以某种意想不到的方式混合在一起时的情况。”

CNRS的一位同事巴萨姆·法亚（Bassam Fayad）说，许多数学家被阿维拉吸引，是因为他“揭开了”复杂想法的神秘面纱（即祛魅），使它们看起来平凡了。“如果你和他一起工作，这种经历会改变你对数学的态度。在某种程度上，你学会了如何没有痛苦地研究数学。”

有一次，雅伊罗·博基（Jairo Bochi）和阿维拉在巴黎街头闲逛。这位来自巴西南部的数学家在IMPA读书期间，曾与阿维拉合租一间公寓。博基提到自己正尝试用球体给出某个证明，这个证明他已经研究了两个月。“人们通常需要花很长时间才能理解你的问题。”博基说，“但他立刻就明白了我在说什么，并建议说：‘球体不起作用，换一个紧的圆柱体试试。’”阿维拉的建议解决了这一问题，2006年，他们共同发表了这一结果。[4]

进入一个新领域时，阿维拉更喜欢通过与他人交谈来学习，而不是阅读过去的论文。阿维拉说：“有好几次，我在不了解某个领域很多背景知识的情况下，就大胆地去研究那个领域的新问题。也许正是因为我不知道别人一直在尝试什么，所以避开了一些死胡同。一旦我得到一个好结果，我就会更有动力去了解这个领域，去理解我证明了什么。”

证明单峰映射行为的核心，是一种被称为重正化的强大技术。通过放大系统中与整个系统行为类似的一小部分，重正化有时可将一个动力系统转换成一个新的相关系统。阿维拉成了这项技术的大师。柳比奇说：“他为理解这一现象做出了深刻的贡献。”

重正化就像阿维拉的锤子。有了这把锤子，他开始意识到，在他目之所及之处，都是钉子。阿维拉在单峰动力系统方面进行了一系列进一步的合作，柳比奇在综述中写道，这些合作“有效地终结了这一领域”。但这仅仅是开始。阿维拉开始一头扎进动力系统的其他领域，利用重正化解决了一个又一个重要问题。

“阿维拉的长处之一，是他有能力在各种各样不同的领域工作，从某种意义上讲，他有能力把这些领域统一起来。”柳比奇说，“他会选择一个看起来很有趣的领域，找到正确的基本问题来研究，然后解决它，基本上势不可当。”

阿维拉还研究了物理系统中由“准周期薛定谔算子”控制的量子态的演化。“准周期薛定谔算子”是准晶的粗略模型，准晶的结构较液体有序，但不及晶体。对于这些准周期薛定谔算子，阿维拉与加州大学欧文分校的斯韦特兰娜·日托米尔斯卡娅（Svetlana Jitomirskaya）、位于休斯敦的莱斯大学的戴维·达马尼克（David Damanik）合作，用威尔金森的话说，“他就这么走过来，干净利落地解决了它”。威尔金森还说：“他回答了大量关于准周期薛定谔算子的问题。”其中一个问题涉及电子在某一特定准晶模型中可以取到的能量状态，它被非正式地称为“10杯马提尼”问题。由于这一问题非常困难，已故波兰数学家马克·卡茨（Mark Kac）曾承诺请解决这个问题的人喝10杯马提尼。[5]阿维拉最近已经将这种理解推广到了整个准周期薛定谔算子族。

阿维拉曾与威尔金森以及位于法国奥赛的巴黎第十一大学的西尔万·克罗维西耶（Sylvain Crovisier）合作，研究19世纪奥地利物理学家路德维希·玻尔兹曼（Ludwig Boltzmann）提出的一个著名假设。玻尔兹曼提出，一个盒子里的气体是“遍历的”，即气体原子将迅速经历所有可能的分布，而不会——例如——在盒子的特定区域中长时间逗留。在最近的工作中，阿维拉、克罗维西耶和威尔金森已经证明，在行为至少是适度光滑的数学模型中，除了某些行为高度可预测的系统（类似于台球在桌子上来回反弹），玻尔兹曼的遍历假设都是正确的。[6]

尽管阿维拉的绝大多数论文都是合作完成的，但他之前的博士生导师德梅洛已经很多年没与他合作了。“我觉得他对我来说太快了。”德梅洛说，“你必须非常努力才能跟上他的节奏。他几乎乐意做任何事情，但我想确保自己也有贡献。”

巴西的超级巨星

在2014年5月的跨大西洋飞行之后，阿维拉在倒时差，满脸胡茬。他看上去更像是一名博士后，而不是一位有着大量热门工作的动力学大师。他从19岁开始就在自己领域做出了重要贡献（并在21岁时获得了博士学位），长久以来，他都没有辜负人们的期待。当问题从杂乱无章的城市交通或税务申报转向数学时，阿维拉害羞的焦虑就被放松的信心和坚定的决心所取代。

在这位巴西神童2001年第一次来巴黎时，法亚就认识了他。法亚提到了自己这位朋友不断增长的动力和专业精神，无论是解决重大的数学问题还是在网上研究举重技术。他说：“阿维拉在这些事上并不业余。如果他想吃巧克力，他会成为一名专业的吃巧克力的人。”

对于他早期的所有成就，阿维拉坚持认为他没有为自己设定目标，更喜欢让他的工作自然地展开。他说：“大多数时候，当我完成某些事时，并不是因为我有一个目标，而是因为我在做自己想做的事。我只想继续享受做数学的乐趣。”

阿维拉希望自己的祖国能跟他一样充满热情。他在2014年表示：

“这四年当然会是巴西发展数学的好时期。”除了阿维拉获得菲尔兹奖之外，巴西还主办了2017年国际数学奥林匹克竞赛和2018年国际数学家大会，这场大会上揭晓了阿维拉后一届的菲尔兹奖得主。

他希望这只是一场变革运动的开始，它将提升人们对巴西学术前景的设想。2013年，在巴黎一家恰巧在演奏巴西音乐的小酒吧里，阿维拉无意中听到一位法国数学家对他的朋友说，巴西“没有一所真正的数学学校”。当阿维拉对此提出反对时，另一位数学家明确表示他知道IMPA。

阿维拉说：“我有点儿恼火，并强调IMPA产出了高水平的数学研究。”这位法国数学家对此回应道：对啊，那里有巴西超级学术明星阿维拉之类的。“他可能以为阿维拉是个看起来更老一点儿的人吧。”阿维拉说。

融汇音乐与魔法天赋的数论学家

埃丽卡·克拉赖希

对于曼朱尔·巴尔加瓦（Manjul Bhargava）来说，自然数并不会乖乖地自己排成一排。相反，它们处在整个空间之中——在一个魔方的顶点上，在写有梵文字母的书页上，抑或是在从超市带回家的一堆橙子中。它们踏着梵语诗歌或塔布拉鼓的节奏，在时空中穿行。

巴尔加瓦的数学品味形成于他的幼年时期，深受音乐和诗歌的影响。他说，他在这三个领域中都追寻着同样的目标，即"表达关于我们自身及我们周围世界的真相"。

这位说话温和、有些孩子气的数学家很容易被人误认为本科生。他给人的印象十分安静友好，以至于人们很难意识到这位年轻人已被广泛视为这个年纪中最顶尖的数学家之一。哈佛大学数学家贝内迪克特·格罗斯（Benedict Gross）在巴尔加瓦本科时就听过他的名字，他说："巴尔加瓦非常谦逊，从没觉得自己很了不起。"

然而，对于艺术的真与美的追求，已经指引着身为普林斯顿大学数学教授的巴尔加瓦获得了数论中一些最深刻的新发现。数论是研究整数之间关系的数学分支。近年来，他在理解椭圆曲线方程可能解的范围方面取得了重大进展，这一问题已经困扰了数论学家们一个多世纪。

亚特兰大埃默里大学的数论学家肯·小野表示："他的工作在世界范围内是超一流的，是划时代的工作。"

2014年，巴尔加瓦被授予菲尔兹奖，这一奖项被广泛视为数学界的最高荣誉。

用格罗斯的话来说，巴尔加瓦"生活在一个由音乐和艺术组成的美妙空灵的世界中"。"他的思想游离于日常生活之外，我们所有人都敬畏于他作品的美。"格罗斯说。

蒙特利尔大学的数论学家安德鲁·格兰维尔表示，与他人相比，巴尔加瓦"有着自己的视角，他看问题的思路异常简单"。"他提出的想法不知从何而来，它们要么是全新的，要么是用一种完全不同的方式重新表述过了。但这一切都感觉非常自然，一点儿也不刻意——就好像他找到了正确的思考方式。"

音乐家

在童年早期，巴尔加瓦就表现出了非凡的数学直觉。"多教我些数学吧！"他总会这样缠着他的母亲米拉·巴尔加瓦——纽约亨普斯特德霍夫斯特拉大学的数学教授。当他才3岁，还是一个典型的爱吵闹的学步小孩时，母亲就发现防止小巴尔加瓦从墙上跳下来的最好办法，就是让他做大数字的加法和乘法。

"这是我能让他保持安静的唯一方法。"她回忆道，"他也不用纸笔，只是来回掰动自己的手指，然后就能告诉我正确的答案。我一直好奇他是怎么做到的，但他不肯告诉我。也许这对他来说太直观了，以至于反倒很难解释清楚。”

巴尔加瓦在目之所及之处都能看到数学。8岁时，他对家里准备用来榨汁的堆积成金字塔状的橙子产生了好奇。可以给出计算这样一个金字塔中橙子数量的通用公式吗？在对这个问题苦思冥想了好几个月后，他得出结论：如果金字塔侧面三角形的边长为n，那么金字塔中橙子的数量就是$n(n + 1)(n + 2)/6$。“那对我来说是个激动人心的时刻。”巴尔加瓦说，“我爱上了数学的预测能力。”

巴尔加瓦很快就厌倦了学校。他开始问自己的母亲，能否可以选择和她一起去工作。“她对我的这类请求总是表现得很酷。”他回忆道。巴尔加瓦参观了大学图书馆，还在植物园里散了散步。当然，他还去上了他母亲讲的大学水平的数学课。在她的概率课上，如果她犯了一个错误，这个8岁的孩子会纠正他的母亲。米拉 · 巴尔加瓦说：“学生们总是乐于看到这样的场景。”

每隔几年，巴尔加瓦的母亲就会带他去印度的斋浦尔看望他的祖父母。他的祖父普鲁肖坦 · 拉尔 · 巴尔加瓦（Purushottam Lal Bhargava）是拉贾斯坦大学梵语系系主任，曼朱尔 · 巴尔加瓦从小就开始阅读古代数学和梵语诗歌文本。

巴尔加瓦高兴地发现，梵语诗歌的格律是高度数学化的。他很喜欢向他的学生解释，古代的梵语诗人能计算出具有给定节拍数的不同格律（这些格律可以通过长短音节的组合来构造）一共有多少个：它对应于被西方数学家称为斐波那契数列的数列中的数。巴尔加瓦发现，梵语字母表中也有一个内在的数学结构：它的前25个辅音构成一个5 × 5的阵列，其中一个维度指定发出声音的身体器官，而另一个维度调节音调。“它的数学意义让我很兴奋。”他说。

巴尔加瓦在3岁时就要求母亲教他打塔布拉鼓，这是一种由两个手鼓组成的打击乐器。（他还会演奏西塔尔琴、吉他和小提琴。）“我喜欢节奏的复杂性。”他说，这与梵语诗歌的格律密切相关。巴尔加瓦最终成了一名出色的演奏家，他甚至跟随加州的传奇人物扎基尔·侯赛因（Zakir Hussain）学习过塔布拉鼓。他曾在美国各地的音乐厅演出，甚至包括纽约中央公园。

普林斯顿的音乐教授丹尼尔·特鲁曼（Daniel Trueman）说：“他是一个了不起的音乐家，已经达到了相当高的技术水平。”丹尼尔·特鲁曼曾与巴尔加瓦合作，与蒙特利尔的音乐家一起在网上演出。他说，巴尔加瓦的热情和开放同样让人印象深刻。尽管特鲁曼的主要研究方向并非印度音乐，但他说：“我一直很欣赏他对印度北部古典音乐的高水平知识。”

当巴尔加瓦卡在某个数学问题上时，他常常会去打塔布拉鼓，反之亦然。他说：“当我再回去的时候，头脑就清醒了。”

在巴尔加瓦心中，自己打塔布拉鼓和做数学研究的经验是类似的。印度古典音乐同数论研究一样，很大程度上是即兴创作。“虽然有一部分工作是解决问题，但你也想尝试发掘一些有艺术性的东西。”他说，“这就像数学一样——你必须把一系列启发你的想法放在一起。”

数学、音乐和诗歌结合在一起，给人一种非常完整的体验。“当我想到它们三者时，各种创造性的想法就会汇到一起。”巴尔加瓦说。

数学家

在听他母亲上的课和前往印度的那几年里，巴尔加瓦有很多学校课程都没去上。但哪怕他不去上课，他也经常在下午和他的同学见面，一起打网球和篮球。“尽管他智力过人，他也只是一个普通的孩子，和所有孩子都有联系。”米亚·巴尔加瓦回忆说，“同学们和他相处也很自在。”

巴尔加瓦的同事、学生和其他音乐家经常用“温柔”、“迷人”、“谦虚”、“谦卑”以及“平易近人”等词形容他。希达亚特·侯赛因汗（Hidayat Husain Khan）说，巴尔加瓦很少显露出其数学巨星的身份。希达亚特是普林斯顿和印度的专业西塔琴演奏家，曾与巴尔加瓦一起演出。他说：“巴尔加瓦有能力建立极其广泛的社交圈，并不在意他们的背景。”

唯一一次使巴尔加瓦感到威胁的是，因他长时间缺席学校课程，他的高中保健老师试图阻止他毕业——尽管他是致告别辞的毕业生代表，并已被哈佛大学录取。（后来他还是毕业了。）

正是在哈佛，巴尔加瓦决定全身心地投入数学事业。由于他有诸多不拘一格的兴趣，他曾考虑过许多可能的职业——音乐家、经济学家、语言学家，甚至是登山者。然而他最终意识到，这些专业让他最兴奋的点都在于其数学方面。

“不知怎的，我总会回到数学上来。”他说。巴尔加瓦觉得他心中最激烈的拉锯战出现在数学和音乐之间，而他最终决定选数学，因为当一个兼职做音乐的数学家要比当一个兼职做数学的音乐家容易。“在学术界，你可以追求自己的兴趣爱好。”他说。

现在，巴尔加瓦在普林斯顿大学法恩楼的12层有一间办公室，里面摆满了数学玩具——魔方、玛酷兔[①]（Zometools）、松果和拼图。然而，当巴尔加瓦思考数学时，他更喜欢逃离办公室，去树林里漫步。“大多

① 一种积木玩具，玩家可以用圆球和小棍组成复杂多样的立体模型。——编者注

数时候，当我做数学时，它就在我脑海里进行。”他说，“在大自然中思考问题很有启发性。”

这种方法也有缺点：不止一次，巴尔加瓦在打算将多年的想法写下来时已经快忘记了具体细节。然而，有时思考和写作之间的延迟是不可避免的。“有时候，当我产生新的想法时，还没有合适的语言来表达它。”他说，“有时候，这些想法只是我脑海中的一幅画面，描述了事情如何发展。”

尽管巴尔加瓦的办公室主要用来开会，但装饰其门面的数学玩具却不仅仅是一个彩色背景。还在普林斯顿大学读研究生时，这些数学玩具帮助巴尔加瓦解决了数论中一个有200年历史的问题。

如果两个数各自都是两个完全平方数之和，那么它们的乘积也是两个完全平方数之和。（你可以亲手试一试！）小时候，巴尔加瓦在他祖父的一件梵语手稿中读到了关于这一事实的推广：公元628年，伟大的印度数学家婆罗摩笈多发现：如果两个数各自都是一个完全平方数和另一个完全平方数的某个给定整数倍之和，那么它们的乘积还是一个完全平方数和另一个完全平方数的那个给定整数倍之和。“在祖父的手稿中看到这种数学时，我非常兴奋。”巴尔加瓦说。

还存在许多其他这样的关系。在这些关系中，将两个可表示成某种特殊形式的数相乘，可以得到一个具有特殊形式（有时是相同的形式，有时是不同的形式）的数。读研究生时，巴尔加瓦发现，在1801年，德国数学巨匠高斯给出了这类关系的完整描述：如果这些数可表示成所谓的二元二次型：即只含两个变量，且只含它们的二次项的表达式，例如x^2+y^2（两个平方之和）、x^2+7y^2或$3x^2+4xy+9y^2$，高斯复合律则告诉了我们，将两个这样的表达式相乘，最终会得到什么样的二次型。唯一的问题在于，高斯复合律是一头数学巨兽：高斯本人花了大概20页来描述它。

巴尔加瓦想知道是否有一种简单的方式来描述发生了什么，以及对于包含更高次项的表达式是否有类似的法则。他说，他总是被这样的问题所吸引——“这些问题表述起来很容易，当你听到它们时，你会认为它们在某种程度上是非常基本的，以至于我们必须知道答案。”

一天深夜，巴尔加瓦想出了答案，当时他正在自己房间思考这个问题。房间里散落着魔方（巴尔加瓦曾经能在大约一分钟内复原普通魔方）和一些相关的智力玩具，包括每个面只有4个小方块的迷你魔方。巴尔加瓦意识到，如果在迷你魔方的每个顶点上放一个数，然后把这个迷你魔方对半切开，那么8个顶点上的数可以通过一种自然的方式组合起来，产生一个二元二次型。

有3种方法可以将一个迷你魔方对半切开——前后切、左右切或上下切，因此，迷你魔方会产生3种二次型。巴尔加瓦发现，这3种二次型之和为零（这里的加法是二次型复合律的高斯法则，不是通常意义上的加法）。巴尔加瓦的迷你魔方切片法为高斯提出的长达20页的定律提供了一种新的、优雅的重新表述。

除此之外，巴尔加瓦还意识到，如果他在多米诺魔方（Rubik's Domino，一个2×3×3的类似魔方的智力玩具）上排列数字，他可以构造三次型（三次型的“三”代表指数为3）的复合律。接下来的几年里，巴尔加瓦又发现了12条复合律，这构成了他博士论文的核心部分。[1]这些定律并非只是无聊的好奇心的产物：它们与现代数论中一个叫理想类群的基本对象相关。理想类群衡量的是，在一个比整数系更复杂的数系中，一个数可以以多少种方式分解成素数的乘积。

“他的博士论文是现象级的作品。”格罗斯说，“这是200年以来，对高斯二次型复合理论的第一个重大贡献。”

魔术师

巴尔加瓦的博士研究使他获得了一份为期五年的克莱博士后奖学金，该奖学金由位于罗德岛普罗维登斯的克莱数学研究所提供，颁发给在数学研究中显示出领袖潜力的新博士。他用这笔奖学金在普林斯顿大学和邻近的高等研究院又待了一年，之后去了哈佛大学。拿到奖学金才不过两年，工作邀请就开始如潮水般源源不断地向巴尔加瓦涌来，围绕这位年轻数学家的争夺战很快就爆发了。“那是一段疯狂的时光。”巴尔加瓦说。28岁时，他接受了普林斯顿大学的职位，成为该校历史上第二年轻的正教授。

回到普林斯顿后，巴尔加瓦感觉自己又回到了研究生的状态，他之前的教授不得不提醒他现在应该对他们直呼其名了。“这种感觉有点儿奇怪。”他说。巴尔加瓦在他的办公室里订购了一些无摩擦的椅子，晚上他和他的研究生朋友们会在法恩楼的走廊里比赛，看谁坐在椅子上滑得更快。“有一次，一位教授碰巧晚上在那里，并且正从办公室里出来。”巴尔加瓦说，“那真是非常令人尴尬。”

巴尔加瓦很高兴能待在一个有教书机会的地方。他在哈佛大学给本科生当助教时，就以卓越的教学成就连续三年获得德里克·C. 博克奖。他尤其喜欢接触一些艺术或人文学科的学生，他们其中一些人可能认为自己有数学恐惧症。他说：“因为我自己是通过艺术接触到的数学，所以我也希望吸引那些认为自己更偏向于艺术而非科学的人来了解数学。”多年来，巴尔加瓦一直开课讲授音乐、诗歌和魔术中的数学。他说：“我认为，如果内容准备得当，每个人都能理解这些内容。”

卡罗琳·陈（Carolyn Chen）参加了巴尔加瓦为大一新生组织的关于

数学和魔术的讨论班，她说这门课“超级酷”。巴尔加瓦会在每节课一开始表演一个魔术——他很喜欢做这个，然后请学生们剖析这个魔术的数学原理。巴尔加瓦说，他的同事曾告诫他在课上不要涉及太多证明，“但课程结束时，每个人在不知不觉中都想出了证明。”

这门课激发了陈和几位同学选修了其他基于证明的数学课。她说：“在新生讨论班结束后，我选修了数论。如果没有上过他的课，我永远也不会想选数论课，但我真的很喜欢数论课。”

在普林斯顿，巴尔加瓦开始发展一套技术，用来理解“数的几何”。这个领域研究给定形状的晶格中有多少个点，有点儿像他童年时遇到的数橙子问题。如果给定的形状较圆且比较紧，就像一个橙子堆成的金字塔，那么其中的格点数大致相当于该形状的体积。但如果形状有长长的触角，它包含的格点数可能比相同体积的球形多得多，也可能少得多。巴尔加瓦发明了一种方法，来理解这些触角中格点的数量。

格罗斯说：“他将这种方法应用于数论中一个又一个的问题，然后把它们都解决了。他解决这些问题的方式十分赏心悦目。”

尽管巴尔加瓦早期关于复合律的研究是独自完成的，但他后来的许多研究都是与他人合作完成的，他将其描述为“一次愉快的经历”。和巴尔加瓦一起工作的强度很大：王晓珩说，2014年，当他还是普林斯顿大学博士后研究员时，有时他和巴尔加瓦开始讨论某个数学问题，等他再次反应过来的时候，已经过去7个小时了。出于谦逊的个性，获得菲尔兹奖时，他第一时间就把荣誉归功于自己的合作者。“他们做的并不比我少。”他说。

近年来，巴尔加瓦开始与几位数学家合作研究椭圆曲线。椭圆曲线是一类最高次数为3的方程，也是数论的中心对象之一：例如，椭圆曲线在费马大定理的证明中扮演了至关重要的角色，在密码学中也有应用。

关于椭圆曲线的一个基本问题是，理解这样一个方程什么时候有整数解或整数之比（有理数）解。数学家很早就知道，大多数椭圆曲线要么只有一个有理解，要么有无穷多个有理解，但尽管经过了几十年的努力，他们还是算不出这两类椭圆曲线各自有多少条。最近，巴尔加瓦已经开始着手厘清这个谜团。他与自己之前的博士生阿鲁尔·尚卡尔（Arul Shankar）合作，证明了20%以上的椭圆曲线只有一个有理解[2]。他还与普林斯顿大学的同事克里斯托弗·斯金纳（Christopher Skinner）和哥伦比亚大学的张伟①合作，证明了至少有20%的椭圆曲线有无穷多个有理解，并且这些有理解全体具有被称为“秩为1”的特殊结构。[3]

巴尔加瓦、斯金纳和张伟也在著名的伯奇和斯温纳顿–戴尔猜想（Birch and Swinnerton-Dyer conjecture）方面取得了进展，这是一个与椭圆曲线有关的问题，克莱数学研究所为此提供了100万美元的奖金。他们三人已经证明，对于超过66%的椭圆曲线，这个猜想都成立。[4]

格罗斯说，巴尔加瓦在椭圆曲线方面的工作“开启了一个全新的世界”。“现在每个人都对此感到兴奋，想纵身跃入这一课题，和他一起工作。”

小野说：“他已经证明了过去20年数论里一些最激动人心的定理。而他攻克的这些问题听起来并不像是可能由他解决的问题。”

格罗斯说，巴尔加瓦已经形成了一种独特的数学风格。“有时候，你看到一篇论文就能说，‘只有曼朱尔才能做出这样的工作’。这是一个真正伟大的数学家的标志，他都不需要在自己的工作上签名。”

---

① 这篇文章写作时张伟在哥伦比亚大学工作，如今则在麻省理工学院。——编者注

算术的神谕

埃丽卡·克拉赖希

2010年，一个令人惊讶的流言传遍了数论圈，传到了贾里德·温斯坦（Jared Weinstein）的耳朵里：德国波恩大学的某个研究生用一篇只有37页的文章重写了“哈里斯–泰勒”（Harris-Taylor）[1]①。“哈里斯–泰勒”是一本长达288页的书，专门用来研究数论中一个难以理解的证明。年仅22岁的彼得·朔尔策（Peter Scholze）找到了一种方法，绕过了原始证明中最复杂的部分之一。这种方法涉及数论与几何之间的广泛联系。

“他年纪轻轻就做出了如此革命性的工作，不得不让人感到震惊。”目前在波士顿大学工作的数论学家温斯坦说，“这让我羞愧难当。”

波恩大学的数学家们已经意识到了朔尔策非凡的数学头脑。仅仅两年后，他们就给予了朔尔策正教授的职位。在他发布了自己关于哈里

① 在不致引起歧义的情况下，数学界有用作者名代替其经典作品的惯例。这里的“哈里斯–泰勒”指哈里斯和泰勒两人合写的《某些单志村簇的几何与上同调》。——译者注

斯–泰勒的论文后，数论和几何领域的专家也开始注意到了他。

从那时起，朔尔策就开始在更大的数学圈子里崭露头角。2018年8月，他获得了数学界的最高荣誉——菲尔兹奖。颁奖辞称，现年30岁的朔尔策"已经是世界上最有影响力的数学家之一"，是"几十年才会出现一个的罕见天才"。

朔尔策的关键创新——一类他称为拟完满空间（perfectoid space）[①]的分形结构——出现只有短短几年，但它已经在算术几何领域产生了深远的影响，算术几何是数论和几何的交叉领域。温斯坦说朔尔策的工作具有先见之明，"他甚至可以预见到这些发展。"

密歇根大学数学家巴尔加夫·巴特（Bhargav Bhatt）曾与朔尔策合作过几篇文章，他说许多数学家对朔尔策的情感是"敬畏、恐惧和兴奋交织在一起"。

人们有这些感觉并不是因为朔尔策的个性，同事们一致认为他脚踏实地、慷慨大方。朔尔策在波恩大学的同事欧根·黑尔曼（Eugen Hellmann）说："他从来不会让你感觉到，嗯，他超过你很多。"

相反，这是因为朔尔策有一种令人不安的能力：他能够洞察到数学现象的本质。与许多数学家不同，朔尔策通常并不是从一个他想要解决的特定问题开始，而是从一些他想要理解的难以捉摸的概念本身开始。与朔尔策合作过的数论家阿纳·卡拉亚尼（Ana Caraiani）说，之后，他创造的结构"最终在诸多意想不到的方向上得到了应用，就是因为它们是正确的思考对象"。

---

① 此处从麻省理工学院教授张伟在《数学译林》中的翻译。——译者注

学习算术

朔尔策从14岁开始自学大学数学，当时他正在柏林一所专门教授数学和科学的中学——海因里希·赫兹高级中学学习。朔尔策说在海因里希·赫兹中学，“如果你对数学感兴趣，你就不会是一个局外人”。

16岁时，朔尔策了解到10年前安德鲁·怀尔斯已经证明了起源于17世纪的著名难题——费马大定理，它断言如果n大于2，则方程$x^n + y^n = z^n$没有非零整数解。朔尔策渴望研究这个证明，但他很快发现，尽管这个问题很简单，但它的解决方法却用到了一些最前沿的数学。“这个证明我什么都没读懂，但它真的很吸引人。”他说。

因此朔尔策向前追溯，想弄清楚自己需要学些什么才能理解这个证明。“直到今天，我很大程度上还是以这种方式学习的。”他说，“我从来没有真正学过像线性代数这样的基础知识，实际上，我只是在学习其他一些东西的过程中吸收了它。”

随着朔尔策对证明的研究不断深入，他开始被其中涉及的数学对象——被称为模形式和椭圆曲线的结构——所吸引，它们以一种神秘的方式统一了数论、代数、几何和分析这些不同的数学领域。朔尔策说，学习该证明涉及的这些不同数学对象，可能比这个问题本身更令人着迷。

朔尔策的数学品味也在这时逐渐成形。如今，他依然会被那些来源于整数方程的问题吸引。对他来说，这些有迹可循的来源使深奥的数学结构变得具体了。“到头来，我感兴趣的还是算术。”朔尔策说当他的抽象构造能指引他回到一些关于普通整数的小发现时，是他最开心的时刻。

高中毕业后，朔尔策在波恩大学继续探索他感兴趣的数论和几何。他的同学黑尔曼回忆说，在数学课上，朔尔策从不记笔记。黑尔曼说朔尔策能够实时理解课堂内容。“不仅仅是理解，而且是在某种深层次上真正理解，所以他也不会忘记。”

朔尔策在算术几何领域开始了研究生涯，算术几何是使用几何工具来理解多项式方程整数解的领域。多项式方程是例如$xy^2 + 3y = 5$这样只涉及数字、变量和指数的方程。对于某些多项式方程，研究它们在p进数这一替代数系中是否有解的问题已经取得了丰硕成果。与实数一样，p进数是通过填补整数与分数之间的间隙来构造的，但间隙在哪儿以及哪些数彼此接近是用一种非标准的方式定义的：在一个p进数系中，如果两个数的差可以被p整除很多次（而非两个数的差很小），我们就认为它们很接近。

这是一个奇怪的标准，但很有用。例如，3进数为研究像$x^2 = 3y^2$这样的方程提供了一种自然的方法，在这个方程中3这个因子是关键。

朔尔策说，p进数“与我们的日常直觉相去甚远”。不过，这些年以来，他已经觉得它们很自然了。“现在我发现实数远比p进数更令人困惑。我已经习惯了p进数，现在实数反而让我觉得奇怪。”

数学家们早在20世纪70年代就注意到，如果你通过构造一个无限的数系塔来扩展p进数，那么很多关于p进数的问题就会变得更容易。在这个无限的数系塔中，每个数系都环绕其下一个数系p次，而p进数位于这个塔的底部。这个无限塔的“顶部”是终极的环绕空间——一个分形对象，它是朔尔策后来发明的拟完满空间的最简单的例子。

朔尔策给自己设定了一个任务：厘清为什么这种无限环绕的构造会使这么多关于p进数和多项式的问题变得简单。“我试图理解这种现象的核心，”他说，“并没有一般的形式体系能解释这一点。”

朔尔策最终意识到，他可以为一大类不同的数学结构构造拟完满空间。他证明，这些拟完满空间可以将关于多项式的问题从p进的世界转换到另一个不同的数学世界，在这个新数学世界里，算术要简单得多（例如，在进行加法运算时不用进位）。温斯坦说：“拟完满空间最奇怪的属性是，它们可以在两个数系之间神奇地移动。”

这一洞察使朔尔策部分证明了权单值猜想，它是一个关于多项式p进解的复杂陈述的一部分。这一证明成了他2012年的博士论文。[2]温斯坦说，这篇论文“影响深远，成了世界各地研究组的研究主题”。

黑尔曼说，朔尔策“准确地找到了正确且最简洁的方法来整合之前的所有工作，并为其找到了一个优雅的描述，然后得到了远超已知的结果：因为他真的找到了正确的框架”。

尽管拟完满空间非常复杂，但朔尔策仍以其报告和论文之清晰而闻名。“在彼得向我解释之前，我什么都不懂。”温斯坦说。

卡拉亚尼说，朔尔策会努力用一种让刚开始读研究生的人都能理解的程度来解释他的想法。“他在数学想法方面给人一种开放和慷慨的感觉。”她说，“并且他并不只是对一小部分资深人士才如此。实际上，很多年轻人都能接触到他。”卡拉亚尼认为朔尔策友好而平易近人的风范使他成为所在领域的理想领袖。有一次，她和朔尔策以及一群数学家一起参加一次艰难的徒步旅行，“他就是那个前前后后跑来跑去的人，时时照顾每个人，确保大家都能走下来。”卡拉亚尼说。

黑尔曼说，即使有了朔尔策的解释，其他研究人员也很难掌握拟完满空间。他说：“如果你偏离了他指定的道路或方式，哪怕只是一点点，你就会被困在丛林中间。事实上，拟完满空间非常困难。”但黑尔曼说朔尔策本人“永远不会迷失在丛林中，因为他从不尝试与丛林搏斗。他总是在寻找概观，寻找某种清晰的概念”。

为了避免被缠绕在丛林藤蔓上，朔尔策会迫使自己飞到藤蔓上方：就像他在大学时一样，他更喜欢在什么都不写的情况下工作。朔尔策说，这意味着他必须以尽可能清晰的方式阐述自己的想法。“你的大脑的能力是有限的，所以你不能做太复杂的事。”

尽管其他数学家现在也开始与拟完满空间较量，但一些关于拟完满空间的最深远的发现仍然出自朔尔策及其合作者，这并不令人奇怪。温斯坦说，2013年朔尔策在线发布的一个结果“真的震惊了数学界”。他说：“我们完全没有料想到这样一个定理会出现。”[3]

朔尔策的结果拓展了互反律的范围。互反律控制了遵从时钟算术的多项式的行为。时钟算术（例如，对于12小时的时钟，在其时钟算术中，8 + 5 = 1，但时钟不一定是12小时的）是数学中最自然且被广泛研究的有限数系。

互反律是对二次互反律的推广。二次互反律有着200多年的历史，它是数论的基石，也是朔尔策个人最喜欢的定理之一。二次互反律说的是，给定两个素数p和q，在大部分情况下，p在一个q小时的时钟上是完全平方数，当且仅当q在一个p小时的时钟上是完全平方数。例如，5在一个11小时的时钟上是完全平方数：因为$5 = 16 = 4^2$；11在一个5小时的时钟上是完全平方数：因为$11 = 1 = 1^2$。

“我发现这非常令人惊讶，”朔尔策说，“从表面上看，这两件事似乎没有任何关联。”

温斯坦说：“你可以将很多现代代数数论的内容理解为只是试图推广这一定律。”

20世纪中叶，数学家发现互反律与一门看似完全不同的学科之间有着惊人的联系：双曲几何，例如埃舍尔著名的天使与魔鬼镶嵌的圆盘就是这样一种几何模式。这个联系就是“朗兰兹纲领”的核心部分，朗兰兹纲领是一系列关于数论、几何和分析之间关系的猜想和定理。这些猜想被证明后，其威力往往非常强大：例如，费马大定理的证明可以归结为解决了朗兰兹纲领里一个小（但非常不平凡的）部分。

数学家逐渐意识到，朗兰兹纲领远远超出了双曲圆盘的范畴，它也可以在更高维的双曲空间和各种其他情形下进行研究。朔尔策已经展示了如何将朗兰兹纲领扩展到“三维双曲空间”（双曲圆盘的三维类似）中的一大类结构，甚至更广。通过构造三维双曲空间的拟完满版本，朔尔策发现了一套全新的互反律。

“彼得的工作彻底改变了我们能做的和我们能接触到的东西。”卡拉亚尼说。

温斯坦说，朔尔策的结果表明朗兰兹纲领“比我们想象的更深刻……它更系统化，且无处不在”。

快速前进

按照温斯坦的说法，与朔尔策讨论数学就像是在咨询“真理神谕”。“如果他说‘对，这条路行得通’，那你就可以对它有信心；如果他说不行，那你就应该放弃；如果他说他不知道——这种情况确实发生过——那么，嗯，你很幸运，因为你手上有了一个有趣的问题。”

不过，卡拉亚尼表示，与朔尔策合作并不像人们想象的那么紧张。她说她和朔尔策一起工作时，从未有过匆忙的感觉。“感觉就像某种程度上我们一直在以正确的方式做事——以某种方式证明我们能做到的最一般的定理，用正确的构造来阐明事情。”

不过凡事都有例外。有一次，朔尔策确实着急了——那是在2013年年末，也就是他女儿出生前不久，他试图赶快完成一篇论文。他说，给自己施加压力是一件好事。“在那之后我就没做太多事。”

朔尔策说，成为一名父亲令他不得不在利用时间方面变得更加自律。但他并不需要特意为研究留出时间——数学只是填补了他其他任务之间的所有空白。“我想，数学是我的热情之所在。”他说，“我总是想要思考数学。”

然而，他并不倾向于将这种热情浪漫化。当被问及是否觉得自己注定要成为数学家时，朔尔策表示反对。“这听起来太哲学了。”他说。

作为一个普通人，朔尔策对自己日益增长的名声感到些许不适。例如，2016年3月，他成为莱布尼茨奖有史以来最年轻的获奖者，莱布尼茨奖是德国著名的奖项，奖金250万欧元，用于资助获奖者未来的研究。他说：“有时候，这让人有点儿不知所措。我尽量不让自己的日常生活受到影响。”

朔尔策继续探索拟完满空间，但他的研究范围也拓展到了与代数拓扑相关的其他数学领域，代数拓扑是一门使用代数来研究形状的学科。巴特说，在过去一年半时间里，朔尔策成了“这个学科绝对的大师。他改变了（专家们的）思考方式”。

巴特说，朔尔策进入某个领域，对该领域的数学家来说可能会很可怕，但同时也是令人兴奋的。“这意味着这个学科将会快速发展。我很高兴他在一个离我很近的领域工作，这让我实实在在地看到了知识的前沿在向前推进。”

然而对于朔尔策来说，自己迄今为止的工作都只是热身。“我仍处在试图了解已有的东西，然后用自己的语言重述它们的阶段，”他说，“我觉得自己还没有真正开始做研究。”

通过素数证明升起的另类明星

托马斯·林

当张益唐还是个小男孩时，他就相信自己有一天会解决数学中的大问题。张益唐出生于中国上海。1964年，大约9岁的他找到了毕达哥拉斯定理的一个证明，该定理描述了任意直角三角形边长之间的关系。当他第一次了解到费马大定理和哥德巴赫猜想这两个著名的数论问题时，他只有10岁。尽管张益唐当时还没有接触到有着数百年历史的孪生素数猜想，但他已经对素数产生了兴趣。素数通常被描述为构成其他所有自然数的不可再分的“原子”。

但不久后，“文化大革命”开始了，张益唐和母亲也被下放到农村下地干活。由于他父亲被错误地打成“特务分子”，张益唐也无法上中学。他做了10年的工人，在此期间，他尽可能地阅读有关数学、历史和其他学科的书籍。

“文化大革命”结束后不久，23岁的张益唐考入北京大学，成为当时中国顶尖的数学学生之一。29岁硕士毕业后，他被莫宗坚录取，前往美国印第安纳州拉斐特的普渡大学攻读博士学位。尽管张益唐看上去很有前途，但在1991年博士论文答辩后，他还是没能在学术界找到一份数学家的工作。

在乔治·奇切里（George Csicsery）拍摄的纪录片《大海捞针》（*Counting From Infinity*）中，张益唐谈到了自己在普渡大学和之后几年里遇到的困难。他说他的博士导师从来没给他写过推荐信（莫宗坚曾经在一篇文章中写道，张益唐并没有要过推荐信）。张益唐承认，自己害羞安静的性格无法帮他建立广泛的人脉关系，也无法让更多数学界的人认识他。据他的朋友、科罗拉多州普韦布洛交响乐团音乐总监齐光（Jacob Chi）说，在最初求职期间，张益唐有时会住在他的车里。1992年，张益唐开始在另一个朋友的赛百味三明治店工作。大约有七年时间，他都在各种朋友那儿打零工。

1999年，张益唐得到了命运的眷顾。一位数学家朋友帮他在新罕布什尔大学找到了一份数学讲师的工作，那一年张益唐44岁。他的微积分课很受学生欢迎，大家都叫他“汤姆”。教课之余，他会思考一些数论问题。到2009年，他已经将注意力转向了孪生素数猜想，该猜想假定存在无穷多差值为2的素数对。孪生素数对的例子包括5和7、11和13、17和19等，但没人能证明这样的数对会在数轴上一直存在。事实上，当时根本没人能证明素数间隔是有界的，即相邻素数之间的距离不会无限大。

2013年，当时已经58岁的张益唐在《数学年刊》上发表了他对于有界素数间隔的证明。论文审稿人证实，张益唐证明了“素数分布领域中一个具有里程碑意义的定理”。

在那之后的几年里，张益唐受邀前往世界各地做报告。他被授予奥斯特洛夫斯基奖、科尔奖、罗夫·肖克奖和麦克阿瑟奖，并受到诸多主流媒体的关注。张益唐收到了很多工作邀请，他最终离开了新罕布什尔大学，前往加州大学圣巴巴拉分校担任数学教授。2015年2月，《量子》杂志在加利福尼亚州圣何塞举办的美国科学促进会会议上采访了张益唐，他在会上报告了关于有界素数间隔的进展。为清晰起见，以下采访内容经过了编辑和精简。

你是什么时候第一次意识到自己擅长数学的，是如何意识到的？

可能是9岁，也可能是更早一点儿的时候，我就对数学很感兴趣。当时我找到了毕达哥拉斯定理的一个证明。没人跟我讲过怎么证明它。

你在中国上海长大，后来没法上初中和高中。

对——因为“文化大革命”。那时大多数人都忘了科学和教育，我只能在乡下干农活。“文化大革命”结束的时候我21岁，我去北大的时候是23岁。

当你不在学校的时候，你是如何坚持学习数学的？靠读书吗？

我读书。实际上，当时我也对很多事情感兴趣，不仅仅是数学！我把自己能找到的每一本书都读了，比如历史和其他题材。

你的背景与大多数成功的数学家不太一样。即便你到美国拿了博士学位后，事情进展得也没那么顺利。有很多年你一直都做着会计的工作，为朋友们打工，而不是在学术界。

对。

数学界没有意识到，“好，这就是我们应该鼓励和培养的人”？

对。我运气不太好。

有什么办法能更好地识别出像你这样的人呢？

可能向公众宣传自己更重要吧。但这对我来说并不容易，我的性格令我做不到向公众敞开自己，让每个人都知道我，可能因为我太安静了。

但也有一些害羞的数学家，他们似乎还是得到了自己需要的支持。

现在可能更容易了。但从历史上看，黎曼、阿贝尔和许多其他著名数学家的生活并不轻松。他们并不幸运。

素数间隔和素数分布问题的什么方面让你对它如此感兴趣？

我觉得每个数学家都会对这样的问题感兴趣，因为这是试图回答一些关于数字之谜的基本问题。

你决定做某个问题的标准是什么？它必须要有一定的难度吗？

是的，它必须要有一定的难度，并且在数学中很重要。这种“很重要”并不是我觉得它很重要，而是整个数学界都觉得它很重要。

除了你在其他采访中所说的耐心和专注之外，你还有什么做数学的方法？

不要轻易说：“哦，我真的什么都懂了，所以我没有问题了。”你要试着发现问题，问自己问题。然后你就可以找到解决问题的正确方向。

不断问问题，并保持开放的心态？

对，开放的心态。

你现在在问自己什么问题？

仍然是数论领域的问题，我可能不仅要考虑一个问题，而是好几个问题，比如ζ函数和L函数的零点分布。

你还在思考孪生素数猜想吗？把间隔一直降到 2？

那不是一个简单的问题。我并没有找到方法来做到这一点。

什么能让公众对数学更感兴趣？

许多问题——尤其是数论中的问题——很容易让公众理解。即使是一些更深刻的数学问题，理解这些问题本身并不困难。这可以帮助人们对数学更感兴趣。

当你想象一个数学家的时候，你可能不会想到一个在舞台上获奖的人。你心目中的数学家是什么样的？

直觉。你对数学的感觉。那是什么？这很难跟别人讲。那是很私人的事情。

一些重要的数学奖项，特别是菲尔兹奖，都是针对年轻数学家的。当你研究有界素数间隔时，你已经 50 多岁了。

我不太关心年龄问题。我认为没什么太大区别，我仍然能做自己喜欢做的任何事。

在你年轻、刚开始对数学产生兴趣的时候，有没有想过自己能解决一个像这样的大问题？

是的。在我很小的时候，我就想象自己有一天能解决某个重大的数学问题。我很自信。

所以你对自己能解决有界素数间隔的问题并不怎么惊讶。

让我感到惊讶的是我的论文在三周内就得到了认可。我没想到。

在那之后你就非常忙了，前往很多大学做报告，还要回应各种媒体的要求。你是否想有一段报告和采访都相对更少的时间——只用来关注下一个问题？

我累了！我希望能节省一下自己的时间，而不是花太多时间在成为一个明星上。

在接下来的几十年里，你希望实现什么目标？

我希望能再解决一些像有界素数间隔这样重要的问题。

在嘈杂方程中听到音乐的人

纳塔莉·沃尔乔弗

一位数学家同事宣称，马丁·海雷尔的这份杰作如此精彩、完美而与众不同，他的手稿肯定是由某个更聪明的外星种族下载到他大脑里的。

还有人将这篇180页的论文比作《魔戒》三部曲，因为它“创造了一个完整的世界”。如此宏伟的理论主要出自一人之手，纵观现代史，很少有人能想到还有哪个时期出现过这种现象。

海雷尔的理论解决了一些奇怪的方程。英国牛津大学数学家特里·莱昂斯（Terry Lyons）说，对于那些几十年来一直努力理解这些方程的研究人员来说，“海雷尔已经把它们搞得一干二净了。”

2014年3月，这篇托尔金式的论文在线发表于《数学发现》，但这只是当时38岁的海雷尔一系列壮举中最新、最伟大的一篇。[1]海雷尔的工作速度和创造力经常让同事们大吃一惊。但如果你去英国凯尼尔沃思他家附近的酒吧，坐在他旁边，你会和他聊得很开心，而不会怀疑这位身材瘦削、和蔼可亲的奥地利人是世界上最杰出的数学家之一。

“马丁喜欢和人交谈，人们也喜欢和他说话。”他的妻子、同样是数学家的李雪梅说。他脾气好，知识渊博，沉着冷静——“而且很有趣”。

2014年8月，海雷尔获得了菲尔兹奖——它被广泛认为是数学家所能获得的最高荣誉。海雷尔当时是英国华威大学的教授（他目前在伦敦帝国理工学院工作）。从20多岁开始，海雷尔就一直被认为是随机分析领域的领军人物。随机分析是研究随机过程（诸如晶体生长和水在餐巾纸上的扩散等）的数学分支。海雷尔的同事们特别提到了他罕见的数学直觉：他有能力感知到通向宏大解决方案和漂亮证明的道路。

亨德里克·韦伯（Hendrik Weber）是海雷尔在华威大学的前同事兼合作者，他说：“如果你让他一个人待几天，他就能带来一个奇迹。”

但他的朋友和同事说，这位神奇数学工作者不仅有天赋，而且为人友善、脚踏实地。他在数学之外有丰富的业余兴趣，甚至还有一整个职业。海雷尔热爱摇滚乐和计算机编程，他开发了一个屡获殊荣的音频编辑软件Amadeus，这一程序在DJ（迪厅、酒吧等场所的音响师）、音乐制作人和游戏公司中很受欢迎，这是海雷尔一个利润丰厚的副业。

以色列魏茨曼科学研究所数学教授奥弗·齐图尼（Ofer Zeitouni）在2014年韩国首尔国际数学家大会上介绍了海雷尔的工作，他说：“我认为海雷尔身上不存在一般公众对数学家的刻板印象。”

事实证明，在一个似乎脱离现实的领域里，海雷尔的全面发展是有益的。正是他了解的一项用于音频和图像处理的信号压缩技术，激发了他超凡脱俗的新理论。

这一理论为解决一大类之前无法理解的方程和陈述提供了工具和指导手册。用一位专家的话来说，这些方程和陈述基本上相当于在说“无穷大等于无穷大”。尽管这句话看起来毫无意义，但它在物理学中经常出现。这些方程为描述生长、基本粒子杂乱无章的随机涨落以及其他在环境噪声中演化的随机过程提供了合适的数学抽象模型。

正是这些随机偏微分方程的吸引，使海雷尔放弃了物理学家的职业道路。

2014年3月，海雷尔在普林斯顿高等研究院访问期间表示：“有人能推导出这些无法理解的方程，这让我很感兴趣。”

几十年来，许多随机偏微分方程在数学上的不可预测性吊足了人们的胃口。它们的变量在空间和时间中呈锯齿状疯狂前行，在每个点上都给数学家带来了噩梦和困境；更糟糕的是，要解这些方程，这些拐角的无限锐度必须以某种方式乘起来，或用其他方法加以控制。在某些情况下，物理学家已经找到了逼近方程解的技巧，比如忽略曲线在一定尺度下的无限锯齿状。但数学家长期以来都在寻求更严谨的理解。

海雷尔解释说：“我一直在做的就是为这些方程赋予意义。”

海雷尔关于“正则结构”的理论是通过扩展数学中许多最基本的概念——例如导数、展开，甚至是解的含义来为随机偏微分方程赋予秩序的。巴黎第六大学数学教授洛伦佐·赞博蒂（Lorenzo Zambotti）说，从某种程度上讲，这是“将经典微积分推广到了这一新的背景中”。2013年初，赞博蒂在阅读了海雷尔的论文初稿后，将其与《魔戒》相提并论。从那时起，赞博蒂就一直在研究这项工作。

专家们称海雷尔的论文既清晰又紧凑，阐述得严丝合缝。其他数学家需要时间来解开它，而它可能会被使用数十年或数百年。

“每个人都知道它精妙绝伦，”纽约大学数学家、海雷尔之前的博士生戴维·凯利（David Kelly）说，“但每个人也都相当敬畏它。”

有逻辑的头脑

与海雷尔1米93的身高形成鲜明对比的是，他本人性格并不张扬。一张棱角分明的脸衬托出他一双羞怯的鹿眼，眼神沉着，但这份沉着不时就会被他爆发出的孩子般爽朗的笑声打破。海雷尔的成就清单——尤其是最新的一项——可能令人生畏，但他本人却并非如此。韦伯说："他是我这辈子见过的最不傲慢的人之一。"

虽然海雷尔认为数学是他主要的兴趣，但他"喜欢把它关掉"。他说自己许多最好的想法都是在思考其他事情时得到的。即使是在白板上潦草地写方程，或是在笔记本电脑的屏幕上放大和缩小无限锯齿状的线条来解释他的工作时，他也能轻松切换到随意友好的交谈状态。

除数学以外，海雷尔还喜欢阅读斯蒂芬·金的惊悚小说和其他一些"愚蠢的书"、烹饪东西方融合的菜肴、滑雪，他也经常和妻子李雪梅去乡间漫步。他们两人住在凯尼尔沃思一座半独立的维多利亚式房子里，有时还会一起骑车往返几英里外的华威大学校园。

根据李雪梅的说法，正是海雷尔的多样化兴趣造就了他敏锐的数学直觉，而他的编程技能也使他能用算法快速测试新的想法。在她看来，他平静的态度也有助于他的成功。"对于大型课题，人们会不堪重负，但他不会，"她说，"他的心态很好。"

正如许多熟人所说，海雷尔"正常人格"的背后，隐藏着一个逻辑性和组织性都非比寻常的头脑。凯利说："他把学到的所有东西都以一种非常有条理的方式储存了起来。"读研究生时，凯利经常去海雷尔的办公室问一些关于随机分析的问题。凯利说："他会盯着远处看10秒，并思考这个问题，然后抓起一张纸，给出一个教科书式的标准答案——三页极其详细的笔记——作为回复。”

2014年2月，海雷尔在访问哥伦比亚大学期间得知自己获得了菲尔兹奖。“这是一份重大的责任，”一个月后他说，“某种程度上，你成了数学的代表。”

海雷尔说，他没想到自己会拿菲尔兹奖，也不认为自己是一个典型的菲尔兹奖得主。首先，根据他自己的判断，尽管他显然是一个非常聪明的孩子，但他并不是什么神童。海雷尔出生于一个居住在瑞士的奥地利家庭，童年的大部分时间都在日内瓦度过。他的父亲恩斯特·海雷尔（Ernst Hairer）是日内瓦大学的数学家。马丁·海雷尔很早熟，在6岁就开始阅读章节小说，后来，他开始精通德语、法语和英语。在整个读书期间，他都是班上成绩最好的学生。“他对一切都很感兴趣。”恩斯特·海雷尔回忆道。

1987年，马丁12岁生日时，他父亲给他买了一个袖珍计算器，它可以执行简单的、26个变量的程序。海雷尔立刻被这份礼物迷住了。第二年，他说服弟弟妹妹和他一起买了一件生日礼物：苹果公司的台式电脑麦金塔Ⅱ（Macintosh Ⅱ）。他很快就成了一名熟练的程序员，可视化了像曼德布罗集合这样的分形。14岁时，海雷尔开发了一个用于求解常微分方程的程序——常微分方程是随机偏微分方程的近亲，但要比它简单得多。

凭借这一程序，海雷尔晋级了欧盟青年科学家竞赛国家级的比赛。第二年，他凭借一个用于设计和模拟电路的接口，获得了该项竞赛欧洲级别的最高奖。16岁那年，也是他有资格参赛的最后一年，海雷尔对关于声音的物理学、平克·弗洛伊德（Pink Floyd）和披头士都很感兴趣。他喜欢录制音符，并在计算机上观察由此产生的波形。他还尝试了编写一个可以从录音中提取音符的程序。这个任务实在非常困难，但他最终得到了一个可以操控录音的程序：Amadeus的第一个版本。该软件入选了欧盟青年科学家竞赛欧洲级的比赛，但评委们不允许海雷尔第二次晋级。

在数学、物理学和计算机科学三门学科的拉扯下，海雷尔同时向不同的方向发展，直到20岁出头才决定主攻数学。当时，他正在日内瓦大学读物理学博士，做一个涉及随机偏微分方程的研究项目。这些方程的数学方面比它们所描述的物理现象更能吸引海雷尔，它们似乎有隐藏的意义。物理学家有许多黑魔法可以使他们的计算奏效，这些黑魔法似乎奇迹般地将方程转化成了与现实惊人接近的模型，但从数学上来说，它们并没有被清晰地定义过。

海雷尔笑着说："物理学家很擅长从方程中提取实际信息，而不在乎它们是否真的有意义。他们通常能得到正确的结果，这非常了不起。但数学家真的想知道这些对象到底是什么。"

他还认为，如果他能成功发展出一套关于随机偏微分方程的数学理论，那么他的发现将成为数学史上不朽的篇章。

"数学的一个优点是不朽，"海雷尔说，"2 000年前证明的定理到现在依然是对的，但2 000年前的物理学世界观就肯定不对了。"

例如，我们可以考虑欧式几何和亚里士多德天球这两者的不同命运。前者是对平坦空间的体系结构的一种古老但持久的描述，后者是一些假想的以地球为中心的同心壳体，人们认为正是这些同心壳体使恒星和行星在天空中旋转。海雷尔说："在物理学中，我可能会捍卫某个理论背后的推理，但我不会用自己的生命去捍卫这个理论。"

随机中的规律性

海雷尔和李雪梅是在2001年华威大学的一次会议上认识的，当时海雷尔还在日内瓦读研究生，而李雪梅是康涅狄格大学的教授。生于中国的李雪梅说："从一开始我就喜欢和他聊天。我喜欢他思考和说话的方式。当然，这可能是我偏爱他。"经过几年的学术调整，这对夫妇开始在华威定居，这里注重合作和活跃的学术环境对两人都很适合。

随着海雷尔事业的发展，他的才华开始显露无遗。按照随机分析专家的说法，10年来他一直在该领域"举世闻名"。

海雷尔的第一个重大发现出现在2004年。当时有几个小组正在相互竞争，证明二维随机纳维耶–斯托克斯方程是"遍历的"，即最终会演化成与初始输入无关的相同平均状态。纳维耶–斯托克斯方程是描述存在噪声时流体流动的随机偏微分方程。杜克大学的乔纳森·马丁利（Jonathan Mattingly）是海雷尔在这一问题上的合作者，在去见马丁利的火车上，海雷尔突然有了一个顿悟，这个顿悟后来变成了一个强大的结果，对一类问题给出了定论。[2]

2011年，海雷尔解出了著名的卡达尔–帕里西–张（Kardar-Parisi-Zhang，KPZ）方程。KPZ方程是一个用来描述界面生长——例如培养皿中细菌菌落边缘的前进和水在餐巾纸中的扩散的随机偏微分方程模型。自从物理学家在1986年提出KPZ方程以来，它一直是一个悬而未决且被研究得较多的问题。[3]海雷尔使用莱昂斯发明的一种叫作粗糙路径理论的方法，在不到两周的时间内就发展出了求解KPZ方程的核心技术。韦伯回忆说，就在海雷尔开始工作的时候，他出去度了10天假。"等我回来的时候，他已经把整个问题都解决了，而且已经把解决过程都在电脑上打出来了，”他说，“这对我来说完全不可思议。”

海雷尔对KPZ的证明引起了一场轩然大波。但当2012年夏天这份证明出现在《数学年刊》上时，海雷尔已经在发展另一套解KPZ方程的方法了，这套方法更复杂，也能解比KPZ更复杂的随机偏微分方程：这就是他的代表作——正则结构理论。[4]

随机偏微分方程的问题在于：它涉及“分布”这一极其棘手的数学对象。例如，当一滴水浸湿餐巾纸时，水边缘的推进不仅取决于当前边缘的情况，也取决于噪音：例如温度变化、餐巾纸的折痕和弯曲这样的不稳定因素。在方程的抽象形式中，噪音使得边缘在空间和时间上无穷快地发生变化。然而，根据这个方程，描述边缘在时间上变化快慢的分布，与描述边缘在空间上变化快慢的分布的平方有关。虽然光滑曲线可以很容易地平方或被除，但分布却不服从这些算术运算。多伦多大学数学教授杰里米·夸斯特尔（Jeremy Quastel）说：“方程中的任何对象都没有经典意义。”

几十年来，为了求解随机偏微分方程，数学家们一直在努力寻找对分布进行严格运算的方法，但进展甚微。夸斯特尔说，甚至有些已出版的书籍里提供的做法也是错误的，“这在数学中是不常见的”。

2011年10月，海雷尔想到了一个好主意。当时他正从华威大学数学系的公共休息室走回自己办公室，脑子里并没有想什么特别的事情。他突然意识到，他可以使用一种基于小波数学属性的方法来“驯服”随机偏微分方程中出现的分布——小波是一种简短的、心跳般的振荡，JPEG和MP3文件里的信息就是用它来编码的。海雷尔曾考虑在Amadeus的一个功能中使用小波。任何小波都可以通过叠加一列有限多个小波来重构：这些小波是由同一个小波压缩到其初始宽度的分数倍（1/2、1/4、1/8，依此类推）得到的，这一性质使其可以方便地用于数据压缩。

类似地，海雷尔意识到，像随机偏微分方程中出现的无限锯齿状分布也可以写成一个有限级数。级数中的每个元素都由一组曲线状的对象组成，这些对象是分布在空间中固定点和固定时间段内形状的近似。在级数的下个元素中，该时间段会减少到一半，下下个元素中减少到四分之一……级数中包含的元素越多，近似就越精确。海雷尔猜测，正如小波一样，级数也只需要有限多个元素就能收敛到随机偏微分方程的实际解。如果这一猜测正确的话，他就能用一些数量可控且完全可计算的对象，代替在许多随机偏微分方程中出现的无限且深不可测的分布。

海雷尔说："我马上意识到，这似乎行得通。"

他回家把自己的顿悟告诉了李雪梅。他们从书架上拿下一本教科书，查了查小波，因为他们都不知道这一对象的确切数学定义。李雪梅很快就发现海雷尔的想法十分聪明。"我说他应该继续推进这一想法，并在上面花很多时间，"她说，"与其出去，不如坐下来工作。"

随机的未来

在安德鲁·怀尔斯在1995年证明费马大定理之前，已经有很多人尝试解决这一有着358年历史的问题，以至于解决它瞬间就给怀尔斯带来了名声和认可。而在海雷尔的例子中，人们没有理由期待一个关于随机偏微分方程的一般理论。它似乎不知道从哪儿冒出来的。海雷尔说："我想，我似乎引发了一阵骚动。"

尽管海雷尔直接研究的领域有数十名数学家正在学习他的理论，但一些专家担心，其中太过技术性的挑战将会阻碍其获得广泛应用。"有人担心它不会产生应有的影响，这不是因为马丁有任何过错，只是因为处理这类问题的最简单的方法都太过艰深而难以普及。”夸斯特尔说，他对同事开玩笑说这一理论肯定来自外星人的派送。正则结构的威力很容易理解，但夸斯特尔说，当海雷尔在报告或论文中真正深入探讨它如何发挥作用时，“他失去了一些听众”。

莱昂斯说，如果这一理论真的成立，那么对随机偏微分方程更深入的理解，有一天可能会在真实物理模型中变得有用，例如粒子物理和机器学习。“在无数种情况下，你都会遇到带有随机性的复杂空间行为，理解其中究竟发生了什么具有物理学或社会学上的意义。”他说，“在提高我们用数学方法解决这些问题的能力方面，我认为马丁已经做出了革命性的贡献。”

然而，海雷尔的理论在物理学上有所应用的这种可能性似乎对他没什么吸引力。当被问及是否认为正则结构可能揭示一些关于“实际宇宙”的新东西时，海雷尔只是开怀大笑。他说，他从这些方程本身新发现的特性中就找到了足够的乐趣，比如，在很长的时间或空间内，方程的解离平均值的波动幅度有多大，或者两个具有不同初始条件的解相互扭动的速度有多快。

将这些扭动的解并排画在同一个图表上——这就是把水滴到两张相同的餐巾纸上会发生什么在数学上的抽象。

“在某些点上，这样一对解会相交。”海雷尔说，“你可以探寻它们在交点处彼此贴合得有多紧密。事实证明，它们比你想象的要紧密得多。”他高兴地笑了。

迈克尔·阿蒂亚的奇思妙想国

西沃恩·罗伯茨

迈克尔·阿蒂亚（Michael Atiyah）拥有诸多称号——菲尔兹奖和阿贝尔数学奖双料得主；伦敦皇家学会（世界上最古老的科学团体）和爱丁堡皇家学会的前会长；剑桥大学三一学院前院长；爵士，功绩勋章得主；英国实质上的数学教皇——尽管如此，在众多称号中，对他最恰当的描述或许是一位"媒人"。阿蒂亚对于如何在不同知识之间建立正确的联系拥有敏锐的直觉，这种联系往往与他本人和他自己的想法有关。在半个多世纪的职业生涯中，他弥合了数学领域内明显不同思想之间的鸿沟，以及数学与物理学之间的鸿沟。

例如，2013年春天的一天，当阿蒂亚爵士坐在白金汉宫的女王美术馆等待与伊丽莎白二世女王共进年度荣誉勋章的午餐时，他就为他一生的朋友兼同事、伟大的数学物理学家罗杰·彭罗斯（Roger Penrose）做了一次"媒"。

彭罗斯一直致力于发展他的扭量理论——这是一条酝酿了近50年

的、通向量子引力的道路。彭罗斯说："我有一个解决它的方法，就是先走到无穷远处，试着解决无穷远处的一个问题，然后再回来。"他认为肯定有更简单的方法。听完彭罗斯的描述，阿蒂亚当即指出了这种更简单的方法：他建议彭罗斯使用一种名为"非交换代数"的工具。

"我当时就想'哦，我的天呐'。"彭罗斯说，"因为我知道这种非交换代数一直存在于扭量理论中，但我从未想过用这种特殊的方式使用它。有人可能会说这行不通，但迈克尔立即看到了一种能让它行得通的办法，而且正是正确的办法。"鉴于阿蒂亚提出这一建议的地点是在白金汉宫，彭罗斯将其改进后的想法称为"宫殿扭量理论"。[1]

这就是阿蒂亚的力量。大致来说，他职业生涯的前半段将数学和数学联系了起来，后半段将数学和物理联系了起来。

阿蒂亚最著名的成就，是他和麻省理工学院的伊萨多·辛格（Isadore Singer）在1963年合作证明的阿蒂亚–辛格指标定理，该定理将分析和拓扑联系了起来。事实证明，这一基本联系在数学领域及之后的物理学领域都有很重要的应用。[2]阿蒂亚获得了1966年的菲尔兹奖和2004年的阿贝尔奖（与辛格共同获奖），很大程度上就是由于这项工作。

20世纪80年代，从指标定理中提取出的方法在弦论——该理论试图协调宏观的广义相对论和微观的量子力学——的发展中发挥了意想不到的作用，特别是在爱德华·威滕的工作中。威滕是普林斯顿大学高等研究院的弦论专家，他和阿蒂亚就此开始了深入的合作。1990年，威滕获得了菲尔兹奖，他是有史以来唯一一位获此殊荣的物理学家，阿蒂亚是威滕的拥护者之一。

2015年底和2016年初，阿蒂亚接受了《量子》杂志的采访。当时已经86岁的他几乎没有降低对自己的要求，他仍然致力于解决大问题，致力于在量子和引力之间寻求统一。在这一领域的前沿，新想法迅猛地涌现，但正如阿蒂亚自己描述的那样，这些想法仍然是直观性的，它们仅凭想象，模糊而笨拙。

阿蒂亚仍然很享受这种自由流动的创造力，紧凑的日程安排使他充满活力。在对这些调查与思考的狂热追寻中，2015年12月，阿蒂亚在爱丁堡大学一天之内做了两场背靠背的报告。从1997年开始，他一直是爱丁堡大学的名誉教授。阿蒂亚热衷于分享自己的新想法，并希望可以吸引一些支持者。为此，他于2015年11月在爱丁堡皇家学会举办了一场名为“美的科学”的会议。在这次会议期间及结束后，每当阿蒂亚有一些空闲可以回答问题时，《量子》就对他进行提问。以下是对这次见缝插针的采访进行编辑和精简之后的版本。

您从什么时候开始对美和科学感兴趣?

我出生于86年前[①]，那就是我对美和科学开始感兴趣的时候。我母亲是在佛罗伦萨怀上的我。我的父母想给我起名叫米开朗琪罗（Michelangelo），但有人说：“对一个小男孩来说，这个名字过于重大了。”如果我真叫了这个名字，那将是一场灾难——我既不会画画，也没有任何画画的天赋。

您提到，在罗杰·彭罗斯的题为“艺术在数学中的作用”的演讲中，有某种东西“击中”了您，使您现在有了想和他合作论文的想法。这个“击中”您的东西是什么，您能描述一下它的过程或状态吗?

它是这样一种东西：一旦你看到了它，真理或真实性，它就变得很

① 迈克尔·阿蒂亚出生于1929年，接受本文作者采访时为2015年。——编者注

明显了。真相正回头看着你。你不需要去寻找它，它就在纸上闪闪发亮。

您的想法通常都是这样产生的吗?

这当然是一种比较宏大的表述了。数学最让人着迷的部分就是一个想法降临在你脑海的时刻。它通常发生在你睡着的时候，因为那时你感受到的拘束最少。它就飘浮在空中一个不知何处的地方。你看着它，赞叹它的色彩。它就在那里。然后在某个阶段，当你试图去定格它，把它关进一个坚固的框架，或者让它从虚幻变为现实的时候，它就消失了，不见了。然而这时它已经被一种结构所取代了，这种结构只捕捉到了它的某些方面，当然，这只是一种笨拙的解释。

您总会做数学方面的梦吗?

我想是的。梦发生在白天，而数学方面的梦发生在晚上。你可以称它们为幻象或直觉。但基本上它们是一种精神状态——没有文字、图片、公式或陈述。它是所有这些具体形式的“先兆”，是柏拉图主义的先兆。这是一种非常原始的感觉。如果你试图去抓住它，它就会消亡。所以当你早上醒来时，就只剩一些模糊的残留物徘徊在脑中，像是这个想法的幽灵。你努力想要回想起它是什么，却只能想起一半，而那也许就是你能做的全部了。

想象是它的一部分吗?

绝对是。在想象中进行时间旅行既便宜又容易——你甚至不需要买票。人们回到过去，想象自己是宇宙大爆炸的一部分，然后问在那之前发生了什么。

是什么引导着想象？是美吗？

它不是那种你所能确切分辨出的美——它是一种更抽象意义上的美。

不久前，您和伦敦大学学院的神经生物学家泽米尔·泽基（Semir Zeki）以及其他一些合作者共同发表了一项关于“数学之美的体验及其神经关联区”的研究。[3]

那是我写过的阅读量最大的文章！人们很早之前就知道，当你听到悠扬的音乐，读到优美的诗歌，或看到漂亮的图片时，大脑的某个部位会“亮”起来，而且所有这些反应都发生在大脑的同一个部位，即“感性大脑”，专业术语叫内侧眶额皮层。那么问题来了：当你欣赏数学之美时，大脑中产生兴奋的部位也是一样的吗？结论是：是一样的。大脑中欣赏音乐、艺术和诗歌之美的部位，也参与了对数学之美的欣赏。这是一个重要的发现。

您的这个结论是通过向数学家展示各种方程，然后利用功能性磁共振成像记录他们大脑对于不同方程的反应而得到的。最终大家觉得哪一个方程最漂亮？

啊，是最著名的欧拉公式：

$$e^{i\pi} + 1 = 0$$

图4.1

这个公式包含了π、自然常数e（也称欧拉常数，约为2.718 28…）、虚数单位i；还有1和0——数学中所有最重要的东西都在这个公式中了，而且它真的很深刻。所以大家都认为欧拉公式是最漂亮的公式。我曾经说过，它在数学中的地位就相当于哈姆雷特的那句名言“生存还是毁灭”（to be or not to be）——很短、很简洁，但同时又很深刻。欧拉公式只使用了5个符号，却也包含优美深刻的思想。简洁是美的重要组成部分。

您尤其以两项极其优美的工作而为大家熟知：一项是指标定理，另一项是与德国拓扑学家弗里德里希·希策布鲁赫（Friedrich Hirzebruch）共同发展的K–理论。请讲一讲K–理论吧。

指标定理和K–理论实际上是一枚硬币的正反两面。它们殊途同归，密不可分。指标定理和K–理论都与物理学相关，但相关的方式不同。

K–理论研究的是平坦空间及其运动。举个例子，我们取一个球体，比如地球，然后把一本大书放在地球表面上，来回移动它。这是一个平坦几何图形在弯曲几何图形上运动的例子。K–理论研究这种情况的各个方面——拓扑和几何。它起源于我们在地球上的航行。

我们用来探索地球的地图也可以用来探索宏观宇宙，向太空发射火箭；或用来探索微观宇宙，研究原子和分子。我现在要做的，就是尝试把所有这些都统一起来，而K–理论是实现这一点最自然的方法。几百年来，我们一直在研究这种地图，今后我们或许还要研究几千年。

事实证明，K–理论和指标定理在物理学中非常重要，您对此感到意外吗？

哦，是的。我在研究这些几何的时候，并没有想到它会和物理学联系起来。当有人说“嗯，你正在做的事与物理学有关”时，我感到非常意外。所以我很快就学了物理，与优秀的物理学家交谈，以了解发生了什么。

您与威滕的合作是如何开始的?

1977年我在波士顿碰到他，当时我正对物理学和数学之间的联系产生兴趣。我参加了一个会议，其中就有这个年轻的小伙子和一些老家伙。我和这个小伙子聊了起来，几分钟后，我意识到他比那些老家伙聪明得多。他理解了我说的所有数学，所以我开始关注他。这个人就是威滕。从那时起我一直和他保持联系。

和他一起工作是什么体验?

2001年，他邀请我去加州理工学院，当时他是那里的访问学者。我觉得自己又回到了研究生的状态。每天早上我都会去系里见威滕，聊一个小时左右。他会给我布置家庭作业，然后我回去，用接下来的23个小时努力完成这些作业。与此同时，他会去做许多其他事情。我们之间的合作非常密切。这是一次难以置信的经历，就像是和一位出色的导师一起工作。我的意思是，他在我之前就知道了所有的答案。如果我们有过争论，那一定他对我错。这太让人难为情了!

您之前说过，数学和物理学之间偶尔出现的意外联系是最吸引您的——您喜欢将自己置身于不熟悉的领域。

对的。你知道，很多数学研究过程都是可预测的。有人告诉你如何解决一个问题，然后你再去做类似的东西。你每向前迈进一步，都是在追随前人的脚步。偶尔，有人会提出一个完全不同的想法，让所有人大吃一惊。一开始，人们不相信这个想法。但当某天人们真的相信了这个想法，它就会开启一个崭新的方向。数学的发展是时断时续的，它持续地发展着，而当突然有人提出一个新想法时，就有了不连续的跳跃。这些新想法才是真正重要的想法。一旦你得到这样的想法，它就能产生重大的影响。我们正处在得到另一个想法的边缘。100年前，爱因斯坦有一个好想法，现在我们需要另一个来带领我们向前。[4]

但得到新想法的方式应当是更具探索性的，而非指导性的。如果你试图指导科学，那你只能让人们沿着你告诉他们的方向前进。但所有的科学都出自那些注意到了有趣旁路的人。你的探索方式必须非常灵活，并允许不同的人尝试不同的东西。这很难，因为如果你不随大流，你就找不到工作。

如果担忧未来，你就必须循规蹈矩。这正是现代科学最糟糕的地方。幸运的是，当你到我这个年纪，你就不用担心这个了。我可以想说什么就说什么。

这段时间，您在尝试一些新的想法，希望打破物理学的僵局？

嗯，你知道，原子物理学研究电子、质子和中子等等这些组成原子的东西。在这些非常、非常、非常小的尺度上，大部分物理定律都是适用的，但同时也存在着一个被你忽略的力，那就是万有引力。由于万有引力来自宇宙的全部质量，所以它无处不在。它不会自我抵消，也没有正负值，只能全部叠加。因此，无论黑洞和星系离我们有多远，它们都会对宇宙的任何一处施加非常小的力，即使对电子或质子也是如此。但物理学家说："啊，对，但它太小了，你可以忽略它。我们不测量那么小的东西，没有它我们也能得到很好的结果。"我的出发点是：这样的观点是错误的。如果你纠正了这个错误，你会得到一个更好的理论。

现在，我在重新审视一些大约100年前的想法，当时人们无法理解这些想法试图表达的意思，所以它们被抛弃了。物质如何与引力相互作用？爱因斯坦的理论是，如果你把一些物质放入空间，那它就会改变空间的曲率。当空间的曲率变化后，它又反过来作用于物质。这是一个非常复杂的反馈机制。

我回到了爱因斯坦和保罗·狄拉克那里，并用新的眼光重新审视了他们的观点，我觉得我看到了人们错过的东西。我正在填补历史的漏洞，把新的发现考虑进去。就像考古学家挖掘出新东西或历史学家发现新手稿一样，它们都能带来全新的启发。所以这就是我一直在做的事。我并不去图书馆，就是坐在自家的房间里，安静思考。如果你思考的时间够长，你就会有一个好的想法。

所以您的意思是万有引力不能被忽略？

我认为物理学家们遇到的所有困难都来自忽略了万有引力。你不应该忽略它。关键在于，我相信如果你考虑了万有引力，那数学上就会变得更简单；如果你忽略了它，那你就把事情弄得更困难了。

大多数人会说，当你考虑原子物理时，不需要关心万有引力。因为对于我们所做的计算来说，万有引力太小了，可以忽略不计。从某种意义上说，如果你只想得到答案，这么做是对的；但如果你想理解这个问题，这么选就错了。

如果我错了，嗯，那就错了吧，但我不这么认为。因为你一旦采纳这个想法，就会得到各种漂亮的结果。在这个时候，数学上、物理上、哲学上都是一致的。

威滕如何看待您的新想法？

哦，说服他是一件很有难度的事情。因为之前我跟他讲过自己的一些想法，但他觉得它们毫无希望，未予理会。他给了我10个不同理由，来说明为什么这些想法毫无希望。现在我认为我能够捍卫住自己的立场。我花了大量的时间思考，从不同的角度思考，并回过头来反复思考。我希望我能说服他，我的新方法是有价值的。

您在拿自己的名誉冒险，但您认为这是值得的。

我的声望是作为一名数学家积累起来的。如果我现在搞砸了，人们会说："好吧，他曾经是一个优秀的数学家，但在生命的尽头失去了理智。"

就在我进入物理学领域的时候，我的一个朋友，约翰·波金霍恩（John Polkinghorne），离开了物理学领域。他去了教会，成了一名神学家。在我80岁生日那天，我们有过一次讨论，他对我说："你没什么可失去的了。你尽管继续向前，思考你想思考的事情吧。"这就是我一直在做的事情。我已经拿到了我想要的所有奖项。我还能失去什么？所以，这就是为什么我愿意冒一个年轻研究者不敢冒的险。

在职业生涯的这个阶段，您对新想法还抱有如此的热情，您自己意外吗？

我的一个儿子对我说："这是不可能的，爸爸。数学家做出自己最好的工作时通常都是40岁之前。你已经80多岁了。现在你不可能产生好的想法了。"

如果你过了80岁仍然清醒且思维敏捷，那你就拥有一个优势：你活了很长时间，看过很多东西，拥有广阔的视角。我现在86岁了，而且我是在最近几年里才有的这些想法。新的想法不断出现，你在这儿拾一些，那儿捡一些。现在时机成熟了，尽管5年或10年前它可能还没成熟。

有没有一个大问题一直指引着您？

我一直想尝试理解事情背后的工作原理。我不想只得到一个公式，而不知道它的含义。我一直试图挖掘事情背后的东西，所以如果我有一个公式，我就要理解它为什么出现在那儿。理解是一件非常困难的事情。

人们认为，数学始于你写下定理，然后给出证明。但其实这并不是开始，而是结束。对我来说，数学中的创造性出现在你开始把一切都写下来之前，出现在你试着写下一个公式之前。你想象各种各样的东西，在脑海中反复思考它们。你试着创造，就像音乐家尝试创作音乐，或诗人尝试写诗一样。这里并没有条条框框。你必须按你自己的方式去做。但最后，就像作曲家必须把曲子写在纸上一样，你也必须把思考的东西写下来。但最重要的阶段是理解。证明本身并不能帮你理解。或许你会得到一个很长的证明，但不知道它为什么行得通。但要理解它为什么行得通，你必须对它有一种本能的反应。你得去感受它。

第 五 部 分

计算机能做什么，不能做什么

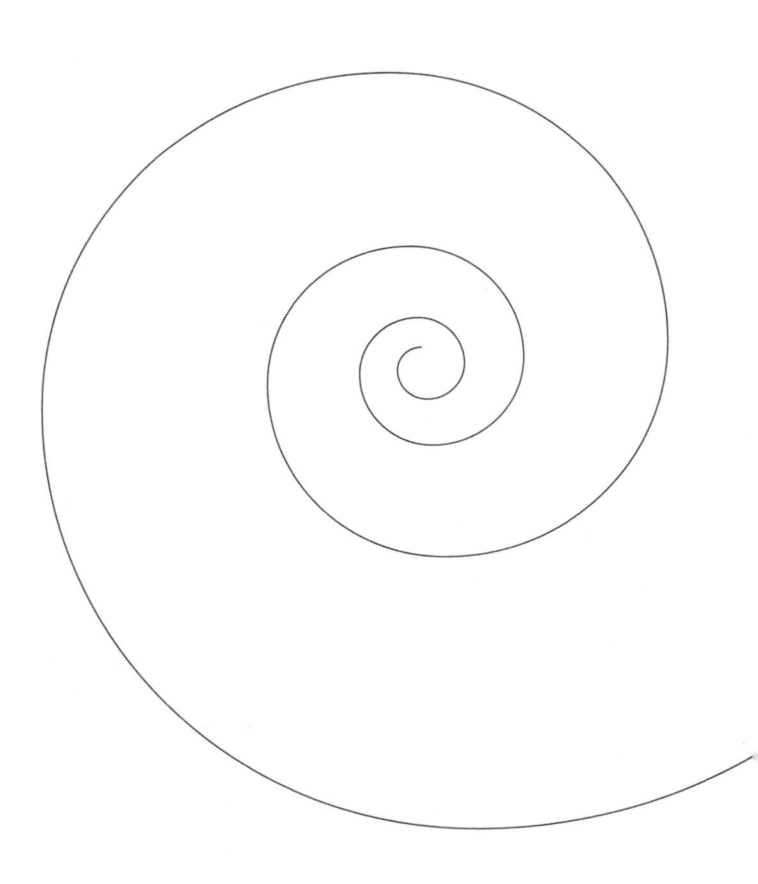

防黑客代码已确认

凯文·哈特尼特

2015年夏天，一个黑客团队试图控制一架名为“小鸟”的无人军用直升机。该直升机停在美国亚利桑那州的波音工厂，它与美国特种作战任务中长期使用的无人驾驶直升机类似。黑客们拥有一个开局先机：在行动开始前，他们获得了“小鸟”计算机系统的一部分权限。在此情况下，他们需要做的只剩下侵入“小鸟”的机载飞行控制计算机，这样无人机就是他们的了。

当这个项目开始时，黑客的“红队”[1]可以像破解你家无线网络一样，轻易地控制这架直升机。但在接下来的几个月里，美国国防高级研究计划局（DARPA）的工程师们采用了一种新的安全机制——一种无法被攻占的软件系统。“小鸟”计算机系统的关键部分靠现有技术无法攻破，它的代码就像数学证明一样可靠。尽管黑客红队拥有6周的时间以

① 指机构内部组建的黑客团队，用于测试并改进系统安全性。——编者注

及比真正的坏人更多的计算机网络权限，他们还是未能攻破“小鸟”的防御。

塔夫茨大学计算机科学教授、高可靠性网络军事系统项目（HACMS）项目发起人凯瑟琳·费希尔（Kathleen Fisher）表示：“黑客们未能以任何方式扩大控制范围或干扰操作。这一结果让美国国防高级研究计划局的所有人都站起来说，天哪，我们真的能在重要的系统中使用这项技术了。”

这一击退黑客的技术，是一种被称为形式验证（formal verification）的软件编程风格。与大多数非形式编写、且主要根据其是否有效来进行评估的计算机代码不同，采用形式验证的风格编写的软件读起来就像是一个数学证明：每一条语句在逻辑上都承接上一条语句。一个完整的程序可以像数学家证明定理一样确定地被测试。

“你写下的就是一个描述程序行为的数学公式，再利用某种形式的证明检查器来检查语句的正确性。”布赖恩·帕尔诺（Bryan Parno）说。他曾在微软研究院和卡内基–梅隆大学从事形式验证和安全性方面的研究。

早在计算机科学领域诞生之初，就有人提出了开发形式验证风格软件的愿景。在很长一段时间里，这似乎都遥不可及。但过去十年中，形式方法方面取得的进展使这一方法变得越来越切合实际。如今，美国军方、微软和亚马逊等科技公司正在资金充足的学术合作中探索形式软件验证技术。

随着人们越来越多地在网上进行重要的社交活动，研究人员对形式软件验证技术的兴趣也越来越浓厚。以前，计算机还只是被局限在家和办公室里，程序漏洞最多也就是造成不便。但现在，同样微小的程序漏洞将引发联网机器上的大量安全漏洞，任何具备相关计算机技术的人都能利用这些漏洞自由地进出某个计算机系统。

普林斯顿大学计算机科学教授、程序验证领域的领导者之一安德鲁·阿佩尔（Andrew Appel）说："回到20世纪，如果程序有漏洞，最多就是体验糟糕，程序可能崩溃，仅此而已。但在21世纪，一个漏洞可能成为黑客控制程序并窃取数据的通道。""漏洞已经从糟糕但可以容忍变成了致命的威胁，这严重多了。"他说。

完美程序之梦

1973年10月，埃德斯赫尔·戴克斯特拉（Edsger Dijkstra）产生了一个编写无错误代码的想法。当时他正在参加一个会议，在下榻的酒店里，他发现自己大半夜被"让编程变得更数学化"的想法吸引了。在后来的一次反思中，他解释道："当时我的大脑处于极度兴奋状态，于是我凌晨2:30从床上爬起来，写了一个多小时。"这一材料成为他开创性著作《编程的修炼》（*A Discipline of Programming*）的出发点，这本书于1976年出版。《编程的修炼》与托尼·霍尔（Tony Hoare，他和戴克斯特拉一样，获得过计算机科学领域的最高奖图灵奖）的工作一起，建立了将正确性证明纳入计算机程序编写方法的愿景。

这并不是计算机科学所遵循的愿景，很大程度上是因为此后很多年里，使用形式逻辑的规则来明确程序的功能似乎是不切实际的，甚至是完全不可能的。

形式规范用来定义计算机程序要做什么事，而形式验证则用来确凿无疑地证明程序代码完全符合所要求的规范。要理解这一切是如何工作的，我们设想为机器人汽车编写一个把你送到杂货店的计算机程序。在操作层面上，你需要定义汽车为完成行程可采取的动作：它可以向左转或向右转、刹车或加速、在行程的起点启动、在终点停车。可以说，你的程序就是对上述基本操作进行适当的排列组合，使它最后将你送到杂货店，而不是机场。

查看一个程序是否正常工作，传统且简单的方法是运行测试。程序员会向他们的程序提交各种输入（即单元测试），以确保它们符合设计要求。例如，如果你的程序是一个为机器人汽车规划路径的算法，你可以在许多不同的位置点上测试它。通过这种测试方法的软件在大多数情况下都能正常工作，而这正是我们在大多数应用场景中真正需要的。但单元测试并不能保证软件始终正常工作，因为你无法用所有可能的输入来测试程序。即使你的驾驶算法在测试的每个目的地都正常工作，也不能排除它会在某些罕见情况下——在所谓的极端情况下——发生故障，进而形成安全漏洞。在实际程序中，这些故障可能会像缓冲溢出错误一样简单，即程序多拷贝了一点儿数据，并覆盖了一小部分计算机内存。这个看似无害的错误实际上很难消除，它为黑客攻击系统提供了一条途径——一个会成为城堡大门的薄弱环节。

“你软件中的任何一个缺陷，都是安全漏洞。很难测试所有可能输入的所有可能路径。”帕尔诺说。

实际的规范比规划去杂货店的路径更加微妙。比如，程序员可能要编写一个程序，按照收到文档的顺序对其进行公证并加盖时间戳（比如，这在专利局是一个有用的工具）。在这种情况下，规范需要规定计数器永远只能增加（以使后面收到的文档的编号总是大于前面收到的文档），且程序永远不会泄露给文档签字的密钥。

这说起来很容易。但要将规范翻译成计算机能使用的形式语言就要困难得多，这也是用这种方式编写软件的过程中所面临的主要挑战。

“提出一个机器可读的形式规范或目标是很需要智慧的。”帕尔诺说，“站在高处说‘不要泄露我的密码’很容易，但要把它转化为数学定义还需要一些思考。”

再举一个例子，考虑一段给一列数字排序的程序。如果一个程序员试图形式化排序程序的规范，他可能会写出这样的东西：

对列表中的每一项j，确保$j \leqslant j+1$

然而，这个形式规范——确保列表中的每个元素小于或等于其后面的元素——包含一个漏洞：程序员假定输出将是输入的一个排列。也就是说，给定列表[7, 3, 5]，她希望程序返回[3, 5, 7]，这就满足了定义。然而，列表[1, 2]也满足定义，因为“它是一个排过序的列表，只不过可能不是我们希望的那种排过序的列表”，帕尔诺说。

换句话说，要把你希望程序做的事情，用排除了所有可能（但不正确的）解释的形式规范表达出来，是一件很困难的事。上面的例子还只是针对排序这样一个简单的程序。现在想象一个比排序更抽象的东西，比如保护密码。“这在数学上是什么意思？要定义它，可能需要写出一个数学描述，说明什么叫保密，或者什么叫一个加密算法是安全的。”帕尔诺说，“这些都是我们和其他许多人研究过并取得进展的问题，但要得到正确的答案，是一件相当微妙的事。”

基于代码块的安全

编写这种程序需要同时编写形式规范以及帮助编程软件分析代码所需的额外注释，因此一个包含其形式验证信息的程序，其长度可能是相同目的的传统程序的5倍。

使用合适的工具——为帮助软件工程师编写十分可靠的代码而设计的编程语言和证明辅助程序能在一定程度上减轻这种负担。但在20世纪70年代，这些工具都不存在。“当时科学和技术的许多部分还不成熟，无法使其正常工作。因此在1980年前后，计算机科学领域多个方向的人都对它失去了兴趣。”阿佩尔说。他是形式验证计算机系统开发团体DeepSpec的首席研究员。

即使工具有所改进，程序验证还有另一个障碍要解决：没有人确定是否有必要用它。当形式方法的狂热爱好者将小的编码错误描述为灾难性的漏洞时，其他人环顾四周，发现计算机程序运行得相当好。当然，它们有时会崩溃，但相比于用形式逻辑系统的语言巨细无遗地编写程序的每一小段来说，丢失一点儿未保存的工作或偶尔不得不重新启动程序，似乎是一个很小的代价。

随着时间的推移，即使是程序验证最早的倡导者也开始怀疑其是否有用。20世纪90年代，霍尔（他提出的“霍尔逻辑”是首批分析计算机程序正确性的形式系统之一）也承认，规范可能是对一个不存在问题的劳动密集型解决方案。正如他在1995年所写的那样：

> 10年前，形式方法的研究人员（我是其中错得最厉害的一个）预测，编程界将会欣然接受并感激形式化带来的点滴帮助……事

实证明，这个世界并没有遇到我们的研究一开始想要解决的那种问题。

后来互联网出现了。互联网之于编程错误就好像航空旅行之于传染病传播：当所有电脑都连在一起时，不方便但可以容忍的软件漏洞可能会导致一系列安全故障。

“这件事我们当时没有完全想明白。”阿佩尔说，“那就是互联网上有一些软件是面向所有黑客开放的，因此如果该软件存在一个漏洞，那它很可能会成为一个安全威胁。”

当研究人员开始明白互联网对计算机安全构成的严重威胁时，程序验证已经准备好东山再起了。首先，研究人员在支撑形式方法的技术方面取得了重大进展：改进了支持形式方法的Coq和Isabelle等辅助证明程序；开发了新的逻辑系统（被称为依赖类型理论），它可以为计算机分析代码提供框架；改进了所谓的“操作语义”——本质上讲，这是一种具有正确的词语，以用来表达程序应该做什么事的语言。

“如果你从英语语言的规范开始，那你本质上就从一个模糊不清的规范开始了。”微软研究院前副总裁、现任哥伦比亚大学计算机科学教授珍妮特·温（Jeannette Wing）说。“任何自然语言本质上都是有歧义的。在形式规范中，你要写出一个基于数学的精确规范来解释你想让程序做什么。”

此外，形式方法的研究人员也在调整目标。20世纪70年代和80年代初，他们设想创造一套完整的、完全经过验证的计算机系统，从电路一直到计算机程序。如今，大多数形式方法的研究人员都专注于验证系统中更小但特别脆弱或关键的部分，如操作系统或加密协议。

“我们不再宣称要证明整个系统是正确的，每一个比特都百分之百可靠，一直到电路层面也如此。”温说，“提出这些说法太荒谬了。我们现在更清楚自己能做什么，不能做什么。”

HACMS项目的例子说明了如何通过明确定义计算机系统的一小部分来获得大的安全保证。该项目的第一个目标，是打造一个无法被黑客攻破的娱乐用四轴飞行器。操控四轴飞行器的现成软件是单片的，这意味着如果黑客攻破其中一部分，他就可以访问所有部分。因此在接下来的两年里，HACMS团队着手将用于控制四轴飞行器任务的计算机上的代码分成了很多块。

该团队还重写了软件架构，使用了HACMS项目发起人费希尔称之为“高可靠性构建模块”的工具，这些工具可以让程序员证明自己代码的可靠性。其中一个经过验证的构建模块可以确保，在一个代码块中有访问权限的人无法升级其权限，也无法进入其他代码块。

后来，HACMS的程序员在“小鸟”上安装了这个区块化的软件。在与红队黑客的对抗测试中，他们给了红队一部分权限，使其能进入一个控制无人直升机某些非必要功能（比如摄像头）的代码块。从数学上讲，黑客肯定会被困住。费希尔说：“他们用机器检查的方式证明了红队无法突破这一代码块，所以他们最后无法突破也就不足为奇了。这与定理是一致的，但检查一下也不错。”

自从“小鸟”测试后，DARPA就开始将HACMS项目的工具和技术应用于其他军事技术领域，比如卫星和无人驾驶载重卡车。这些新举措与过去十年来形式验证的传播方式是一致的：每一个成功的项目都在为下一个项目壮胆。费希尔说：“人们再也没有借口说这太难了。”

验证互联网

安全性和可靠性是驱动形式方法的两个主要目标。随着时间推移，提高这两大目标的需求也愈发明显。2014年，一个本可以被形式规范捕获的小小的编程错误导致了“心脏出血”漏洞（Heartbleed bug），甚至可能导致互联网瘫痪。一年后，两名白帽黑客①成功控制了别人的吉普切诺基汽车，这或许证实了我们对互联网汽车的最大担忧。

随着安全风险的增加，形式方法的研究人员正在朝着更有野心的领域推进。由阿佩尔（他也参与了HACMS）领导的DeepSpec合作项目回归了20世纪70年代推动早期验证工作的精神，他们正尝试构建一个完全验证的端到端系统，就像网络服务器一样。如果该计划成功，这项美国国家科学基金会资助了1 000万美元的项目，就能把过去十年中许多小规模的验证成果整合在一起。研究人员已经构建了许多可证明安全性的组件，比如操作系统的内核。阿佩尔说：“DeepSpec现在正在关注但还没有做到的事情是，如何将这些组件连接到规范接口上。”

在微软研究院，软件工程师正在进行两个雄心勃勃的形式验证项目。第一个项目名为Everest，旨在打造一个经过验证的HTTPS版本（HTTPS协议用来保护网页浏览器），温将其称为“互联网的阿喀琉斯之踵”。

第二个项目旨在为复杂物联网系统（如无人机）开发经过验证的规范。这个项目面临非常大的挑战。传统软件遵循离散、确定的步骤执行，而操控无人机的软件会根据连续的环境数据流，利用机器学习来做

① 指利用自己的黑客技术维护网络公平正义的黑客，他们通常通过攻击系统来测试其安全性。——编者注

概率决策。要弄清如何分析这种不确定性，或将其归入形式规范的框架，仍需很多努力。不过，形式方法在过去的十年里已经取得了很大的进步，监督这项工作的温对此表示乐观，她认为形式方法的研究人员会找到解决方案的。

计算机会重新定义数学的根源吗

凯文·哈特尼特

2014年，在一趟从里昂驶向巴黎的火车上，弗拉基米尔·沃埃沃德斯基坐在史蒂夫·阿沃迪（Steve Awodey）旁边，试图说服后者改变做数学的方式。

当时48岁的沃埃沃德斯基是普林斯顿高等研究院的长期成员。他出生在莫斯科，但说得一口近乎完美的英语，并且拥有一种无须向任何人证明自己的自信。2002年，他获得了菲尔兹奖，这通常被认为是数学领域最负盛名的奖项。

火车快到巴黎时，沃埃沃德斯基拿出了他的笔记本电脑，打开了一个名为Coq的程序。Coq是一个为数学家提供书写数学论证环境的辅助证明程序。在沃埃沃德斯基使用他创造的新形式（被称为“单一基础”）写某个数学对象的定义时，阿沃迪，这位卡内基–梅隆大学的数学家和逻辑学家也紧随其后。最终，沃埃沃德斯基花15分钟写完了这个定义。

“我试图说服阿沃迪用Coq做数学研究。”沃埃沃德斯基在2014年秋季的一次演讲中解释道，“我想让他相信这样会很容易。”

在Coq这样的程序中做数学研究的想法由来已久。它的吸引力很好理解：你可以把检查数学证明的工作交给计算机，而不是交给容易犯错的人类。计算机可以完全确定地判断一个证明是否正确。尽管有此优势，计算机辅助证明还是没有被主流数学界广泛采用。究其原因，部分是因为将日常数学转换成计算机能理解的术语十分麻烦，而且在许多数学家看来，这么做并不值得。

近十年来，沃埃沃德斯基一直在宣传计算机辅助证明的优点，并发展单一基础，以便使数学语言和计算机编程语言更接近。在他看来，转向计算机形式化是必要的，因为有些数学分支已经变得太抽象了，无法被人们可靠地检查。

沃埃沃德斯基说：“数学的世界正变得越来越大，复杂度也变得越来越高，并且有累积错误的危险。”每个证明都建立在其他证明的基础之上，如果一个证明有缺陷，那么所有建立在它基础之上的证明都会有这个缺陷。

这是沃埃沃德斯基从个人经历中总结出来的教训。1999年，他在自己7年前写的一篇文章中发现了一个错误。虽然沃埃沃德斯基最终找到了补救这一结果的方法，但他也在2014年高等研究院内部通讯的一篇文章中表示，这次经历让他感到害怕。沃埃沃德斯基开始认为，除非他将自己的工作在计算机上形式化，否则他不会完全相信它是正确的。

但要迈出这一步，沃埃沃德斯基需要重新思考数学的基础。数学公认的基础是集合论。与任何基础系统一样，集合论给出了一组基本概念和规则，据此可以构建数学的其余部分。一个多世纪以来，集合论都承担起了数学基础的角色，但它不能被很容易地翻译成计算机可以用来检查证明的形式。因此，当沃埃沃德斯基决定开始在计算机上形式化数学时，他开启了一段发现之旅，并最终导向了一件更加雄心勃勃的事：重塑数学的基础。

集合论和悖论

一旦定义了整数，分数就可以定义成整数对，小数就可以定义成数字序列，而平面上的函数就可以定义成有序对的集合等等。“最终你会得到一些复杂的结构，它们是某些东西的集合，而这些东西又是另外一些东西的集合，以此类推，追根溯源，一直到底部的空集。”圣迭戈大学数学家迈克尔·舒尔曼（Michael Shulman）说。

作为基础系统，集合论包括集合这些基本对象，以及操作这些集合的逻辑规则，数学定理就是从这些基本对象和逻辑规则中推导出来的。集合论作为基础系统的一个优点是，它非常简约——数学家想要使用的每个对象，究其根本，都是从空集中构造出来的。

另一方面，将复杂的数学对象编码为集合的精细层次结构可能是一件非常乏味的事。当数学家想要考虑在某种意义上等价或同构（如果不一定在所有方面都相等）的对象时，这一限制就会成为问题。例如，分数1/2和小数0.5代表同一个实数，但在用集合编码时却截然不同。

“你必须构造一个特定的对象，然后被迫接受它。”阿沃迪说，“如果你想处理同构但不同的对象，你就必须构造它。”

但是集合论并不是做数学的唯一方法。例如，辅助证明程序Coq和Agda就基于另一种被称为类型论的形式系统。

类型论起源于数学家尝试弥补早期版本的集合论中出现的一个严重

缺陷的过程，这一缺陷是由哲学家、逻辑学家伯特兰·罗素于1901年发现的。罗素指出，有些集合包含它们自身作为元素。例如，考虑所有不是宇宙飞船的对象组成的集合。这个集合——非宇宙飞船的集合——本身不是宇宙飞船，所以它是自身的一个元素。

罗素定义了一个新的集合：它由所有不包含自身的集合构成。他问这个集合是否包含它自身，然后就发现回答这个问题会产生悖论：如果这个集合包含它自身，那它就不包含它自身（因为只有不包含它们自身的集合才能作为这个集合中的对象）；但如果这个集合不包含它自身，那它就包含它自身（因为这个集合包含所有不包含它们自身的集合）。

为了解决这一悖论，罗素创立了类型论。罗素的系统使用了一种被定义得更加精细的对象——被称为类型（type）——来代替集合论。和集合论一样，罗素的类型论始于一个由对象构成的“宇宙”，这些对象可以被收集到一个叫作SET的“类型”中。在类型论中，我们定义类型SET只能收集那些本身不是其他对象的集合的对象。如果一个收集包含其他集合作为其对象，那它就不再是一个SET，而是一个被称为MEGASET的东西。MEGASET是一种新的类型，专门定义为那些由对象的集合组成的集合。

从这里开始，整个系统就变得井然有序了。例如，我们可以想象一种叫SUPERMEGASET的类型，它只能收集MEGASET作为对象。在这个严格的框架内，甚至连提出这样一个自相矛盾的问题都是不合法的：“由所有不包含其自身的集合构成的集合是否包含它自身？”因为在类型论中，SET只包含不是其他对象的集合的对象。

集合论和类型论的一个重要区别，在于对定理的处理方式。在集合论中，一个定理本身并不是一个集合——它是关于集合的一个陈述。相反，在某些版本的类型论中，定理和SET是平等的。它们都是“类型”（这是一种新的数学对象）。定理是这样一种类型，它的元素是证明该定理的所有不同方法。例如，有一种类型收集了毕达哥拉斯定理的所有证明。

为说明集合论和类型论之间的这种区别，我们考虑这样两个集合：集合A包含两个苹果，集合B包含两个橙子。数学家可能会认为这两个集合是等价，或者说同构的，因为它们含有相同数量的对象。形式地证明这两个集合等价的方法，是将第一个集合中的对象与第二个集合中的对象配对。如果它们能均等配对，且两边都没有剩余对象，那它们就是等价的。

当你进行这样的配对时，你很快就发现，有两种方法可以证明这种等价：苹果1和橙子1配对，苹果2和橙子2配对；或者苹果1和橙子2配对，苹果2和橙子1配对。换言之，这两个集合以两种方式彼此同构。

在传统的集合论中，证明定理“集合A≌集合B”（其中，符号≌表示“同构”）时，数学家们只关心这样的配对是否存在。在类型论中，定理“集合A≌集合B”可以被解释为一个集合，它由证明两个集合同构的所有不同方式组成（在这个例子里是2种）。在数学中，我们经常需要记录两个对象（比如这两个集合）各种不同的等价方式，而类型论通过将所有的等价打包进一个单一的类型，自动实现了这一点。

这在拓扑学中尤其有用。拓扑学是研究空间（例如圆或甜甜圈的表面）内蕴性质的数学分支。如果拓扑学家必须分别考虑具有每个空间所有保持内蕴性质的可能变体，那么研究空间将是不切实际的（例如，圆可以有任意大小，但每个圆都有相同的基本属性）。一种解决方案是通过将其中一些空间等价，来减少不同空间的数量。拓扑学家实现这一点的一种方法是通过“同伦”的概念，同伦提供了一个有用的等价定义：粗略来说，如果一个空间能通过收缩或加厚某些区域形变到另一个空间，且在此过程中不撕裂，则它们是同伦等价的。

点和直线是同伦等价的，换句话说，它们有相同的伦型。字母P和字母O有相同的伦型（字母P的尾部可以收缩到上面圆边界上的一点），P和O与其他含有一个孔的字母有相同的伦型——A、D、Q和R。

拓扑学家使用不同的方法来评估一个空间的性质并确定其伦型。一种方法是研究空间中不同点之间的道路集合，类型论非常适合记录这些道路。例如，拓扑学者可能认为，如果空间中的两点之间有道路相连，它们就是等价的。那么，点x和y之间所有道路的集合，其本身可被看作是一个单一的类型，它表示定理“$x = y$”的所有证明。

伦型可以通过点之间的道路构造，但一个有胆魄的数学家也可以记录道路之间的道路，以及道路之间的道路之间的道路，等等。这些道路之间的道路可以被视为空间中两点之间的高阶关系。

沃埃沃德斯基从20世纪80年代中期在莫斯科国立大学读本科时开始，断断续续地尝试了20年。他想以一种使这些高阶关系——道路之间的道路之间的道路——易于处理的方式来形式化数学。像许多同时期的其他人一样，沃埃沃德斯基试图在范畴论这一形式系统的框架内完成这一任务。虽然他在使用范畴论来形式化数学的特定领域方面取得了一定的成功，但仍有一些领域是范畴论无法触及的。

在获得菲尔兹奖之后的几年里，沃埃沃德斯基重拾了研究高阶关系的兴趣。2005年底，他有了某种顿悟。他说，当他开始用一种无穷群胚的对象来考虑高阶关系时，“很多东西开始有了眉目”。

无穷群胚编码了空间中所有道路，包括道路之间的道路，道路之间的道路之间的道路等等。作为编码类似高阶关系的方法，无穷群胚开始出现在数学研究的其他前沿领域，但从集合论的角度来看，它们是非常难处理的对象。正因如此，人们认为它们对沃埃沃德斯基形式化数学的目标毫无用处。

然而，沃埃沃德斯基用无穷群胚的语言解释了类型论，这一进展使数学家能够有效地分析无穷群胚，而不必再从集合的角度来考虑它们，并最终带来了单一基础的发展。

对于建立在群胚上的形式系统，沃埃沃德斯基对其潜力感到兴奋，但也对实现这一想法所需的大量技术性工作感到畏惧。他还担心自己取得的任何进展都可能太过复杂，以致无法通过同行评审得到可靠的验证，沃埃沃德斯基说自己当时“失去了信心”。

迈向新的基础系统

有了群胚，沃埃沃德斯基就有了他的对象，现在他只需一个组织它们的形式框架。2005年，他在一篇名叫FOLDS的文章中发现了它。这篇未发表的文章引入了一个形式系统，它与沃埃沃德斯基想要实践的那种高阶数学惊人地契合。

1972年，瑞典逻辑学家佩尔·马丁–勒夫（Per Martin-Löf）从Automath（一种在计算机上检查证明的形式语言）中得到灵感，引入了他自己的类型论版本。马丁–勒夫类型论（MLTT）作为辅助证明程序的基础，被计算机科学家广泛采用。

20世纪90年代中期，当米哈伊·毛考伊（Michael Makkai）意识到MLTT可能用于形式化范畴数学和高阶范畴数学时，MLTT与纯数学交汇了。毛考伊是数理逻辑的专家，2010年从麦吉尔大学退休。沃埃沃德斯基说，当他第一次读到毛考伊在FOLDS中建立的工作时，感觉“就像跟自己对话一样——我这句话是褒义”。

沃埃沃德斯基效仿了毛考伊的方法，但不同的是他使用了群胚而不是范畴。这使他能在同伦论和类型论之间建立深刻的联系。

舒尔曼说：“这些程序员本来想形式化类型论，结果不知怎么的，最后形式化了同伦论。这是最神奇的事情之一。”

沃埃沃德斯基也认为这种联系太神奇了，不过他看到的意义略有不同。对他来说，同伦论指导下的类型论，其真正潜力是作为一种新的数学基础，这种数学基础特别适合于计算机验证和研究高阶关系。

沃埃沃德斯基在阅读毛考伊的论文时第一次发现了这种联系，但他又花了4年时间才使它在数学上变得精确。从2005年到2009年，沃埃沃德斯基发明了几种机制，使数学家们能够“第一次以一致且方便的方式”使用MLTT中的集合，他说。这些机制包括一个被称为单一公理的新公理，以及用单纯集的语言对MLTT的完整解释。单纯集是除群胚之外另一种表示伦型的方式。

伊利诺伊大学厄巴纳–香槟分校数学系荣休教授丹尼尔·格雷森（Daniel Grayson）说，这种一致性和便利性反映了该计划中更深层次的一些东西。单一基础之所以强大，是因为它利用了数学中此前就隐藏的一个结构。

“（单一基础）的吸引力和不同之处在于，来自拓扑学的想法似乎已经成了数学的基础。”他说，“尤其是你开始把（它）视为集合论的替代时。”

从想法到行动

建立新的数学基础是一回事，让人们使用它则是另一回事。到2009年底，沃埃沃德斯基已经给出了单一基础的所有细节，并准备开始分享他的想法。他明白人们可能会持怀疑态度。“要宣称我提出了一个可能取代集合论的东西，这是一件大事。”他说。

沃埃沃德斯基于2010年初在卡内基–梅隆大学、2011年在德国黑森林数学研究所的报告中首次公开讨论了单一基础。在卡内基–梅隆大学做报告时，他遇到了史蒂夫·阿沃迪。阿沃迪曾与自己的研究生迈克尔·沃伦（Michael Warren）和彼得·拉姆斯代恩（Peter Lumsdaine）一起研究过同伦类型论。不久后，沃埃沃德斯基决定将研究人员聚集在一起，进行一段时间的紧密合作，以加快该领域的发展。

沃埃沃德斯基和瑞典哥德堡大学的计算机科学家蒂埃里·科康（Thierry Coquand）一起，于2012—2013学年期间在普林斯顿高等研究院组织了一个特别研究年。来自世界各地的30多位计算机科学家、逻辑学家和数学家参加了此次活动。沃埃沃德斯基说，他们讨论的想法非常奇怪，以至于一开始“没有一个人完全接受它”。

这些想法可能有些陌生，但也令人兴奋。舒尔曼推迟了开始自己新工作的时间，以便能参加这个项目。“我想，我们很多人都觉得自己正处在一件大事、一件非常重要的事情的风口浪尖。”他说，“为了参与它的创始，做出一些牺牲也是值得的。”

特别研究年之后，行动分成了几个不同的方向。包括舒尔曼在内的一组研究人员——被称为HoTT（HoTT即homotopy type theory，代表同伦类型论）团体——开始在他们发展的框架内探索找到新发现的可能性。包括沃埃沃德斯基在内的另一组研究人员——被称为UniMath（即“单一基础”与“数学”的简称）——开始用单一基础的语言重写数学。他们的目标是建立一个基本数学元素（引理、证明、命题等）的库，数学家可以用这个库在单一基础上形式化自己的工作。

随着HoTT和UniMath团体的发展，它们背后的想法渐渐被数学家、逻辑学家和计算机科学家所了解。宾夕法尼亚大学的逻辑学家亨利·陶斯纳（Henry Towsner）在2015年表示，他参加的每一场会议中，似乎都至少有一场关于同伦类型论的报告，而且他对这种方法了解得越多，它就越有意义。“这是一个时髦的词，”他说，“我花了一段时间才明白他们到底在做什么，以及为什么它是一个有趣的好主意，而不是一个噱头。”

单一基础受到的大量关注，要归功于沃埃沃德斯基是他那一代最伟大的数学家之一这一事实。哥伦比亚大学数学家迈克尔·哈里斯（Michael Harris）在他的著作《数学无道歉》（*Mathematics Without Apologies*）中对单一基础进行了大篇幅的讨论。围绕单一模型的数学给他留下了深刻印象，但他对沃埃沃德斯基这种更大的世界观抱有怀疑。在沃埃沃德斯基的世界观中，所有数学家都在单一基础上形式化他们的工作，并在计算机上检查他们的工作。

“据我所知，大多数数学家在机械化证明和证明验证方面并没有强烈的动力，”他说，“我能理解为什么计算机科学家和逻辑学家会感到兴奋，但我认为数学家们正在寻找的是其他东西。”

沃埃沃德斯基意识到，新的数学基础很难推广。他承认“炒作和杂音确实远超我们的预期”。他致力于使用单一基础的语言来形式化MLTT和同伦论之间的关系，他认为这是该领域发展中必不可少的下一步。沃埃沃德斯基还计划将他对米尔诺猜想的证明形式化，这是让他获得菲尔兹奖的成就。他希望这一举动可以成为“一个用来在该领域创造动力的里程碑”。

沃埃沃德斯基希望最终用单一基础来研究集合论框架内无法触及的数学。但他对单一基础的发展持谨慎态度。一个多世纪以来，数学的基础都是由集合论奠定的，沃埃沃德斯基知道，如果单一基础想要有类似的寿命，从一开始就把事情做好是很重要的。

2017年9月30日，沃埃沃德斯基在新泽西州普林斯顿大学去世，享年51岁。他直接参与的这场盛大活动，就此突然终结。

里程碑式的算法打破 30 年的僵局

埃丽卡·克拉赖希

2015年11月，一位理论计算机科学家提出了一种算法，被誉为在揭示复杂性理论的晦涩领域方面取得了突破。复杂性理论用来探索计算问题的难解程度。芝加哥大学的拉斯洛·鲍鲍伊（László Babai）宣布，他给出了图同构问题的一种新算法，这是计算机科学中最令人着迷的谜题之一。鲍鲍伊的新算法似乎比之前最好的算法高效得多，而后者的纪录已经保持了30多年。2015年12月，他的论文已可在科学论文预印本网站arxiv.org上下载，他还将论文提交到了美国计算机协会第48届计算理论年会（STOC）上。[1]

几十年来，图同构问题在复杂性理论中一直享有特殊的地位。对于数以千计的其他计算问题，人们很容易将其归类为“困难”或“容易”，但图同构问题却在“抗拒”这种分类：它似乎比困难的问题容易，但又比容易的问题困难，像是落在了这两个区域之间的无人区。得克萨斯大学奥斯汀分校的计算机科学家斯科特·阿伦森（Scott Aaronson）说，这一奇怪的灰色地带有两个最著名的问题，图同构问题就是其中之一。在鲍鲍伊宣布这一消息后不久，阿伦森表示："看上去好像其中一个问题已经被拿下了。"

这一消息震惊了理论计算机科学界。科罗拉多大学博尔德分校的计算机科学家乔舒亚·格罗霍夫（Joshua Grochow）表示："如果他的算法正确的话，那它即便不是近几十年，也是近十年中最重要的成果之一了。"

计算机科学家用"图"这个词来表示由节点组成的网络，其中某些节点通过边相连。图同构问题无非是问，什么时候两个图实际上是同一个图的不同"伪装"，也就是说，它们的节点之间存在保持连接方式的一一对应（即"同构"）。这个问题表述起来非常容易，但解决起来很难，因为即使是很小的图，只要移动它们的节点位置，就可以让它们看上去截然不同。

鲍鲍伊在确定该问题的难度等级方面迈出了重要一步，他提出了一个解决这个问题的"拟多项式时间"算法。正如阿伦森所描述的那样，该算法将图同构问题放到了P类问题（一类可被高效解决的问题）所在的"大都市圈"范围内。虽然这一工作并不是关于图同构问题难度的最终定论，但研究人员认为它打破了这一问题的现有格局。格罗霍夫说："在鲍鲍伊宣布这一消息之前，我觉得可能除了他以外，没人认为这一结果会在未来10年出现，甚至永远都不会出现。"

2015年底，鲍鲍伊做了4次报告概述自己的算法。他最初拒绝接受媒体采访，并在一封电子邮件中写道："新结果必须经过专家同事的彻底审查，才能通过媒体公布。这是科学诚信的要求。"

2016年1月4日，鲍鲍伊撤回了新算法可以在拟多项式时间内运行的断言。5天后，他宣布自己已经更正了这个错误。

盲测

给定两个图，检查它们是否同构的一种方法是，简单直接地考虑一个图的节点与另一个图的节点所有可能匹配的方法。但对于一个有n个节点的图，其不同匹配方法的总数是n的阶乘（即$1 \times 2 \times 3 \times \cdots \times n$），它比$n$大得多，这使得在操作层面，这种“暴力”方法只对一些极小的图可行。例如，对于一个只有10个节点的图，就已经有超过300万种可能的匹配需要检查。而对于一个有100个节点的图，所有可能的匹配数远超可观测宇宙中原子的估计数。

如果一个算法的运行时间可以表示成多项式（如n^2或n^3）而不是阶乘，那么计算机科学家通常认为它是高效的。多项式的增长速度比阶乘或指数函数（如2^n）慢得多。有多项式时间算法的问题统称为P问题[①]。在P问题的概念首次被提出后的几十年中，科学和工程领域有数千个自然存在的问题都被证明是P问题。

计算机科学家认为P问题相对容易，另一类“NP完全问题”中的数千个问题则比较困难。迄今为止，还没有人为哪怕一个NP完全问题找到过一个高效的算法，而且大多数计算机科学家认为，没人能找到这样的算法。“NP完全问题是否真的比P问题更难”成了价值百万美元的P = NP问题，它被广泛认为是数学中最重要的未解问题之一。

我们既不知道图同构问题是否属于P问题，也不知道它是否属于NP完全问题。相反，它似乎在这两类之间徘徊。图同构问题是这一中间地带中少数几个自然问题之一，唯一一个和它一样著名的问题是素因数分

① P是英语中表示多项式的单词“polynomial”的首字母。——译者注

解问题（即把一个数分解成素数的乘积）。格罗霍夫说："很多人花时间研究图同构问题，因为它非常自然且表述简单，但同时又非常神秘。"

人们有充分的理由怀疑图同构问题不是NP完全问题。例如，它有一个其他NP完全问题都没有的奇怪性质：从理论上讲，一个全知的人（"梅林"）有可能在不提示两个图任何差别之处的情况下，说服一个普通人（"亚瑟"）这两个图是不同的。

这种"零知识"证明的方式，类似于即使亚瑟尝不出可口可乐和百事可乐之间的区别，梅林也可以说服亚瑟它们的配方不同。梅林要做的，就是反复进行盲测：如果梅林总是能正确地分辨出可口可乐和百事可乐，亚瑟就必须承认这两种饮料是不同的。

如果梅林告诉亚瑟两个图是不同的，那亚瑟也可以用类似的方法测试这个断言。他可以把这两个图放到自己背后，移动它们的节点，让它们看起来和开始时完全不同，然后再拿给梅林，问他哪一个是哪一个。如果这两个图真的同构，那么梅林就无法分辨。因此，如果梅林一次又一次地回答对了这些问题，那亚瑟最终就会得出结论：这两个图肯定是不同的，即使他自己发现不了它们之间的差别。

还没有人为任何NP完全问题找到一个盲测方案。鉴于此以及其他一些原因，理论计算机科学家们达成了一个相当强的共识：图同构问题很可能不是NP完全的。

对于相反的问题，即图同构问题是不是P问题，则两方面的证据都有。一方面，有一些实际可用的图同构算法，它们虽然无法高效地解决每个图的同构问题，但在几乎所有能找到的图上都表现良好，哪怕是随机选择的图。计算机科学家必须努力找出会使这些算法出错的图。

另一方面，图同构问题是计算机科学家所谓的"万有"问题：任何关于两个“组合结构”是否同构的问题——例如，两个不同的数独谜题是否其实是同一个基础谜题的问题——都可以被改写为图同构问题。这意味着一个快速的图同构算法将立刻解决所有这些问题。“通常，当你有这种万有性时，就意味着有某种困难度。”格罗霍夫说。

2012年，马里兰大学帕克分校的计算机科学家威廉·加萨奇（William Gasarch）曾就图同构问题向理论计算机科学家做过一次非正式调查。他发现14人认为它属于P问题，6人认为它不属于P问题。在鲍鲍伊宣布这一消息之前，很多人都没想到它会很快得到解决。格罗霍夫说：“我想它也许不是P问题，也许是P问题，但在我有生之年，我们无法知道答案。”

用数字涂色

鲍鲍伊提出的算法并没有将图同构问题直接带进P问题的范围内，但很接近了。他断言，这是一个拟多项式算法，即对于一个有n个节点的图，该算法的运行时间相当于n的某个增长得非常慢的方幂，而不像多项式那样是n的某个常数方幂。

之前最好的图同构算法是1983年由鲍鲍伊与尤金·卢克斯（Eugene Luks，现为俄勒冈大学荣休教授）一起设计的，它以“次指数”（subexponential）时间运行。[2]次指数时间与拟多项式时间的差距几乎相当于指数时间和多项式时间的差距。鲍鲍伊从1977年开始研究图同构问题，阿伦森说：“近40年来，他一直在琢磨这个问题。”

鲍鲍伊的新算法先取第一个图的一小组节点，并虚拟地给每个节点“涂上”不同的颜色。然后，该算法对第二个图的哪些节点可能对应于这一小组的节点做一个初始猜测，并将它们涂上与第一个图的对应节点相同的颜色，以此来寻找同构。这一算法循环往复，直到跑遍所有可能的猜测。

一旦确定了初始猜测，它就会限制其他节点可能的操作：例如，第一个图中连接到蓝色节点的节点，必须对应于第二个图中连接到蓝色节点的节点。为了记录这些限制，该算法引入了新的颜色：如果某个节点连接到一个蓝色节点和一个红色节点，那它可能会被涂上黄色；如果某个节点连接到一个红色节点和两个黄色节点，那它可能会被涂上绿色，等等。这一算法会不断引入更多的颜色，直到没有可用的连接特性为止。

一旦图被着色，该算法就可以排除掉所有出现不同颜色的节点相互配对的匹配情况。如果算法足够幸运，涂色过程会将图分割成许多不同颜色的块，从而大大减少了算法必须考虑的可能同构数。相反，如果大多数节点颜色都相同，鲍鲍伊则发明了另一种不同的方法来减少可能的同构数，这种办法都行得通，除去一种情况——当两个图包含一个与"约翰逊图"相关的结构时——以外。约翰逊图是一类有非常多对称性的图，这使得涂色过程和鲍鲍伊的进一步改进并没有给出足够的信息来指导算法。

2015年11月10日，在关于新算法的第一次报告中，鲍鲍伊称，这些约翰逊图对于研究图同构问题涂色方案的计算机科学家来说，是"难以言表的痛苦之源"。但约翰逊图可以用其他方法很容易地处理，所以鲍鲍伊通过证明这些图是其涂色方案的唯一障碍，"驯服"了它们。

鲍鲍伊的方法是"一种非常自然的策略，在某种意义上非常简洁"，芝加哥大学计算机科学家亚诺什·西蒙（Janos Simon）说。"它很可能是正确的，但所有数学家都很谨慎。”

尽管新算法使图同构问题比以往任何时候都更接近P问题，但鲍鲍伊在第一次报告中就推测，该问题可能就在P问题的边界外——即在郊区而不是市中心。加州大学伯克利分校的计算机科学家卢卡·特雷维桑（Luca Trevisan）表示，这将是最有趣的可能性，因为它会使图同构问题成为第一个有拟多项式算法，但没有多项式算法的自然问题。他说："这将表明复杂性理论的领域远比我们想象的丰富。”然而，如果情况确实如此，我们也不能期待它很快得到证明：证明它就相当于解决了P = NP问题，因为这意味着图同构问题把P问题与NP完全问题分离了开来。

相反，许多计算机科学家认为，图同构问题现在正处在一个下滑的轨道上，这个轨道最终会把它带进P问题的范畴。特雷维桑说，一旦找到一个拟多项式算法，通常都会经历这样一个轨迹。然而，“不知怎么的，这个问题多次让人们大吃一惊，”他说，“也许还会有更多惊喜。”

关于不可能的
宏伟愿景

托马斯·林、埃丽卡·克拉赖希

2001年夏天的一个下午，苏巴什·霍特（Subhash Khot）在印度拜访亲戚时，不知不觉地陷入了他的默认模式——安静地思考计算的极限。整整几个小时，没人能分辨出这位普林斯顿大学三年级的研究生是在工作，还是只是在客厅的沙发上陷得更深了。那天晚上，他醒来草草写了些东西，就又回到了床上。第二天早上吃完早餐，霍特告诉他母亲自己有了一个有趣的想法。母亲不知道霍特所说的这个想法究竟是什么，但她那个平日里一直很矜持的大儿子似乎格外高兴。

霍特的洞见——现在被称为唯一博弈猜想（Unique Games Conjecture）——帮助他在当时研究的一个问题上取得了进展，但连霍特本人和他的同事都没有意识到这一猜想的潜力。“那个猜想当时给人的感觉是，如果它是对的，那它会是个不错的想法。”霍特回忆道。如今，他是纽约大学柯朗数学研究所的计算机科学教授。

当霍特回到普林斯顿时，他向自己的博士导师桑吉弗·阿罗拉

（Sanjeev Arora）提了这个想法，导师建议他暂缓发表。“我不确定这是不是一篇好文章，”阿罗拉说，“我觉得发表可能有点儿为时过早，因为他一个月前才有这个想法。”

不管怎样，霍特还是写了这篇文章。谈到这个决定时，霍特说：“我只是个研究生，一开始我并没有指望有人会认真对待我。”[1]

从某种意义上说，霍特的洞见为他的另一位导师、斯德哥尔摩皇家理工学院的约翰·霍斯塔德（Johan Håstad）提出的一个想法画上了句号。但就连霍斯塔德本人一开始也忽略了霍特的猜想。他说：“我认为它可能会在一年内被证明或证否。我们花了一段时间才意识到它产生了哪些后果。”

在接下来的几年里，这个看似不起眼的观察——一个特定的假设可以简化某些近似算法问题——成了理论计算机科学中最有影响力的新想法之一。2014年，由于他“有先见之明”的假设和随后在“试图理解该假设的复杂性及其在优化问题高效近似研究中的关键作用”方面的领导作用，霍特获得了罗尔夫·内万林纳奖，人们普遍认为这是其所在领域的最高荣誉之一。

国际数学联盟在宣布该奖项时，称霍特的工作创造了“计算复杂性、分析和几何之间令人兴奋的新互动”。

霍特不太爱表达自己的想法，对自己成就所受到的认可更是闭口不提。他和他的同事们一样，对唯一博弈猜想的成功感到惊讶。他说：“我绝不会想到这个小小的提议会走这么远。”

尽管阿罗拉和其他研究近似算法极限的人一样，最初并不相信霍特这个“天上掉馅饼”的想法，但他现在把功劳归于这位自己带过的研究生，因为他感觉到霍特的提议可以清除“一个基本的绊脚石”。

“他的直觉是对的，”阿罗拉说，“他现在可能是这个领域的头号专家。”

以色列数学家阿萨夫·瑙尔与霍特密切合作了近十年。在瑙尔的提名下，他这位同事兼朋友获得了一系列奖项，包括2005年的“微软学者”奖学金（奖金为20万美元）、2010年的美国国家科学基金会艾伦·沃特曼奖，以及2014年的内万林纳奖。瑙尔说：“我在他的工作中看到的不仅仅是一些真正优秀的论文，我还看到了一个纲领，一个原创的观点。我们当中有很多能解决问题的人才——但很少有人能改变我们看待事物的方式。”

三块饼干

在一些人看来，霍特看待事情的方式可能有些悲观。考虑到他的研究方向是计算机的理论极限，他更倾向于看到什么不能做或哪里可能出错，可能也是件很自然的事情。例如，在打包度假的行李时，霍特会带上他认为家人可能需要的所有药物，以应对他两岁的儿子尼夫有可能患上的任何疾病。

“霍特很清楚会出现什么问题——他非常善于分析，而最终的结果是，我们的生活并没有太大问题。”2014年，他的妻子葛雅特莉·拉特纳帕基（Gayatri Ratnaparkhi）这样描述自己的丈夫。当时她是纽约联邦储备银行的一名分析师。

但拉特纳帕基说，霍特的分析方法也可能令人抓狂。“他试图以各种可能的方式优化事情。”她说。例如，从A点走到B点时，霍特总是想找最短路线，拉特纳帕基不得不说服他走一条风景好的路线。此外，购物也变成了一项“重大事务”，因为霍特觉得“有义务去5家店看看价格”。他尽量避免外出。

还有一个关于饼干的故事。有一次，在当地的一家面包店内，霍特惊讶地发现三块33美分的饼干竟然卖1美元。虽然这并没有阻止他买饼干，但他表示：“即使只差1美分，这也不对。”

他的妻子说：“的确，就他的技能而言，他做这份工作再合适不过了。”

霍特承认，自己的研究领域很适合他的思维方式。他说：“从某种意义上讲，在我们世界面临的许多问题上，大家都过分强调乐观了。知道自己的极限在哪儿是件好事。”

霍特的观点也体现在他对其他学科（包括经济、历史和时事）知识的如饥似渴上。他的妻子说，霍特会研究劳工统计数据，每天要读七八份报纸。“他懂一些我不知道他懂的事，”拉特纳帕基说，“在博物馆看到文艺复兴时期的艺术品时，他能告诉我（这件艺术品的创作）背景是什么。”

虽然很少有人会把霍特那副精致的无框眼镜误认为是众所周知的玫瑰色眼镜①，但那些最了解他的人都形容他是一个善良、温柔且乐于奉献的人。“他是一位极好的导师和指导者，他的研究生也很优秀。”瑙尔说。2007年，瑙尔向纽约大学教务长建议，请学校聘用霍特。如今，瑙尔和霍特是柯朗数学研究所的同事，还是同住教师宿舍区的邻居，两人的关系愈发亲密。“他和他的家人就是我的家人。”瑙尔说。

瑙尔称霍特是“一流的数学家”，他强调了霍特研究的重大抽象问

① “戴着玫瑰色眼镜”是一句西方谚语，表示把人想得太好了。——编者注

题的重要性："作为人类，我们天生就对易处理和难处理之间的界限很感兴趣。"

在霍特研究生时的工作出现前的30年里，计算机科学家已经证明了数百个重要的计算难题都属于NP困难问题。大多数计算机科学家认为，NP困难问题无法被任何算法在合理时间内完全解决。NP困难问题的一个例子是著名的"旅行推销员问题"：给定一组城市，求解一次访问其中每座城市的最短往返路线。1999年，当霍特刚到普林斯顿大学时，许多计算机科学家已经将注意力转移到探索能找到这些难题好的近似解的高效算法上了。

在很多问题上，计算机科学家都成功做到了这一点。但1992年，一个包括霍特未来的导师阿罗拉在内的计算机科学家团队证明了一个被称为PCP①定理的结果，震惊了他们的同事。有了PCP定理，研究人员可以证明，对于一大类计算问题来说，找到好的近似解甚至都是NP困难的。这意味着——大多数计算机科学家也相信——它是一项不可能高效执行的任务。[2]

这一发现粉碎了研究人员为每一个问题确定任意好的近似算法的希望，但它开辟了一条新的探索之路——尝试给出一种关于"确切难度"的结果，即如下形式的陈述："这是X问题的一个近似算法，我们证明了找到任何比它更好的近似算法都是NP困难的"。就在霍特开始读研究生前不久，霍斯塔德为一些近似问题确定了确切难度。[3]然而，那时的他也不清楚该如何将自己的结果推广到其他计算问题。

阿罗拉说，在普林斯顿，霍特花了三个月就轻松通过了系里的先修

① PCP，即概率可检测证明（probabilistically checkable proof）的缩写。——译者注

课——通常来说，学习这些课程，优秀学生需要花一年、普通学生需要花两年。随后，霍特开始研究霍斯塔德的技术，尝试为几个问题确定确切难度。然后，就出现了他在印度度假时的顿悟：如果对某个近似问题的难度做一定的假设，那他的另一个问题就会变得简单很多。回到普林斯顿后，霍特意识到，如果做同样的假设，那他的另外几个问题也会变得容易一些。最终，他将这个假设命名为唯一博弈猜想。

证明不可能

霍特在一个人口不足30万的印度小镇伊切尔格伦吉长大。在伊切尔格伦吉，霍特因赢得诸多数学竞赛而出名；他的名字和照片经常出现在当地的马拉地语报纸《早报》（*Sakal*）和《领导者》（*Pudhari*）上。16岁时，他在印度理工学院的联合入学考试中取得了全国最高分：这项考试是出了名的难，以至于大多数符合条件的学生都不愿意参加。17岁时，霍特前往孟买的一所学校学习计算机科学，在此之前他从未接触过电脑。

霍特从小自学成才。他喜欢阅读被翻译成马拉地语的俄罗斯科学书籍，他最喜欢的一本书中有几章描述了钯和镓等稀有元素。摆在霍特面前的道路似乎是注定的，那就是跟随父母的脚步进入医学界。霍特的父亲是耳鼻喉科专科医生，母亲是全科医生，他们在住宅的一二层开了一家诊所。诊所里挤满了来自当地纺织业的患者，他们中的许多人都患有呼吸道疾病。

后来有一天，霍特告诉母亲自己不想当医生。“我对化学很感兴趣，对一部分物理很感兴趣，最终对数学也很感兴趣，”他说，“我隐隐约约地意识到数学是所有这些东西的基础，那为什么不直接学数学呢？”

拉特纳帕基开玩笑说，这种变化最好不过了。“如果霍特当医生，他会成为一个糟糕的医生，因为他不喜欢和人交谈。”

在霍特的高中时期，对他影响最大的人是他的数学老师、同时也是校长的V. G. 戈盖特（V. G. Gogate）。霍特说：“他就像父亲或祖父一样。每次回家，我都会第一个打电话给他，也会第一个拜访他。”

霍特说，2014年3月，当他得知自己获得内万林纳奖后，组委会要求他在8月的颁奖典礼之前不能告诉任何人这个消息，而他觉得最困难的就是要向戈盖特保守这个秘密。在宣布获奖的几个月前，霍特说，当戈盖特知道这个消息时，“他会是那个最幸福的人，甚至比我或我母亲还要幸福”。

现在，戈盖特已经退休了，他并没有真正教过霍特数学。霍特在高中时一直通过阅读高级教科书自学。“我们这个小镇教育条件不好，”霍特的母亲贾亚什雷·霍特（Jayashree Khot）说。“所以戈盖特只能自己动手。”

戈盖特邀请霍特和其他尖子生到他家学习，并鼓励自己的学生自给自足、帮助他人。戈盖特说，霍特不仅自学了所有的知识，还帮助他的所有朋友学习科学、数学、梵语、马拉地语和英语。戈盖特说：“他通过自己思考来寻找问题的答案，他还指导了所有同学。”

但这一切并不容易。在考入印度理工学院之前，霍特必须自己找出所有难题的答案。有些问题他花了半年到一年的时间才解决。最后他表示：“我的一切知识都是通过很辛苦的方式学到的，但我认为这很有帮助。”现在，霍特认为他的独立和专注是他作为数学家最大的优点。“我非常乐意在一个问题上花很长时间。”他说。

霍特在印度理工学院读了大概一个月本科后，悲剧发生了：他的父亲因为心脏病去世了。“我父亲去世后，我的世界观发生了变化。”他说。考试成绩和比赛名次似乎不再那么重要了。他努力学习和钻研，但不再怎么在意外部结果了。

在孟买，霍特完成了要求的编程作业，却被计算机科学的数学方面吸引了。他说，在数学方面，“你并不真的需要把计算机当成机器”。当毕业后来到普林斯顿时，霍特明确了自己的想法——专注于理论计算机科学。

霍特介绍唯一博弈猜想的论文发表于2002年。[4]一年后，这一猜想的威力首次显现。霍特和目前在纽约大学工作的奥代德·雷格夫（Oded Regev）证明，如果唯一博弈猜想是正确的，那数学家就有可能为最小顶点覆盖这一网络问题建立确切的近似难度。[5]之后，在2004年，霍特和三位合作者利用唯一博弈猜想得到了一个意想不到的发现。[6]他们证明，如果这个猜想是正确的，那另一个网络问题——最大割（Max Cut）问题，它的最著名的近似算法真的是最好的算法了。在此之前，许多计算机科学家只把它当成找到更好算法之前的“占位符”。

突然之间，所有人都开始研究唯一博弈猜想的含义。普林斯顿高等研究院的阿维·威格德森（Avi Wigderson）说：“你应该看到了，很多数学家都在研究这个猜想产生的问题。”在最大割问题的结果出现后的几年里，涌现出了大量关于近似难度的结果——即“如果唯一博弈猜想是正确的，那以任意小于Y%的误差逼近X问题的解都是NP困难的”这种形式的定理。

“这个猜想突然变得非常有趣且重要。”威格德森说。甚至，它似乎还有助于证明一些问题的近似难度结果，而这些问题从表面上看似乎与处在唯一博弈猜想核心的问题（比如涉及为网络的节点分配颜色的问题）并无关系。“霍特的问题有什么特别之处？”威格德森问道，“这一点目前尚不清楚。”

2008年，加州大学伯克利分校的普拉萨德·拉加文德拉（Prasad Raghavendra）证明，如果唯一博弈猜想是正确的，那我们就有可能为一整类叫作“约束满足问题”的常见计算问题建立近似难度的结果。[7]这类问题涉及寻找满足尽可能多约束条件的问题的解。例如，在婚礼座位表上，如何将不和的家庭成员尽可能地安排在不同的桌。

威格德森说：“我们仅依赖霍特假设的一个问题是困难的，就能立刻理解无穷多类的问题，这太令人惊讶了。”“这个猜想建立了一种人们很少期待的理解，这正是它如此有趣和优美的原因。”他说。

“它改变了我们对计算机科学中许多问题的思考方式。”卡内基-梅隆大学的理论计算机科学家瑞安·奥唐奈（Ryan O’Donnell）说。

是对是错

不论是一个人在办公室，还是在华盛顿广场公园的长椅上，周围都是婴儿车、街头艺人和象棋骗子；不论是在挤满纽约大学学生的咖啡馆里，还是在印度与家人朋友待在家里，对霍特来说最舒服的永远是安静思考。

“当我们去看他不喜欢的电影时，他就会自己一个人工作。”拉特纳帕基说，“这种情况经常发生。”

如果唯一博弈猜想被证否，那由此产生的所有关于近似难度的结果都将崩塌。但一些其他结果依然成立：出于一些神秘的原因，近似难度结果的证明以及试图对唯一博弈猜想本身的证明，使数学家陈述并证明了各种各样关于看似不相关数学领域的定理，包括泡沫的几何性质、不同的距离测量方式之间的关系，甚至不同选举系统的稳定性。[8]“这些非常自然的问题突然就冒了出来。”奥唐奈说。无论唯一博弈猜想是对是错，这些结果都成立。

计算机科学家能否证明或证否霍特的唯一博弈猜想，仍有待观察。阿罗拉说，能证明它对计算机科学家来说是好事，但证否它可能更令人兴奋。研究人员一致认为，要证否这一猜想可能需要创新的算法技术，而这些技术会解开一系列不同的近似问题。阿罗拉说：“如果有人提出一种高效算法解决了唯一博弈猜想，那我们将会对如何设计算法产生非常有价值的新见解。”

霍特并不指望有人能很快证明或证否他的猜想。他说：“在这一点上，我们或许只能希望继续朝证明或证否的方向构建证据。”他本人正致力于证明这一猜想，但同时也在探索能否想出别的办法来证明近似难度的结果。霍特说：“这才是真正的目标。”

在儿子出生以前，霍特一直在思考与唯一博弈猜想有关的问题。但他说当了父亲之后，“你突然意识到，生活中有比你以前想的重要得多的事”。

2014年，霍特从自己的办公室走向操场，一路上他一直在谈自己的工作，经常会有长时间的停顿，措辞谨慎。当小男孩跑去迎接他时，霍特的眉头舒展开来，脸上掠过灿烂的笑容。

“所有人中，和尼夫在一起的时候他最开心，”拉特纳帕基说，“他一直和尼夫说话。”

霍特说，他想花更多时间和儿子待在一起，这使他的工作效率更高了。以前，他会在阅读新闻和浏览互联网的空当中做研究。“现在，我有朝九晚五的时间自由地工作。”霍特说，“我比以前更有条理了。”

霍特说，当他和儿子玩的时候，关于数学的念头偶尔会窜出来。“但如果那家伙到处乱跑，你会怎么做呢？”

第 六 部 分

无穷是什么

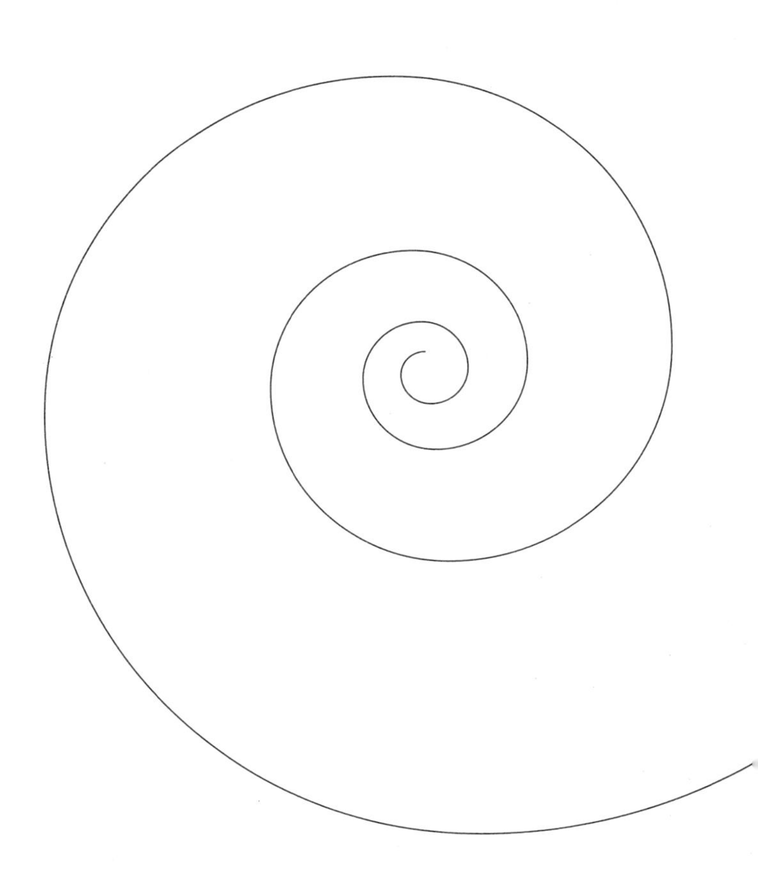

一条解决无穷争议的新逻辑定律

纳塔莉·沃尔乔弗

数学家在探索他们宇宙的过程中，偶尔发现了一些漏洞：一些陈述在ZFC公理体系内既不能被证明，也不能被证否。ZFC公理是9条公理的统称，它们构成了数学的基本定律。大多数数学家直接忽略了这些漏洞，因为它们处在一些几乎没有实际或科学影响的抽象领域。但对于数学逻辑基础的管理者来说，它们的存在引发了对整个数学大厦基础的担忧。

“如果我使用的基本概念有问题，我还怎么留在这个领域继续证明定理呢？”哈佛大学专门研究数理逻辑的哲学教授彼得·克尔纳（Peter Koellner）问道。

在这些漏洞中，最主要的是连续统假设：它是一个关于无穷的可能大小的陈述，已经有140年历史了。虽然连续统假设看起来很难理解，但它无数次出现在许多测量中：例如，数轴上的点（统称为“连续统”）比自然数集的点多。连续统之外还有更大的无穷——这是一个无限进行的过程，会不断产生越来越大的无穷实体。连续统假设断言，在最小的无穷（自然数集）和它断言的第二小无穷（连续统）之间不存在其他无穷。数理逻辑学家库尔特·哥德尔（Kurt Gödel）在1947年写道，连续统假设肯定“要么是对的，要么是错的”，“以现在已知的公理无法判定它是对是错，只能说明这些公理并不包含对现实的完整描述。”

几十年来，人们一直在追寻更完整的公理体系，一个既能解决关于无穷的问题，同时又能堵上数学中许多其他漏洞的公理体系。2013年，这种追寻走到了一个十字路口。克尔纳在哈佛组织了一次会议，会议期间，学者们基本达成了一致意见：用来补充ZFC的公理体系有两个主要竞争者：力迫公理（forcing axioms）和内模型公理（inner-model axiom）“V = 终极L”。

“如果力迫公理是对的，那连续统假设就是错的。”克尔纳说，“但如果内模型公理是对的，那连续统假设就是对的。在其他领域分析了一系列问题后你也能看到，力迫公理会给出一种答案，而终极L会给出另一种不同的答案。”

根据研究人员的说法，在候选者之间进行选择，归根到底是一个关于逻辑公理的目的和数学本身性质的问题。如果认为公理是产生最原始数学宇宙的真理粒子，那V = 终极L可能是最有希望的；[1]而如果认为公理是寻找数学发现中最有成果的种子的关键，那这个标准似乎更倾向于力迫公理。[2]康奈尔大学数学教授贾斯廷·穆尔（Justin Moore）表示：“关于目标是什么的问题，两者有不同看法。”

公理体系（例如ZFC）提供了一组管理集合的规则。集合是对象的收集，是数学宇宙的基本组成部分。就像现在ZFC对数学真理进行公断一样，在规则手册中增加一条额外的公理将有助于塑造该领域的未来——特别是它对无穷的看法。但与大多数ZFC公理不同的是，新的公理“并不是不证自明的，或者至少在我们这个知识阶段不是不证自明的，因此我们的任务更为艰巨”。斯特沃·托多尔切维奇（Stevo Todorčević）这样说道，他是多伦多大学和法国国家科学研究中心的数学家。

“V = 终极L”的支持者说，无穷集有无限的变化，深不可测，而在整数和连续统之间建立缺失的无穷，将有望给无穷集的混沌带来秩序。不过，这一公理对传统数学分支的影响可能微乎其微。

“集合论的目的在于理解无穷。”哈佛大学数学家休·伍丁（Hugh Woodin）说。休·伍丁是“V = 终极L”理论的缔造者，也是当代最杰出的集合论学家之一。他认为，与大多数数学相关的人们熟悉的数字，“在集合的宇宙中只是微不足道的一部分”。

与此同时，力迫公理——通过在整数与连续统之间增加一个新的无穷来证否连续统假设——也会在另一方向上拓展数学的前沿。可以说，它们可以成为一种生产力，让普通数学家“真正在这一领域的工作中使用”。摩尔说：“对我而言，这最终是（数学）基础应该做的事情。”

“V = 终极L”的研究进展和力迫公理新发现的用途，特别是以数学家唐纳德·马丁（Donald Martin）命名的马丁最大化公理，引发了人们对应该采用哪条公理的辩论。同时也存在第三种观点，即根本不认同这场辩论的前提。根据一些理论家的观点，存在无数个数学宇宙，在一些宇宙中连续统假设为真，在另一些宇宙中连续统假设为假，但所有数学宇宙都同样值得探索。与此同时，“也有一些持怀疑态度的人，”克尔纳说，“出于哲学方面的原因，他们认为集合论和更高阶的无穷甚至没有任何意义。”

无穷悖论

几乎从数学出现伊始，无穷就引起了人们的注意。争论并非源于潜无穷（potential infinity），即数轴将永远延续，这一概念本身，而是源于将无穷定义为一个实际、完整且可操作的对象。

“现实世界中有什么对象是真正无穷的？”宾夕法尼亚州立大学的数学家和逻辑学家斯蒂芬·辛普森（Stephen Simpson）这样问道。借着最早由亚里士多德提出的这一观点，辛普森认为实无穷并不真实存在，因此不应该那么轻易地假定它存在于数学宇宙中。他领导的一项工作通过证明绝大部分定理都可以只用潜无穷的概念来证明的方式，来努力让数学摆脱对实无穷的依赖。辛普森说：“但现在人们几乎忘记了潜无穷。在ZFC集合论的思维模式中，人们甚至都不记得这种区别。他们朴素地认为无穷就是实无穷，仅此而已。”

19世纪末，德国数学家格奥尔格·康托尔（Georg Cantor）将无穷“打包出售”给了数学界。康托尔发明了一个处理集合的数学分支——集合论。集合是元素的收集，它的范围从空集（相当于数字0）到无穷集不等。康托尔的集合论是一种描述数学对象的非常有用的语言——在几十年内，它就成了该领域的通用语言。20世纪20年代，人们建立了一个包含9条公理的列表，称其为“带有选择公理的策梅洛–弗伦克尔集合论”，简称ZFC，该列表被广泛采用。其中一条公理翻译成直白的语言就是，如果两个集合包含的元素相同，这两个集合就相等。另一条公理则简单地断言存在无穷集。

假定实无穷的存在会产生令人不安的后果。例如，康托尔证明，可以在偶数的无穷集 $\{2, 4, 6, \cdots\}$ 和自然数的无穷集 $\{1, 2, 3, \cdots\}$ 之间建立一一对应，这表明偶数与偶数加奇数一样多。

更令人震惊的是，康托尔在1873年证明了实数（例如0.000 01、2.568 023 489、π等）的连续统是“不可数的”：实数与自然数不能一一对应，因为对于任意有序实数列表，总能找到一个不在列表上的实数。实数的无穷集和自然数的无穷集大小不同，或用康托尔的话说，它们的基数不同。事实上，他发现，存在一个由无穷集构成的无限（而不止自然数集和实数集这两个）序列，这些无穷集的基数越来越大，每个新的无穷集都是前一个无穷集的幂集（即由它的所有子集构成的集合）。

有些数学家对无穷的这种混乱持鄙视态度。康托尔的一位同事称这些无穷为“严重的疾病”；另一位同事则直接称康托尔本人为“年轻人的腐蚀者”。[3]但根据集合论的逻辑，它是正确的。

康托尔对这两个最小的基数感到好奇。伍丁说：“从某种意义上说，这是你能问的最基本的一个问题：这两个基数之间是否存在其他无穷，或者说，实数无穷是不是第一个超过自然数无穷的无穷？”

对于这一中间大小的无穷，所有看似明显的候选者都失败了。有理数（能写成整数之比的数，如1/2）是可数的，因此与自然数有相同的基数，而连续统的任何部分（例如0到1之间）都含有与整个集合一样多的实数。康托尔猜测，在可数集和连续统之间不存在其他无穷。但他无法用集合论的公理证明这个“连续统假设”，其他人也不能。

后来，1931年，刚在维也纳大学获得博士学位的哥德尔有了一个惊人发现。凭借对两个定理的证明，25岁的哥德尔证明了像ZFC这样一个可枚举、但又足够复杂的公理系统，永远不可能既一致又完备。要证明它的公理是一致的（也就是说，它们不会导致矛盾），就需要一个不在列表中的额外公理。为了证明ZFC加上那个公理是一致的，还需要另一个公理。“哥德尔不完备性定理告诉我们，我们永远无法抓住自己的尾巴。”穆尔说。

ZFC的不完备性意味着，由其公理生成的数学宇宙中不可避免地存在漏洞。“会有一些无法用这些公理来判定的（陈述）。”伍丁说。不久，人们就清楚地看到，连续统假设——这个关于无穷“你能问的最基本的问题”——就是这样一个漏洞。哥德尔自己证明了连续统假设为真与ZFC一致，美国数学家保罗·科恩（Paul Cohen）则证明了相反的断言，即连续统假设为假也与ZFC一致。他们的结果合在一起表明，连续统假设实际上是独立于ZFC的。要证明或证否它，需要ZFC之外的东西。

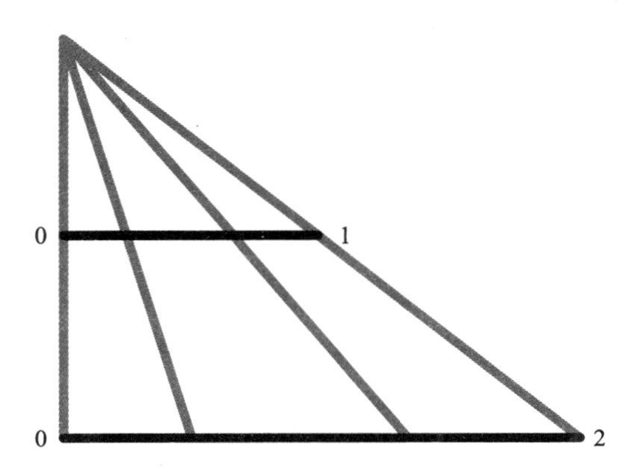

图6.1　因为区间（0, 1）上的每个点对应于同一条灰线上的（0, 2）上的点，所以0和1之间的实数与0和2之间的实数一样多。这种“一一对应”证明，两个无穷集的大小是相同的

由于这一假设尚未得到解决，基数和关于无穷的许多其他性质也依然不确定。但对于像所罗门·费弗曼（Solomon Feferman，已故）这样的集合论怀疑者来说，这一点并不重要。“它们与日常数学完全无关。”2013年，费弗曼如是说。

但对于那些整天游荡在一个名为“V”的集合的宇宙（其中几乎所有的对象都是无穷的）中的人来说，这些问题就显得至关重要了。“我们对集合的宇宙没有一个清晰的认识。”伍丁说，“你写下的几乎所有关于集合的问题都是无法解决的。这样的现状并不令人满意。”

集合的宇宙

哥德尔和科恩的工作共同将集合论引到了现在的十字路口。而他们两个也恰好成了思考集合论自此该何去何从的两个学派各自的创始人。

哥德尔设想了一个名为“L”的小的、可构造的模型宇宙，这个模型宇宙从空集开始，通过迭代来构建越来越大的集合。在由此得到的集合宇宙中，连续统假设是正确的：整数和连续统之间没有其他的无穷集。“与集合宇宙的混沌不同，你真的可以分析L。”伍丁说。这使得公理“V = L”，即集合宇宙V等于“内模型”L这一陈述变得很有吸引力。按照伍丁的说法，这一陈述只有一个问题：“它严重限制了无穷的本质。”

L太小了，以至于无法包含大基数。大基数是指在一个无限分层中递增的无穷集，这些分层的不同级别分别被命名为“不可达的”（inaccessible）、“可测的”（measurable）、“伍丁的”（Woodin）、“超紧的”（supercompact）、“巨大的”（huge），等等——它们共同构成了一曲由无穷组成的不和谐的交响乐。人们在20世纪间歇地发现了这些大基数，但它们的存在性却无法在ZFC中得到证明，而必须假设额外的“大基数公理”。在过去的几十年里，数学家已经证明，大基数可以产生丰富而有趣的数学。克尔纳说：“在你沿着大基数分层向上爬时，你会得到越来越重要的结果。”

正如许多数学家所指出的那样，这场辩论本身就揭示了人类对无穷的概念缺乏直觉。

为了让这曲由无穷组成的交响乐持续下去，几十年来集合论学家一直在努力寻找一个内模型，它和L一样原始和可分析，但同时包含大基数。然而，构造任何一个包含所有大基数类型的集合宇宙都需要一个独特的工具包。因此，克尔纳说，对于每个更大的、范围更广泛的内模型，“你必须做一些完全不同的事情”。“由于大基数分层会一直持续下去，所以看上去我们也必须一直持续下去，持续建立和大基数分层中的转移点一样多的新的内模型，而这使得上述目标看起来毫无希望，因为，你知道，生命是短暂的。”

因为不存在最大的大基数，所以看起来不可能存在终极L——一个包含所有这些对象的内模型。“然后发生了一件非常令人惊讶的事。”伍丁说。在2010年发表的工作中，他发现了分层中的一个分离点。[4]

“伍丁证明，你只需要达到超紧这一级，就会出现溢出，你的内模型就会自动吸收所有更大的大基数。”克尔纳解释说，“这是一种局面上的转变。它使人们看到了新的希望——这种方法可以奏效。只要击中一个超紧的大基数，你就拥有了一切。”

终极L是假想中包含超紧大基数（进而包含所有大基数）的内模型的名称，虽然它还没有被构造出来。公理“V = 终极L”断言这个内模型就是集合的宇宙。

2013年，伍丁完成了终极L猜想的四阶段证明的第一部分，并开始与一小群同事对其进行检查。他说：“所有这一切都归结到了这个猜想。如果有人能证明它，那他就证明了终极L的存在性，并验证了它与所有无穷的概念相容，这里的无穷不仅包括我们今天能想到的无穷，也包括我们所有能想到的无穷。如果终极L猜想是对的，那我们就有了“V = 终极L”的一个绝对令人信服的例子。”

拓展宇宙

即使终极L存在、可以被构造出来，且像伍丁希望的那样美好，它也并不是所有人心目中理想的宇宙。加州大学欧文分校的数学哲学家佩内洛普·马迪（Penelope Maddy）说：“在集合论的很长一段历史中，有一种相反的推动力贯穿其中。这种推动力告诉我们，宇宙应该尽可能丰富，而不是尽可能小。这就是力迫公理的动机。”马迪是2011年出版的《捍卫公理》（*Defending the Axioms*）一书的作者。

为了拓展ZFC、解决连续统假设并更好地理解无穷，力迫公理的倡导者们提出了一种被称为“力迫法”（forcing）的方法，前文提到的科恩是最早提出这一想法的人。如果说内模型从头开始构建了一个集合的宇宙，那力迫法就将它拓展到了四面八方。

托多尔切维奇是力迫法的领衔者之一，他认为力迫法可与复数（实数加上一个额外的维度）的发明相提并论。他说：“复数从实数开始，而我们从集合的宇宙开始，然后把它拓展成一个更新、更大的宇宙。”在由力迫法产生的拓展宇宙中，实数比原始宇宙中由ZFC定义的实数要多。这意味着ZFC的实数构成了一个比完整的连续统更小的无穷集。“通过这种方式，你就证否了连续统假设。”托多尔切维奇说。

20世纪80年代发现的一个被称为“马丁最大化”的力迫公理，将宇宙扩展到了它所能达到的极限。[5]尽管没那么优美，它仍是“V = 终极

L”最强大的竞争对手。“从哲学角度来看，证明这条公理的合理性要困难得多。”托多尔切维奇说，“我们只能从它对数学其余部分的影响来证明它的合理性。”

这就是力迫公理发挥作用的地方。当“V = 终极L”忙于建造一座由难以想象的无穷组成的城堡时，力迫公理正在填补日常数学中一些有问题的坑坑洼洼。托多尔切维奇、穆尔、卡洛斯·马丁内斯–拉内罗（Carlos Martinez-Ranero）和其他一些人近年来的工作表明，力迫公理给出了许多具有良好性质的数学结构，而且使得它们更容易使用和理解。[6]

对穆尔来说，这些结果使力迫公理比内模型更有优势。“最终，这个决定必须取决于它对数学有什么用，”他说，“除了它自身的内蕴趣味以外，它还能产生什么好的数学？”

“我的回答是，马丁最大化对于理解经典数学中的结构是很好的，这一点毋庸置疑。”伍丁说，“对我而言，这不是集合论的意义所在。目前还不清楚马丁最大化如何才能更好地理解无穷。”

在2013年的哈佛会议上，来自两个阵营的研究者展示了关于内模型和力迫公理的新工作，并讨论了它们相对于彼此的优点。他们说，这种反复的局面可能会一直持续下去，直到其中一个候选项中途退出。例如，最后研究者可能会发现终极L不存在，或者马丁最大化并不像其支持者希望的那么有用。

正如许多数学家指出的那样，这场辩论本身就揭示了人类对无穷这一概念缺乏直觉。“在你进一步研究连续统假设的推论之前，你对它是真是假都没有任何真实的直觉。”穆尔说。

数学以其客观性著称。但如果没有现实世界中的无穷对象作为抽象的基础，数学真理在某种程度上就成了一种观点问题——这就是辛普森的将实无穷完全排除在数学之外的论点。在“V = 终极L”和“马丁最大化”之间做选择也许不是一个真假的问题，它更像是在问英式花园和森林哪个更可爱。

“这是个人喜好的事情。”摩尔说。

然而，数学领域以其统一性和凝聚性而闻名。正如20世纪初ZFC渐渐主导了其他的基础框架，将实无穷牢牢地嵌入数学思想和实践中一样，或许未来也只有一个决定无穷更完整本质的新公理能够存活。根据克尔纳的说法，“有一方肯定是错的”。

跨越有限与无穷的分界

纳塔莉·沃尔乔弗

2016年，两位年轻数学家通过一个出人意料的证明，找到了有限与无穷之间的一座桥，这一发现同时也有助于绘制这二者之间奇怪的边界。

这条边界并不是分隔了某个非常大的有限数和下一个无穷大的数。相反，它分隔的是两类数学命题："有限"(finitistic)数学命题和"无穷"(infinitistic)数学命题。前者可在不借助无穷这一概念的情况下得到证明，而后者则依赖于"存在无穷对象"这一本质上并不明显的假设。

加州大学伯克利分校数学教授西奥多·斯拉曼(Theodore Slaman)说，绘制并理解这个分界是"数理逻辑的核心"。这两位年轻数学家的证明直接导向数学客观性、无穷的意义以及数学与物理现实之间的关系等问题。

更具体地说，该证明解决了一个困扰顶级专家20年的问题：对一个叫"二元组的拉姆齐二染色定理"(简称为RT_2^2)的命题进行归类。几乎所有定理都可被证明等价于少数几个主要的逻辑系统之一。逻辑系统由一些包含或不包含无穷的初始假设集组成，它们张成了有限与无穷的分界，而RT_2^2却位于这些分界线之间。“这是一个极其例外的情形，”德国达姆施塔特工业大学数学教授乌尔里希·科伦巴赫（Ulrich Kohlenbach）说，“这就是为什么它如此有趣。”

在证明中，日本北陆先端科学技术大学院大学的数学家横山启太（Keita Yokoyama）和目前在法国国家科学研究中心的计算机学家卢多维克·帕泰（Ludovic Patey）确定了RT_2^2的逻辑强度——但并不是在大多数人所期待的层面上确定的。[1]这个定理表面上是一个关于无穷对象的陈述，但横山和帕泰发现它是“有限可约的”：即在逻辑强度上它相当于一个无须借助无穷概念的逻辑系统。这一结果意味着RT_2^2中的无穷结构可以用来证明有限数学中的新事实，因而在有限与无穷之间架起了一座出人意料的桥梁。“帕泰和横山的结果确实是一个突破。”比利时根特大学的安德烈亚斯·魏尔曼（Andreas Weiermann）说，他本人在RT_2^2上的工作揭开了这个证明的一步。

在已知的、涉及无穷的有限可约命题中，二元组的拉姆齐二染色定理被认为最复杂的一个。想象你有一个包含无穷多对象的集合（例如所有自然数的集合）。集合中每个对象都与其他所有对象配对，然后你根据某些规则为每对对象涂上红色或蓝色（例如对于任意一对数字$A<B$，如果$B<2^A$，那么将这两个数涂成蓝色，否则涂成红色）。RT_2^2声称，完成这步操作后，存在一个无穷的单色子集：即一个由无穷多对象组成的集合，其中的对象与其他所有对象组成的配对颜色都相同。

RT_2^2中可着色、可分的无穷集是抽象的，在现实中并没有对应物。然而，横山和帕泰的证明表明，数学家可以自由使用这一无穷结构来证明有限数学中的命题——包括数字和算术的规则，这些规则可以说构成了科学中需要的所有数学的基础，无须担心由此得出的定理依赖于逻辑上摇摇欲坠的无穷的概念。这是因为不论无穷是否存在，RT_2^2的所有有限推论都是“对的”：我们可以确保这些有限推论能用其他一些完全有限的方式证明。斯拉曼解释说：“RT_2^2的无穷结构可能使我们更容易地找到证明，但最终你就不需要这些无穷结构了。你可以给出一种自然的——一种（有限的）证明。”

6年前，那时横山还是一名博士后研究员，他将目光投向了RT_2^2。横山没想到会得到这样的结果。“老实讲，我原本认为它不是有限可约的。”他说。

横山的这一想法，部分是因为之前的工作证明了三元组的拉姆齐二染色定理（简称RT_3^2）不是有限可约的：RT_3^2断言，当你（根据某些规则）将一个无穷集合中对象的三元组涂成红色或蓝色时，你最终得到的无穷、单色三元组的子集是一个非常复杂的无穷，以至于无法被归结到有限推理。换言之，与RT_2^2中的无穷相比，RT_3^2中的无穷可以说是更令人绝望的无穷。

尽管数学家、逻辑学家和哲学家仍在继续分析帕泰和横山这一结果的微妙含义，但可以说它部分实现了希尔伯特计划。希尔伯特计划是范德比尔特大学和宾夕法尼亚州立大学数学家斯蒂芬·辛普森倡导的一种接近无穷的方法，它取代了伟大数学家大卫·希尔伯特早期提出的一个无法实现的行动计划。1921年，大卫·希尔伯特命令数学家将无穷完全纳入有限数学的框架。希尔伯特认为，对于当时围绕在无穷这一新数学周围的怀疑，有限可约性是唯一补救方法。正如辛普森所描述的那样，在那个时代，“有人怀疑数学进入了一个模糊地带”。

无穷的崛起

公元前4世纪，亚里士多德提出了关于无穷的哲学，他的这一哲学被一直沿用了下来，直到150年前才受到了挑战。亚里士多德接受“潜无穷”——例如，数轴将永远延续——作为数学中一个完全合理的概念。但他拒绝接受“实无穷”的概念，认为由无穷多元素组成一个完整集合的概念毫无意义。

19世纪以前，亚里士多德的这种区分一直都能满足数学家的需要。卡内基–梅隆大学哲学家和数学家杰里米·阿维加德（Jeremy Avigad）表示，在那之前，“数学本质上是计算性的”。例如，欧几里得推导出了构造三角形和平分线的规则，这对桥梁建造非常有用；两千多年后，天文学家使用“分析”的工具来计算行星的运动。实无穷从其本质上来讲是无法计算的，几乎没什么用处。但到了19世纪，数学从计算转向了概念理解。数学家开始发明（或发现）抽象的对象——首先便是无穷集，由德国数学家格奥尔格·康托尔在19世纪70年代开创。阿维加德说：“人们在试图寻找更进一步的方法。”康托尔的集合论被证明是一个强大的新数学系统，但这种抽象方法仍存在争议。“人们会说，如果你给出的论证没有告诉我如何计算，那就不是数学。”

更令人不安的是，认为存在无穷集的假设直接导致了康托尔的一些反直觉的发现。例如，他发现，无穷集形成了一个无限长的级联大小序列——一个由无穷组成的塔，它与物理现实毫无联系。更重要的是，集合论证明了一些人们难以接受的定理，如1924年证明的巴拿赫–塔斯基悖论（Banach-Tarski paradox）。该定理断言，如果你把一个实心球分解成若干碎片，使得每块碎片都由一些点的无限稠密散射组成，那么你可以用一种不同的方式将这些碎片拼起来，得到与原来实心球大小相同的两个实心球。希尔伯特和他同时代的人担心：无穷数学是一致的吗？它是对的吗？

人们担心集合论包含了一个实际的矛盾——比如它证明了0 = 1，这将使整个数学结构失效——因而使数学面临生存危机。正如辛普森所描述的那样，现在的问题是，“数学究竟在多大程度上谈论了真实的东西？它是在谈论与我们周围的真实世界相去甚远的某个抽象世界呢，还是说它最终会扎根于现实？”

尽管对无穷逻辑的价值和一致性有所质疑，希尔伯特和他同时代的人也不愿意割舍这样的抽象——它是推动数学推理的工具。在1928年，正是这种抽象使英国哲学家和数学家弗兰克·拉姆齐（Frank Ramsey）能够随心所欲地对无穷集进行划分和着色。1925年，希尔伯特在一次演讲中说：“没有人能把我们从康托尔为我们创造的乐园中驱逐出去。”他希望待在康托尔的乐园里，并证明它建立在稳定的逻辑基础之上。希尔伯特要求数学家们证明集合论和所有关于无穷的数学都是有限可约的，从而是可靠的。1930年，他在柯尼斯堡发表的演讲中说道：“我们必须知道；我们必将知道！”（Wir müssen wissen. Wir werden wissen.）这句话后来刻在他的墓碑上。

然而，奥地利裔美国数学家库尔特·哥德尔在1931年证明，事实上我们并不会知道。哥德尔得到了一个令人震惊的结果，他证明了任何逻辑公理（或初始假设）的系统都无法证明自身的一致性：要证明某个逻辑系统是一致的，你总需要系统之外的另一条公理。这意味着数学中没有终极的公理集——没有包罗一切的理论。在寻找一组既能产生所有为真的数学陈述，又不会自相矛盾的公理时，你总需要另一条公理。哥德尔定理意味着希尔伯特计划注定失败：哪怕是有限数学的公理都无法证明其自身的一致性，更不用说集合论和无穷数学的一致性了。

如果不确定性仅仅囿于与无穷集有关的系统中，这种一致性的缺失可能就不那么令人担忧了。但它很快就开始渗入有限的领域。数学家开始发现一些关于自然数的具体陈述的无穷证明——可以想象，这些定理在物理或计算机科学中都有应用。这种自上而下的推理还在继续。1994年，安德鲁·怀尔斯用无穷逻辑证明了费马大定理。费马大定理是数论中的一个大问题，皮埃尔·德·费马（Pierre de Fermat）在1637年神秘地声称："我发现了这个定理的一个真正奇妙的证明，但这个页边空白太窄，我写不下它。"怀尔斯那份150页、充满了无穷概念的证明可信吗？

考虑到这些问题，像辛普森这样的逻辑学家一直希望至少能部分实现希尔伯特计划。虽然并不是所有和无穷相关的数学都能归结为有限推理，但他们认为其中最重要的部分可以得到巩固。辛普森是亚里士多德哲学的追随者，自20世纪70年代以来，他与俄亥俄州立大学的哈维·弗里德曼（Harvey Friedman）一起，一直拥护"部分实现希尔伯特计划"的目标（弗里德曼是该目标的最初提出者）。辛普森估计已知的数学定理中有85%可以归结为有限逻辑系统。"它的意义在于，"他说，"通过有限可约性，我们的数学得以与现实世界相连。"

例外情形

辛普森及其追随者在过去40年里研究了成千上万个定理，他们发现几乎所有这些定理都（有些神秘地）可以归结为跨越有限–无穷分界两边的5种逻辑系统之一。例如，1972年人们证明了三元组（以及所有含三个以上元素的有序组）的拉姆齐二染色定理处于分层的第三级，它是无穷的。“我们原本对这些模式理解得非常清楚，”宾夕法尼亚大学数学家亨利·陶斯纳说，“但人们研究了二元组的拉姆齐二染色定理后，这一切就被颠覆了。”

突破出现在1995年。英国逻辑学家戴维·西塔潘（David Seetapun）与伯克利的斯拉曼合作，证明了RT_2^2在逻辑上弱于RT_3^2，因此位于分层的第三级以下。与构造二元组的无穷单色集相比，构造三元组的无穷单色集所需的着色过程更复杂：这解释了为什么在RT_2^2和RT_3^2之间会出现断点。

“从那时起，许多关于RT_2^2的开创性论文开始涌现。”魏尔曼说。其中最重要的一篇是刘嘉忆①2012年发表的结果，该结果与20世纪60年代卡尔·乔库施（Carl Jockusch）的结果搭配，证明了RT_2^2既不能证明位于分层第二级（RT_3^2之下的一个级）的逻辑系统，也不能被位于分层第二级的逻辑系统证明。已知第二级的系统可以有限归结为“原始递归算术”。原始递归算术是一组公理，它被广泛认为是最强的有限逻辑系统。[2]现在的问题是，虽然RT_2^2不在分层的第二级，但它能否归结为原始递归算术？还是说它需要更强的无穷公理？“RT_2^2的最终分类似乎遥不可及。”魏尔曼说。

但在2016年1月，帕泰和横山结合他们各自在可计算性理论和证明论方面的专长，撼动了这一领域。这两个年轻人在新加坡的一场会议上宣布了他们的新结果。他们使用大量的技术，证明了RT_2^2在逻辑强度上

① 刘嘉忆本名刘路，“刘嘉忆”是他发表成名论文时所用的笔名。他发表这篇论文时年仅22岁，是中南大学本科三年级学生。他因这一成果被破格聘为中南大学正教授级研究员。——译者注

确实与原始递归算法等价，因此是有限可约的。

“所有人都在问他们，‘你们做了什么？你们到底做了什么？’”陶斯纳说。陶斯纳也在研究RT_2^2的分类，但他表示自己“和其他人一样，并没有多大进展”。他之后又补充道：“横山是一个非常谦逊的人。他说：‘我们没有做任何新东西，我们做的只是使用指标的方法，并且用了另一种技术。’然后他基本上列出了所有人为解决这类问题而发明的所有技术。”

在关键的一步中，二人使用了一个有限集对RT_2^2中的无穷单色集进行建模，这个有限集的元素是自然数的“非标准”模型。这样，帕泰和横山就得以将RT_2^2的强度问题转化为他们模型中有限集的大小。“我们直接计算这个有限集的大小，”横山说，“如果它足够大，那我们就可以说它不是有限可约的；如果它足够小，那我们就可以说它是有限可约的。”结果表明，它足够小。

RT_2^2有许多关于自然数的有限结果和推论，现在我们已知这些结果和推论可以在原始递归算术中表达，因此它们在逻辑上肯定是一致的。此外，这类陈述通常可转换成“对每个数字X，都存在另一个数字Y，使得……”的形式，现在我们可以确保有与之关联的原始递归算法来计算Y。“这是对新结果更加实用的解读。”科伦巴赫说。他说，尤其是RT_2^2可能为项重写（term rewriting）算法提供了新的界，对计算输出结果可被进一步简化的次数给出了上限。

一些数学家希望其他无穷证明也可以用RT_2^2的语言重新构造，并证明其在逻辑上是一致的。一个牵强的例子是怀尔斯对费马大定理的证明，它被辛普森等研究人员视为圣杯。“如果有人发现费马大定理的一个有限（除了涉及RT_2^2的一些巧妙应用外）证明，”他说，“那么帕泰和横山的结果就会告诉我们如何找到同一个定理的完全有限证明。”

辛普森认为RT_2^2中可着色且可分的无穷集是“方便的虚构”，它可以揭示关于具体数学的新真理。但有人可能会想知道，虚构再怎么方便，能被认为是事实吗？有限可约性能为无穷对象提供“现实”（即实无穷）吗？专家们没有达成共识。阿维加德也犹豫不决。最终他说，没有必要做决定。“理想化和具体的实现之间存在着这种持续的紧张关系，而我们想要二者兼得。”他说。“我很乐意从表面上理解数学，然后说，看，只要我们知道如何用它们进行推理，无穷集就存在。它们在我们的数学中扮演着重要的角色。但与此同时，我觉得思考它们究竟如何发挥作用、它们之间有什么联系，是很有用的。”

随着RT_2^2（它是跨越有限和无穷之间最长的桥梁）的有限可约性这样的发现，数学家和哲学家们正逐渐走向这些问题的答案。但这条路已经走了数千年，似乎不太可能很快结束。斯拉曼说，如果再出现任何诸如RT_2^2这样的结果，“情况就会变得相当复杂”。

数学家通过测量，发现两个无穷是相等的

凯文·哈特尼特

两位数学家证明了两个不同的无穷实际上大小相等，这一突破颠覆了几十年来的传统观点。该进展涉及数学中最著名也是最棘手的问题之一：在自然数的无穷和实数的无穷之间是否存在其他无穷。

这个问题在一个多世纪以前首次被提出。“当时，数学家们知道实数比自然数多，但不知道多多少。实数是比自然数大的下一个无穷吗？还是说在自然数和实数之间还存在一种无穷？”芝加哥大学的玛丽安特·马利亚里斯（Maryanthe Malliaris）说，她与耶路撒冷希伯来大学和罗格斯大学的萨哈龙·希拉（Saharon Shelah）一起合作完成了这项新工作。

在这项工作中，马利亚里斯和希拉解决了一个有70年历史的相关问题：一个无穷（被称为p）是否小于另一个无穷（被称为t）。他们证明这两者实际上是相等的，令数学家们大为惊讶。

希拉说：“我当然认为p应该小于t，并且这也是大家普遍的观点。”

马利亚里斯和希拉于2016年在《美国数学会杂志》上发表了他们的证明，并于2017年7月获得了集合论领域的最高奖之一。[1]希拉还获得了2018年的罗尔夫·肖克奖。他们的工作所产生的影响远远超出了这两个无穷之间如何关联的具体问题，它在无穷集的大小和描绘数学理论复杂性的努力这两个原本看似不相关的问题之间开辟了一个意想不到的联系。

多种无穷

无穷的概念是令人费解的。无穷可以有不同的大小吗？这可能是有史以来最违反直觉的数学发现。然而，它却出现在了一个连孩子都能理解的配对游戏中。

假设你有两组对象，或者数学家所说的两个“集合”：一组汽车和一组司机。如果每辆车可以刚好配一个司机，没有空车，也没有司机剩下，那你就知道汽车的数量等于司机的数量（即使你不知道这个数字是多少）。

19世纪末，德国数学家格奥尔格·康托尔用数学的形式语言抓住了这种匹配策略的精髓。他证明，当两个集合之间可以建立一一对应时（即当每辆汽车有且只有一个司机时），它们的大小是相同的，或者说它们具有相同的基数。或许更令人惊讶的是，他证明了这种方法也适用于无穷大的集合。

考虑自然数：1、2、3，等等。自然数的集合是无限的。那偶数或素数的集合呢？这两个集合初看起来都是比自然数集小的子集。实际上，在数轴的任意有限长度内，偶数的数量大约是自然数的一半，素数则更少。

然而无穷集却表现出了与有限集不同的行为。康托尔证明了这些无穷集的元素之间存在一一对应，因此他得出结论：这三个集合大小相同。数学家把这种大小的集合称为“可数的”，因为你可以为集合中的每个元素编号。

1	2	3	4	5	…	（自然数）
2	4	6	8	10	…	（偶数）
2	3	5	7	11	…	（素数）

确立了无穷集的大小可以通过彼此一一对应来比较后，康托尔做出了一个更大的飞跃：他证明，一些无穷集甚至比自然数集还要大。

考虑实数，即数轴上所有的点。实数有时被称为“连续统”，这个名字反映了它的连续性：一个实数和下一个实数之间没有空间。康托尔证明，实数不能与自然数一一对应：即使你建立了一个将自然数与实数进行配对的无限列表，也总能找到另一个不在你列表中的实数。因此他得出结论：实数集比自然数集大。于是，第二种无穷诞生了：不可数无穷。

康托尔不能确定的是，是否存在一个中间大小的无穷——它介于可数的自然数和不可数的实数之间。他猜这样的无穷不存在，这一猜想现在被称为连续统假设。

1900年，德国数学家大卫·希尔伯特列出了23个最重要的数学问题，他把连续统假设放在首位。“这似乎是一个迫切需要回答的问题。”马利亚里斯说。

自此之后的一个世纪里，尽管数学家们竭尽全力，但结果表明这个问题史无前例地难以攻克。中间的那个无穷存在吗？我们可能永远都不会知道。

力迫方法

整个20世纪上半叶，数学家们都在研究数学许多领域中出现的各种无穷集，来尝试解决连续统假设。他们希望通过比较这些无穷之间的大小，可以逐步理解自然数和实数之间可能的非空空间。

事实证明，这些无穷之间的大小比较大多是很困难的。20世纪60年代，数学家保罗·科恩解释了原因。科恩提出了一种叫作“力迫”的方法，证明了连续统假设独立于数学公理，也就是说，它不能在集合论的框架内被证明（科恩的工作补充了库尔特·哥德尔1940年的工作，哥德尔证明了连续统假设不能在通常的数学公理中被证否）。

科恩的这项工作为他赢得了1966年的菲尔兹奖。多位数学家随后用力迫法解决了过去半个世纪以来提出的许多无穷之间的比较问题，证明这些比较问题也不能在集合论（具体来说，是策梅洛–弗伦克尔集合论加上选择公理）的框架内得到解答。

然而，还有一些问题没有得到解答，这其中就包括20世纪40年代提出的关于p是否等于t的问题。p和t分别是无穷的两个阶数，它们以精确的（而且似乎是唯一的）方式量化了自然数极小子集集族的大小。

关于这两种大小的细节无关紧要。重要的是，数学家们很快就发现了关于p和t大小的两个事实：首先，两个集合都比自然数集大。其次，p总是小于等于t。因此，如果p（严格）小于t，那么p就是一个中间的无穷——介于自然数和实数的大小之间。这样连续统假设就是错的。

数学家倾向于认为p和t之间的（大小）关系无法在集合论的框架内证明，但他们也无法确定问题的独立性。几十年来，p和t之间的关系一直处于这种未确定的状态。而马利亚里斯和希拉在寻找一些别的东西时，找到了解决它的方法。

复杂性的序

就在保罗·科恩用力迫法将连续统假设驱赶到数学框架之外时，模型论领域正在开展一系列截然不同的工作。

对模型论学家来说，“理论”是定义某个数学领域的一组公理或规则。你可以将模型论看成一种对数学理论进行分类的方法——对数学源代码的探索。威斯康星大学麦迪逊分校数学荣休教授H. 杰尔姆·基斯勒（H. Jerome Keisler）说：“我认为人们之所以对分类理论感兴趣，是因为他们想要了解某些特定的事不约而同地出现在相差甚远的数学领域的真正原因。”

1967年，基斯勒引入了现在所谓的基斯勒序（Keisler’s order），基斯勒序试图根据数学理论的复杂性对其进行分类。基斯勒提出了一种衡量复杂性的技术，并成功证明了数学理论至少可分为两类：复杂性最小的一类和复杂性最大的一类。基斯勒说：“这是一个很小的起点，但我当时感觉存在无穷多的类。”

我们说一个理论是复杂的，这种表述究竟意味着什么，其含义并不总是那么显而易见。这个领域的很多工作在某种程度上就是让大家理解这一问题。基斯勒将复杂性描述为该理论中可能发生的事情的范围：一个理论中可能发生的事情越多，这个理论就越复杂。

在基斯勒引入基斯勒序十多年后，希拉出版了一本很有影响力的书，在其中一个重要章节里，他证明了复杂性会自然地出现跃变——复杂性较大的理论和复杂性较小的理论之间存在一条分界。在此后的30年里，关于基斯勒序的研究几乎毫无进展。

然后，马利亚里斯在2009年的博士论文和其他早期论文中重新开始了对基斯勒序的研究，并给出了一些表明基斯勒序可以成为分类纲领的新证据。2011年，她和希拉开始合作，旨在更好地理解基斯勒序的结构。他们的目标之一是根据基斯勒判别法找出更多的性质，以构造具有最大复杂性的理论。

马利亚里斯和希拉着重关注了两个性质。他们已经知道了第一个性质会导致最大的复杂性，他们想知道第二个性质是否也会导致最大的复杂性。随着工作的推进，他们意识到这个问题与p和t是否相等的问题是平行相关的。2016年，马利亚里斯和希拉发表了一篇60页的论文，解决了这两个问题：他们证明这两个性质具有相同的复杂性（它们都导致了最大的复杂性），并且证明了p等于t。

“不知不觉中，一切准备就绪。”马利亚里斯说，“然后问题就顺理成章地解决了。”

2017年7月，马利亚里斯和希拉获得了豪斯多夫奖（Hausdorff medal），这是集合论领域的最高奖之一。这项荣誉表明他们的证明出人意料，也反映了他们证明的强大力量。大多数数学家都认为p小于t，而在集合论的框架下是无法证明这个不等式的。马利亚里斯和希拉证明了这两个无穷是相等的。他们的工作还揭示了p和t之间的关系比数学界所意识到的要深刻得多。

“我想，如果有一天人们意外地证明了这两个基数是相等的，那么该证明可能会令人惊讶，但那可能是一个简短而聪明的论证，不涉及构造任何真正的数学机制。”康奈尔大学的数学家贾斯廷·穆尔说。他发表了一篇介绍马利亚里斯和希拉证明的简要概述。[2]

相反，马利亚里斯和希拉通过在模型论和集合论之间开辟一条道路，证明了p和t是相等的。这条道路已经在上述两个领域开辟了新的研究前沿。他们的工作最终也解决了一个数学家希望有助于解决连续统假设的问题。不过，专家们普遍认为，连续统假设——这个看似无法解决的命题是错误的：虽然无穷在很多方面的表现都很奇怪，但如果它们的大小没有比我们已经发现的多很多，那就太不同寻常了。

第 七 部 分

数学对你有好处吗

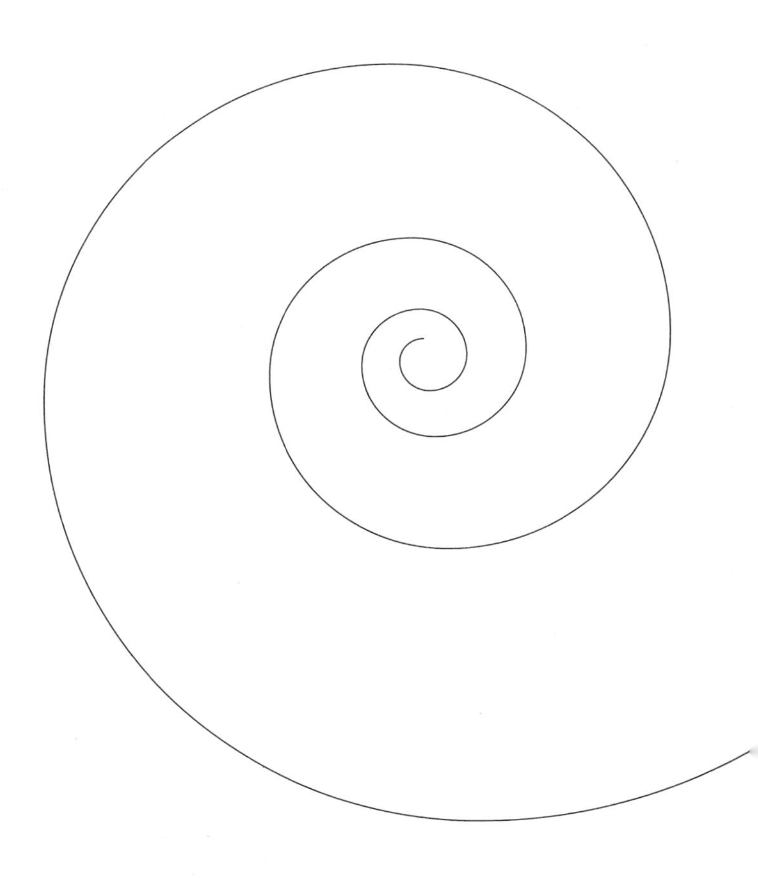

受意想不到的天才激励的人生

约翰·帕夫卢斯

在数学家小野·肯生命的头27年里，他是一个会把事情搞得一塌糊涂、令人失望的失败者。至少，他自己是这样认为的。作为美国第一代日本移民的小儿子，小野从小在残酷的学业压力下长大。他的父母对他的要求异常之高。小野的父亲是一位杰出的数学家，受J. 罗伯特·奥本海默的邀请，加入了普林斯顿高等研究院，他期望自己的儿子能跟随他的脚步。与此同时，小野的母亲是一位典型的“虎妈”，不鼓励他任何与积累学术资历无关的兴趣。

这种智力上的磨炼产生了预期的结果——小野学了数学，开启了自己颇有前途的学术生涯——却付出了极大的情感代价。十几岁时，小野迫切渴望逃离父母的期待，甚至为此从高中辍学。后来，他被芝加哥大学录取，但小野对学业漠不关心，更喜欢与男生联谊会的兄弟们聚会。最终，小野发现自己对数学是有真正的热爱的，成了一名教授，并组建了家庭，但对失败的恐惧仍然严重地影响着他，以至于他曾在参加一次学术会议时试图自杀。直到加入高等研究院后，小野才开始与自己的成长环境和平相处。

一路走来，小野从斯里尼瓦瑟·拉马努金的故事中找到了灵感。拉马努金是一个数学天才，出生于19世纪末印度殖民时期一个贫困家庭。拉马努金几乎没有接受过正规教育，但他仍然得出了数千个独立的数学结果，其中一些仍在被人们深入研究，比如拉马努金θ函数，已经在弦论中得到了应用。尽管拉马努金才华横溢，但他的成就也来之不易。他努力获得西方数学家的认可，两次从大学辍学，32岁时因病去世。

今年已经50岁①的小野并不认为自己的能力可以与拉马努金相提并论，但他的职业生涯一定程度上是建立在拉马努金的深刻结果之上。2014年，小野及其合作者迈克尔·格里芬、奥勒·瓦尔纳尔（Ole Warnaar）发表了一项代数数论领域的突破性结果，这一结果推广了拉马努金的一个结果。小野的工作基于两个被称为“罗杰斯–拉马努金恒等式”（Rogers-Ramanujan identities）的方程，它可以用来很容易地产生代数数，比如Φ（Φ有一个更广为人知的名字，即“黄金分割比”）。

最近，小野还担任了2015年上映的故事片《知无涯者》（*The Man Who Knew Infinity*）的副制片人和数学顾问，这是一部关于拉马努金生活的故事片。他在自己的回忆录《探寻拉马努金：我是如何学习数数的》（*My Search for Ramanujan: How I Learned to Count*，与阿米尔·D. 阿克塞尔合著）中，将拉马努金的生活与小野自己迂回曲折的数学和情感实现之路联系了起来。[1]小野说：“我写这本书的目的是为了展示我的弱

① 小野·肯生于1968年，本文写于2018年。——编者注

点和挣扎，告诉大家事业成功的人也并非从一开始就是一帆风顺的。”

正如拉马努金多年受益于英国数学家G. H. 哈代的指导一样，小野将自己的成功归功于偶然遇到的老师们，他认为，正是因为有了这些老师的帮助，自己的才华才得以蓬勃发展。现在，小野在埃默里大学也花大量时间指导自己的学生。他还协助发起了“拉马努金精神数学人才计划”，该计划“致力于在世界各地寻找尚未被发现的数学家，并为他们提供领域内与之匹配的发展机会”。

2016年，《量子》杂志采访了小野，探讨他是如何成为一名数学家和导师的，也聊了拉马努金鼓舞人心的创造力。以下是经过编辑和精简的采访内容。

拉马努金做数学的方法有什么特别之处？

首先，他是一个真正的诗人，而不是一个解决问题的人。大多数职业数学家，无论是在学术界还是工业界，都有他们想要解决的问题。有人想证明黎曼假设，然后他就去尝试证明了。我们认为科学应该这样发展，事实上几乎每个科学家都应该这样工作，因为在现实中，科学是通过成千上万人的工作缓慢积累知识而发展起来的。但你在拉马努金的原始笔记中发现的只是一个又一个的公式，其中的想法脉络并不明显。他是一个可以为重要理论奠定开端之路的人，哪怕他并不确定未来的数学家为什么会关心这些问题。

他写下了成千上万个恒等式（无论变量取什么值都成立的方程）。为什么这些恒等式如此重要？

的确，他的笔记中绝大多数内容都是你所说的恒等式。这些恒等式将连分数和其他函数——包括积分的表达式、超几何函数的表达式以及我们称为q级数的表达式——联系了起来。

但这只是对拉马努金笔记的字面解释。在我看来，这就像你拿一本朱莉娅·蔡尔德（Julia Child）[①]的烹饪书，阅读里面的食谱，然后说这本书写的是如何把化合物组装成更复杂的东西。严格来说这并没有什么问题，但这么说就完全没有抓住我们如此热爱美食食谱的本质原因。

拉马努金的工作来自幻想。如果有人问他为什么要做这些工作，他可能会说，他是记录下了自己觉得优美的公式，而这些公式之所以优美，是因为它们揭示了一些意想不到的现象。时至今日，这些公式对我们依然很重要，因为拉马努金发现的这些特殊现象最终一次又一次地成了20世纪和21世纪重大数学理论的原型。

举例来说，在一篇发表的手稿中，拉马努金记录了许多看起来很基本的同余结果。20世纪60年代，菲尔兹奖得主让–皮埃尔·塞尔（Jean-Pierre Serre）重新审视了里面一些结果，并在其中看到了他称之为伽罗瓦表示的理论的影子。这一理论是安德鲁·怀尔斯在20世纪90年代证明费马大定理时所用的语言。

拉马努金没有给数学领域留下单独的"拉马努金理论"，但他预测到了对所有这些更现代的工作都很重要的数学结构。他领先了时代80年。

那你自己是以何种方式做数学的呢？是更像拉马努金这样的艺术家，还是更像以解决某些特定问题为目的的科学家？

我绝对更像科学家。现代科学的发展速度比20世纪90年代初我开

① 朱莉娅·蔡尔德（Julia Child）为美国著名厨师、作家及电视节目主持人。——译者注

始自己职业生涯时要快得多，所以我不得不经常停下来去发掘其中的美妙之处，并且尽量不被做科研这种更专业化的面向所束缚。获得基金、发表文章等等这些事——我必须承认，我并不喜欢。

是什么让你把自己的故事和拉马努金的故事联系在了一起？

其实，这本书我差点儿就没写成。这里面有很多非常私人的事情，我从没告诉过任何人。直到我开始写这本书时，当了父亲的我才变得成熟了，能够尝试理解我的父母为什么选择了那样的方式抚养我们。作为埃默里大学的教授，我看到所有这些孩子都承受着巨大的压力，而且他们很少能理解这种压力源于何处。这么多才华横溢的孩子只是走走过场，对自己的学习毫无热情，这太可怕了。我曾经也是这样，我一度放弃了实现父母期望的努力，但不知怎么的，拉马努金成了我的守护天使，让一切变得顺利了起来。当你告诉别人某件事对你来说曾经有多难时，你就成了一个更好的老师。

这本书和你的故事并不符合典型的“科学伟人”的叙事套路。

我想你会发现这种现象其实很普遍，哪怕有时人们不愿意承认。直到20岁出头时，我才发现自己对数学的热情——当时我觉得没什么东西是优美的，但我的博士生导师巴兹尔·戈登（Basil Gordon）让我重燃了对数学的兴趣。我原本以为数学就是如何在不用付出太多努力的情况下尽可能地得到更高的考试分数和绩点。大学里持这样想法的孩子很多。你怎么可能打败这个环境呢，对吧？我没能打败这个环境，这个环境快要打败我了，而戈登让我改变了主意。当我跟人们讲这个故事时，我发现还有不少人有类似的经历。

我在拉马努金的经历中找到了共鸣。这位我父亲一直视为偶像的数学家曾两次从大学退学——当我16岁时，这对我来说毫无意义，因为人们告诉我我必须成为神童。我应该整个夏天都坐在父亲旁边做我的几何题，他搞他的研究。他们甚至不允许我出去玩，然后我父亲突然跟我讲了拉马努金的故事——那种感觉简直是天翻地覆。

如果一个人对某些传统意义上的“艺术”（比如音乐）感兴趣，那他在通往成功的道路上经历痛苦和挣扎似乎就不那么令人惊讶了。为什么我们听到数学家也有同样的挣扎时会感到惊讶呢？

无论出于何种原因，我们都生活在这样一种文化中：我们认为，最好的科学家和最好的数学家的能力是上天赋予的。要么你有这个天赋，要么你没有，这与别人的帮助、努力的工作和运气无关。我觉得在某种程度上，这就是为什么当我们试图向公众谈论数学时，很多人的第一反应都是：“我从来都不擅长数学，所以我不可能真正理解它或认同它。”我可能遗传了一些我父亲的数学天赋，但仅有天赋还远远不够。你必须对一门学科充满激情。

与此同时，我也想让大家知道，失败是完全可以接受的。你可以从错误中吸取教训。我们很早就知道，如果你想擅长拉小提琴，你就必须练习；如果你想擅长运动，你也必须练习。但由于某种疯狂的原因，我们的文化却默认，如果你擅长数学，那你生来就有这种天赋，仅此而已。但同样是擅长数学，其方式也可以是多种多样的。比方说，我的研究生资格考试中代数就没通过！但这并不意味着我不能成为一名成功的数学家。我跟别人讲我资格考试没通过时，没有人相信我。

但拉马努金似乎就是这样一个人：一个不知从哪儿冒出来的独一无二的天才。他的经历和普通人的生活有什么关系？

你是说拉马努金的经历过于独特，不会再有第二个人像他那样吗？那我可不同意。我认为我们可以在世界范围内寻找数学人才，而不是只用通常的标准。我希望老师和家长们能认识到，当你看到孩子身上展现出不寻常的天赋时，不要要求他们有一定的考试成绩，而是要想办法帮助培养他们。因为我觉得人类需要这种天赋。我想这就是我们从拉马努金身上学到的经验。

你主持推动了拉马努金精神数学人才计划。这个计划名称中的"精神"是什么？我们该如何从一个人身上识别出它？

首先，这一计划的主要理念是：天才通常诞生在最不利、最没有希望的环境中。导师、老师和家长有责任首先识别出人才——这并不总是容易做到的，然后提供培养人才的机会。

这一计划没有年龄限制，我也不希望这是一场谁考试分数高谁就受认可的比赛。找到在学术能力评估测试（SAT）[①]数学科目中拿到800分的人很容易，这些人不需要被识别，他们自己已经把自己识别出来了。我在寻找的是创造力。

也就是说，拉马努金精神数学人才计划并不需要找到下一个拉马努金。如果能找到下一个拉马努金，那我们当然超级幸运；但如果我们能为世界范围内30位有才华的人——他们可能正在智力的荒漠中工作，或者受限于僵化的教育系统而无法自由发展——创造机会，或者能为某人

① 这项考试的结果是美国各大学本科申请的重要参考条件之一。——译者注

提供一个与可能成为他的哈代的科学家一起工作的机会，那这个计划就成功了。

你是否希望父母当初以另一种方式培养你？你怨恨他们吗？

我爱我的父母。去年夏天，我们花了几个月时间讨论了这本书的草稿。起初他们对我非常不满，因为前30页的内容让他们很难接受，但现在他们已经欣然接受了。事实上，有一位评论家把这本书看作是给我父母和导师的一封情书，因为他们教给了我所需的技能。

如果你从未加入过高等研究院，你还会努力让自己的人生道路符合父母的期望吗？

我想，如果我没有得到这个职位，如今还是会继续寻求得到这样的认可的。

我的父母都告诉我，每个人都只能活一次，所以无论我选择做什么，我都应该做到最好。我并不完全同意这一点，因为如果每个人都照这样生活，那世界上就只剩下一大群不快乐的人了。但他们就是这样培养我们的。他们教我要争强好胜，教我在做得不好的时候不要误以为自己做得好，也教了我一些重要的标准。但如果我没有在高等研究院工作的机会，我真的不确定自己是否能写出这本书。我可能还在为这些事挣扎。

要过最好的生活，做数学吧

凯文·哈特尼特

数学会议通常不会出现听众起立鼓掌的现象，但加州哈维马德学院的数学家弗朗西斯·苏（Francis Su）在亚特兰大就获得了一次。2017年，作为美国数学协会（Mathematical Association of America，简称MAA）即将卸任的主席，苏在美国数学协会和美国数学会（American Mathematical Society，简称AMS）的联合会议上发表了一场令人动容的告别演说，呼吁数学界变得更加包容。

苏的演讲从一位名叫克里斯托弗的囚犯的故事开始：他因持械抢劫被判长期监禁，服刑期间他订购了教科书，开始自学数学。在入狱的7年里，他学习了代数、三角、几何和微积分。出狱后他写信给苏，请教自己接下来应该做什么。讲完这个故事，苏面对马里奥特·马奎斯酒店宴会厅拥挤的人群，颇为动容地问道："提到做数学的人的时候，会有人想到克里斯托弗吗？"

苏在得克萨斯州一个白人和拉丁裔居民占大多数的小镇上长大，父母都是中国人。他说自己小时候曾努力“扮演白人”。他大学就读于得克萨斯大学奥斯汀分校，后来在哈佛大学读研究生。2015年，苏成为MAA有史以来第一位来自有色人种的主席。在演讲中，他将数学描述为唯一适合实现人类繁荣的追求，一种古希腊人称之为“eudaimonia”的概念，即充满最高尚美德的人生。苏谈到，研究数学能满足人类的五种基本需求：玩乐、美、真理、正义和爱。

如果数学是实现人类繁荣的媒介，那么按理来说，每个人都应该有机会参与其中。但在演讲中，苏指出，他认为数学界存在结构性壁垒，这些壁垒决定了谁有机会在该领域获得成功——从研究生院的录取要求，到谁看上去能崭露头角的不成文假设。

当苏结束演讲时，听众们起立鼓掌，许多数学家同行随后走到他面前，纷纷表示自己被这番演讲感动到落泪。几个小时后，《量子》杂志在酒店低层一个安静的房间里采访了苏。我们想知道那些发现自己被数学拒之门外的人的经历为什么会让苏如此触动。以下是经过编辑和精简的对话及后来的访谈对话。

您演讲的题目是“数学让人类繁荣”。人类繁荣是一个很大的词——您是怎么理解这一概念的？

当我想到人类的繁荣时，我想到的东西与亚里士多德的定义相近，即行为与德性一致。例如，我在演讲中提到的那些基本需求，每一种都是繁荣的标志。如果你有一颗爱玩的心或一个爱玩的灵魂，或者你在探寻真理、追求美、为正义而战，又或者你爱着另一个人——这些都是符合某些德性的行为。也许用更现代的话来说，繁荣在某种程度上就是你能充分发挥你的潜力，尽管它并不仅限于此。

如果我深爱一个人，那我就充分发挥了“能够深爱一个人”的那种潜力。

那数学是如何促进人类繁荣的呢？

它培养出了一些技能，让人们能够做一些他们原本无法做或无法体验到的事。如果我学了数学并且变得更善于思考，那我就培养出了一种毅力，因为我知道与难题斗争是什么感觉；我也会更有信心，因为我确实能解决一些难题；还有的人能体会到一种超然的升华，感觉自己看到了关于宇宙的真理。这是快乐和繁荣的源泉。

这些事数学都可以帮我们做到。但当我们讨论数学教学时，我们有时会忘记这些我们试图在学生身上培养的德性。教数学并不是要把每个人都送去读博士，这是一种对数学非常狭隘的理解；它也不只是教人们一堆事实，这是另一种对数学非常狭隘的理解。它真正的目的是培养思维习惯，无论今后从事何种职业，这些思维习惯都能让一个人健康发展。

您在演讲中数次引用法国哲学家西蒙娜·韦伊（Simone Weil）的话［她是著名数学家安德烈·韦伊（Andre Weil）的妹妹］：每个人都在默默地呼喊，期待得到不同的解读。您为什么选择引用这句话？

我之所以选择这句话，是因为它精练地点出了问题所在，并指出了导致不公正现象的原因——我们常常做评判，但我们的评判并不准确。所以“解读”就是“被评判”的意思。我们对他人的解读与他们的真实情况并不相符。

那这种情况在数学界如何体现呢？

它体现在很多不同的方面。我能想到的一个方面是，我们对哪些人能真正在数学上取得成功有一种成见。我们之所以会形成这种成见，部分是因为到目前为止我们看到的仅有的在数学上取得成功的人都来自某些特定的背景。例如，我们不习惯在数学会议上看到非裔美国人，尽管这已经变得越来越普遍了。

我们也不习惯在大学或研究生院看到来自低收入家庭的孩子。所以我想说的是：既然我们是在寻找人才，为什么我们要在特定的背景中筛选人才？如果我们真的想让数学科学领域的人更加多样化，我们就必须考虑这些结构性壁垒——这些壁垒令来自弱势背景的人很难在数学上取得成功。

如今，关于中小学阶段的教育壁垒的讨论越来越多。您是说大学和研究生阶段也出现了这种壁垒？

没错。每个阶段都有人才流失。如果你去看现在人们做的一些研究：比如修了“微积分1”课程的人当中有多少人继续修“微积分2”，你基本上会发现，我们在这些关键节点上失去了女性和来自少数族裔的学生。至于为什么会出种这种情况，我们只能猜测。但我敢肯定，有一部分原因是这些群体觉得自己不适合做数学，这也许是因为文化和环境不鼓励他们继续学习数学，或者是教授或其他同学的劝阻。

这种人才损耗有一个明显问题：学数学的人背景来源越单一，我们最终得到的有才华的数学家也就越少。但您在演讲中强调，不让人们学数学，实际上是剥夺了他们发展的机会。

不管一个人是否真的成为数学家，数学都可以给他的生活带来很多益处。让更多人欣赏数学与让更多人接触深刻的数学，这两者并不矛盾。只要与他人进行深入的交流，你就会吸引更多人进入数学领域。如果你能阐明数学与人们的深层需求——爱、真理、美、正义和玩乐等的关联，他们中的一些人，甚至更多的人，就必然会进入研究生院深造；如果你能阐明其中一些深刻的主题，就会有更多人和背景更多样的人来学习深刻的数学。

这些需求有的很容易跟数学联系起来，有的则比较困难。通过数学实现对真理或美的需求，我认为这一点还是比较直观的。但您在演讲中花了很大篇幅来探讨正义。这一点又是如何跟数学相联系的呢？

正义是人们的一种需求，因此它带来了某种德性，那就是成为一个正义的人，一个为捍卫人类基本尊严而战的人。我在演讲中花了很多时间来讨论正义，主要是因为我觉得我们数学界还可以做得更好：我们可以变得更加公正。我知道我们有很多方法可以做得更好，成为一个更有道德的共同体。

从某种程度上讲，作为数学家，我们更容易看到事物的本来面目。如果一个人学会了不能过度扩大论点的适用范围，他就会更加谨慎，不会觉得穷人就一定没接受过良好的教育，而富人就一定接受过良好的教育。数学背景能帮助我们少受偏见左右。

您是一位成功的研究型数学家，但却在哈维马德这样一所没有研究生院的小院校教书，这有点儿不太寻常。是不是发生了一些事情，促使您决定去文理学院工作而不是去大型研究型大学工作？

当我在哈佛大学读研究生时，我就意识到自己喜欢教书。我记得我的一位大学教授告诉我，小型文理学院的教学更好。所以我在找工作时就开始考虑那些院校。我对研究型职位感兴趣，也愿意沿着那条路走，但我也很喜欢文理学院的环境。我选择了文理学院，而且也很喜欢它。我无法想象自己在其他地方会是什么样的。

那您认为，在文理学院工作对您对当今数学界的看法有何影响？

有一件事我在演讲中没谈到，但几乎谈到了，就是研究型大学和文理学院的数学共同体之间存在隔阂。这是一种文化上的隔阂，从某种意义上讲，研究型大学是主流文化，因为我们这些有博士学位的人都来自研究型大学，而且主流文化中的人几乎完全不知道文理学院在发生什么。所以会有人过来问我："你在哈维马德工作，那你过得开心吗？"这几乎就是在假设我不可能开心一样。这样的事经常发生，所以每当我不得不说"不，这实际上是我梦寐以求的工作"时，我都会有点儿沮丧。

这种文化失衡会导致什么样的后果？

就比如，在研究型大学，很多人从不考虑招收文理学院的本科生，这是不利的一面，他们会因此错失大量人才。所以在很多方面，这些问题跟一些目前正在发生的种族问题十分类似。

我认为，研究型大学的教授往往没有意识到，文理学院的毕业生中也有很多聪明的孩子。我想说的是，目前有一种现象非常普遍：某些研究生院只招收已经修过全部研究生课程的学生。换句话说，只有已经修完了研究生课程的本科生才有可能被列入考虑对象。如果存在这样的结构性问题，你就必然会排除掉一些原本可能成功的人。

您在演讲中提到，当高级教授不教入门课程的时候，壁垒就出现了。您能仔细解释一下这件事吗？

我在这里说的话可能有很多人不爱听。我认为这种现象传递出来的信息是："刚入门的本科生对我来说不够重要，不值得我去关注。"当然了，我并不是说每个只教高级课程的人都是这种态度，但我要说的是，确实有很多人认为，数学专业的存在主要是为了让有志于拿博士学位的学生受益。这是个问题。

这次的数学联合会议有一些专门为女性设立的奖项，也有一些女性应邀做了报告。与种族包容相比，数学界在性别平等方面取得的进步是否更大？

当然，种族包容远没有性别包容来得快。目前，拥有博士学位的教职员工中，女性约占27%；教学和服务领域的获奖者中，女性约占30%。所以我们在这方面做得相当不错。至于我们的写作奖，也就是研究和论文奖，女性获奖者的比例则相对较低。

您能回顾一下数学界性别平等的改善过程吗？这一过程能否为数学界种族平等的改善提供一些经验？

很多鼓励女性从事数学工作的做法也适用于少数族裔。但这里有一个问题，进入大学的少数族裔中并没有多少人对理工科专业感兴趣。所以，一定是中小学阶段发生了什么，如果我们能弄清楚那个时候发生了什么，将会大有帮助。

您用了一个比喻：中餐馆里的"秘密菜单"，这是想说明什么？

在纽约州或加利福尼亚州一座大城市的正宗中餐馆，如果你不是中国人，他们会给你一份中英文的标准菜单。但如果你是中国人，他们会给你一份不同的菜单，这份菜单通常是全中文的，上面会有一些标准菜单上没有的额外选项。我想数学界也有这种情况。如果你跟女性和少数族裔交谈，你会发现，他们大多有过被别人劝阻的经历：要么是因为劝阻的人认为女性不应该从事数学工作，要么是因为其他原因。所以我用“秘密菜单”这个比喻是想说：我们有没有秘密菜单？哪些人能看到秘密菜单？

您讲了个故事，说教授劝学生选择另一个专业，理由是这个学生不够优秀，无法继续学数学。这种现象很普遍吗？

我觉得这很普遍。当然了，我们没有任何数据，但我确实跟不少有类似经历的人交谈过，知道这种现象发生得非常频繁，而被劝阻的人大多是女性和少数族裔。

您的演讲已经过去快一个月了，它在互联网上和数学家中引发了大量关注。您收到过什么样的回复？

大多数评论是向我表示感谢的，因为我提到了一些之前没被讨论的问题，也指出了一些造成这种现状的深层潜在原因。很多人——尤其是女性和少数族裔——都告诉我说有人站出来发声是多么重要。以前，我们一直都只是在小范围的谈话中讨论这些问题，很多时候都如同向教会唱诗班传道——白费口舌，所以有人在全国性的会议上重点提到这一点，这对他们来说很重要，也很有帮助。

为什么数学是理解世界的最佳方式

阿里埃尔·布莱谢尔

在对着乔治梅森大学最近的一届新生致辞时，丽贝卡·戈尔丁（Rebecca Goldin）传递了一个令人沮丧的数据：最近的一项研究显示，36%的大学生在大学四年时间里批判性思维并未显著提高。戈尔丁解释说："这些学生很难区分事实和观点，也很难区分原因和相关性。"

接着，戈尔丁给出了一些建议："多修一些数学和科学课程，并认真学习。"为什么？因为"我认为定量思维是处理我手头信息的最佳工具"。以她引用的研究为例，乍一看，这似乎表明三分之一的大学毕业生是懒惰或无知的，或者高等教育是一种浪费。但戈尔丁告诉她那些双眼发光的听众，如果你仔细观察，你会发现另一个信息："原来，这三分之一的学生没有修过任何科学课程。"

戈尔丁是乔治梅森大学的数学科学教授，她毕生致力于提高人们的定量思维素养。除了研究和教学职责之外，她还志愿担任中小学数学俱乐部的教练。2004年，戈尔丁成为乔治梅森大学统计评估服务项目的研究主任，该项目的宗旨是“纠正媒体信息中由于不良的科学、政治或缺乏信息或知识而导致的科学误解”。这一项目后来发展成为由非营利组织美国科学智识（Sense About Science USA）和美国统计协会运营的STATS项目，戈尔丁继续担任项目主任。项目的使命也发生了变化：它不再是一个媒体监督机构，而是更多地关注教育。戈尔丁及其团队为记者举办统计研讨班，并为多家出版物的记者提供建议，其中包括538[①]、*ProPublica*和《华尔街日报》。

当《量子》杂志第一次接触戈尔丁时，她担心自己的双重身份（数学家和公务员）太过“截然不同”，无法在采访中调和。然而在交谈中，我们很快就明显感觉到，在戈尔丁的这两个自我之间发挥沟通协调作用的，正是她的信念：数学推理和研究不仅用途广泛，而且令人愉快。无论是讨论在高维空间中操纵流形，还是讨论统计显著性的意义，她对逻辑的热情都颇具感染力。“我非常非常非常热爱我所做的一切。”她说。你会很容易就相信她的话，并且希望自己也能得到她所拥有的那种快乐。

《量子》杂志采访了戈尔丁，谈到了如何在抽象思维中发现美、STATS如何帮助记者精通统计知识，以及为什么数学素养可以提高人的能力。以下是经过编辑和精简的对话。

你对数学和定量思维的热情从何而来？

我小的时候从没想过自己喜欢数学。我非常喜欢数列和其他一些奇怪的东西，现在回想起来，这些东西都跟数学有关。我父亲是一名物理

---

① FiveThirtyEight是一个专注于民意调查分析、政治、经济与体育的博客，其名称来源于美国选举人团中选举人的数量。——译者注

学家，他会在餐桌上提出一些奇怪的谜题或谜语，有时我只花一分钟就能解开它们，有时我会说："唉，我实在不知道那是怎么回事！"但在解决问题的过程中，我的心情整体是轻松愉快的。

你是什么时候意识到，自己可以把对解决谜题的兴奋应用到专业的数学学习上？

其实已经很晚了。我的数学一直很好，在高中阶段也学了不少数学。这让我产生了一种自己知道数学是什么的错觉：我觉得接下来的每一步都差不多，只是更高级了。我心里很清楚，我不想成为一名数学家。

但当我在哈佛大学读书的时候，我修了一门拓扑学的课。拓扑学是研究空间的学科，它跟我之前见过的所有课都不一样。它不是微积分，没有复杂的计算。拓扑学里的问题真的非常复杂而特别，而且很有趣，这是我从未预料到的。这种感觉有点儿像是坠入爱河。

你的主要研究方向是辛几何和代数几何。你如何向非数学工作者描述自己的工作？

可以这么说，我在研究数学对象的对称性。当你对宇宙一类的东西感兴趣时，对称就出现了。在我们的宇宙中，地球在自转，同时也绕太阳公转，而太阳又在一个更大的星系中旋转。所有这些旋转都是对称性。还有很多其他产生对称性的方法，它们可能会非常非常复杂。所以我们用一种被称为"群"的简洁数学对象来考虑这些对称性。这一点非常有用，因为如果你想解方程，你又知道这些方程中存在对称性，那本质上你就可以在数学上找到一种方法来扔掉这些对称性，让方程变得更简单。

是什么促使你去研究这些复杂的对称的？

我只是觉得它们真的很美。很多数学最终都是艺术性的，而不是实用性的。这就像有时你看到一幅有很多对称性的画，像M. C. 埃舍尔的某幅素描，会脱口而出："哇，真是太神奇了！"但当你学习数学时，你会开始"看到"更高维空间中的对象。你不一定要用雕塑或艺术品的方式来想象它们，但你会开始觉得你所看到的整个对象系统以及它的对称性真的很美。就是美，没有别的好词来描述这种感觉了。

你是如何参与STATS的？

当我成为乔治梅森大学的教授时，我意识到自己想做的不仅仅是研究和数学。我喜欢教书，在象牙塔里，我只是在解决自己认为好奇和有趣的问题，但我也想为象牙塔之外的世界做点什么。

当我第一次加入后来成为STATS的项目时，这个工作有种"挑刺儿"的意思：观察媒体如何谈论科学和数学，并在有人犯错时指出错误。随着我们工作的进展，我对记者如何看待和处理定量问题越来越感兴趣。我们在工作初期就发现，知识和教育之间存在巨大差距：记者们写的都是包含定量内容的东西，但他们常常没有真正领会自己所写的东西，也不理解它，他们也没法做得更好，因为他们经常时间紧迫，且资源有限。

那你在STATS的工作有何变化？

我们在STATS的任务已经转变为专注于为记者们提供两种东西。一是帮助他们回答定量问题。这些问题可以像"我不知道如何计算这个百分比"这么简单，也可以是像"我已经有了这些数据，我想把这个模型应用到它上面，我只想确保自己正确处理了异常值"这样相当复杂的问题。我们做的另一件非常酷的事情是，我们去各个新闻机构举办关于置信区间、统计显著性、p值和所有这些高度技术性语言的研讨班。

有人曾向我这么描述他给记者的建议，他说："你的后兜里应该永远有一位统计学家。"这就是我们所希望的。

报告统计数据时最常见的误区是什么？

最常出现的一个误区是混淆因果关系和相关性。人们会说："哦，这很明显。这两者之间当然是有区别的。"但当你遇到挑战我们信仰体系的例子时，真的很难把它们分开。我认为，部分问题在于，科学家想探索的问题总是超出他们以现有工具能探索的范畴，而且他们不会每次都明确地告诉你，他们回答的问题未必是你认为他们在回答的问题。

你的意思是？

比如，你可能想知道服用激素对已绝经的女性是有益还是有害。所以你会从一个定义明确的问题开始：它是有益的还是有害的？但你不一定能回答这个问题。你能回答的问题是，与对照组（即普通人群）相比，你在研究中招募的那些服用激素的女性（也就是那些特定的女性），她们的心脏病、乳腺癌或中风的发病率是增加了还是减少了。但这可能无法回答你最初的问题——"我也会这样吗？或者像我这样的人呢？或者整个人群呢？"

你希望STATS达到什么目的？

我们的一部分目标是改变新闻界的文化，使人们认识到使用定量论证、并在得出结论前考虑定量问题的重要性。通过这种方式，他们得出的结论是有科学依据的，而不是利用某项研究来推进他们自己的议程——而后者也是科学家可能会做的事：他们可能会有意暗示对某件事的某种解释。我们希望记者们能够在思维上拥有一定的严谨性，当有科学家对记者说“你就是不理解我的复杂统计数据”时，记者就可以挑战他们。为记者群体提供培养其定量质疑意识的工具，使他们不只是被欺负，这件事很有价值。

你认为统计素养赋予了公民一种力量。这是什么意思？

我的意思是，如果我们没有处理定量信息的能力，那我们通常做的决定就会更多地基于我们的信念和恐惧，而不是实际情况。在个人层面上，如果我们有定量思考的能力，我们就能对自己的健康、在风险方面的选择和生活方式做出更好的决定。不管怎样，能不被吓着或逼着做事，是一种非常强大的力量。

在集体层面上，教育的影响一般来说是巨大的。想想如果我们大多数人都不识字，民主将会是什么样。我们渴望一个有文化的社会，因为它允许公众参与，我认为这也适用于定量素养。我们越能让人们理解如何以定量的方式看待世界，我们就越能成功地克服偏差、信仰和偏见。

你还说过，让人们理解统计，需要的不仅仅是引用数字。为什么你认为讲故事对传递统计概念很重要？

作为人类，我们生活在各种各样的故事里。无论你的定量素养有多高，你都会受故事影响。它们就像我们脑海中的统计数据。因此，如果你只报告统计数据而不讲故事，人们就不会有那么多兴趣、情感或意愿来参与这些想法。

你在STATS的13年里，媒体对数据的使用情况发生了怎样的变化？

有了互联网，我们看到搜索引擎产生的数据有了大幅增长。记者们越来越善于收集这类数据，并在媒体文章中使用它们。我认为，现任总统特朗普也引发了我们对所谓事实的诸多反思，从这个意义上来说，记者们一般认为掌握事实真相越发重要。

那很有意思。所以，你认为公众对“假”新闻和“另类”事实的认识，正在促使记者们更严格地核查事实？

我确实觉得这很有促进作用。当然了，有时信息会被扭曲，但最终只有极少数记者会扭曲信息。我认为95%的记者和科学家都在为实现这一目标而努力。

我很惊讶你对媒体没有那么厌烦。

哈！这也许更像是一种人生观。有人对人类悲观，也有人对人类乐观。

你也在儿童数学俱乐部做志愿者。你想让大家理解数学和数学文化中的哪些想法？

我试图引入一些真正不同的、有趣的、引人好奇又奇怪的问题。例如，在一场为孩子们组织的活动中，我带了一堆丝带，让他们了解了一点儿扭结理论。我想让他们明白两件事：第一，学校里的数学并不是全部——还有一个完全不同的世界，它合乎逻辑，同时也优美且富有创造性；第二，我必须让他们感受到：数学是一种快乐的体验。

致谢

一份出版物的好坏取决于制作它的人——这里的人是复数，因为在新闻业或出版界中，个体的单独行为几乎无法实现任何价值。首先，我要衷心感谢许多才华横溢的作家、编辑和艺术家，他们精心制作了本书的文字和图片，为这些极具启发性的数学故事注入了生命。我特别要感谢高级作家凯文·哈特尼特和纳塔莉·沃尔乔弗，以及经常为我们贡献稿件的埃丽卡·克拉赖希，他们为这本合集做出了许多贡献。

除了署名作者之外，我还要感谢我尊敬的杂志合作编辑迈克尔·莫耶（Michael Moyer）和约翰·伦尼（John Rennie），他们不仅贡献了自己的聪明才智，还保持着令人如沐春风的亲切作风，他们斟酌选题、分派写作任务、指导作者，并在整个过程中严格秉持《量子》杂志的标准；艺术总监奥莱娜·什马哈洛

（Olena Shmahalo），她以极高的艺术眼光策划了杂志的视觉形象；图表编辑露西·雷丁–伊坎达（Lucy Reading-Ikkanda），她将难以理解的抽象概念转化成了优雅、易懂的图像；特约艺术家谢里·崔（Sherry Choi），她以优美和一致的风格重新设计了这本书的插图；艺术家菲利普·霍达斯（Filip Hodas），他创作了富有想象力的封面；还有罗伯塔·克拉赖希（Roberta Klarreich）和我们所有的特约文字编辑，他们整理和润饰了文章的文字，是无名英雄；还有马特·马奥尼（Matt Mahoney）和我们所有的特约事实核查员，他们作为最后一道防线，让我在晚上得以安然入睡；莫莉·弗朗西斯（Molly Frances），她精心编排了参考资料的格式；制作人珍妮特·卡茨米尔察克（Jeanette Kazmierczak）和米歇尔·恽（Michelle Yun），虽说她们只是做了一些小事，但如果没有这些小事，一切都会停滞不前。

如果没有西蒙斯基金会的慷慨资助，就不会有《量子》杂志以及这些衍生而来的书。我要向基金会负责人吉姆·西蒙斯（Jim Simons）、玛丽莲·西蒙斯（Marilyn Simons）和玛丽昂·格里纳普（Marion Greenup）表示最深切的谢意，感谢他们信任这个项目，并以善良、聪慧和严谨的态度一步一步地培育它；感谢斯泰西·格林鲍姆（Stacey Greenebaum）创造性的公共宣传工作；感谢詹妮弗·马伊莫内–梅德威克（Jennifer Maimone-Medwick）和约莱恩·西顿（Yolaine Seaton）对合同文本的认真审查；感谢整个《量子》团队，因为你们是业内最优秀的；感谢我们杰出的顾问委员会成员为我们提供了宝贵的建议；感谢我们出色的基金会同事——人太多了恕我无法一一列出——他们让我们的工作生活变得更加轻松有趣。

特别感谢詹姆斯·格雷克为本书作序。他以深邃的才智和精妙的文笔，分享了自己几十年来在科学写作前沿的见解，为本书增色不少。

我想感谢麻省理工学院出版社的优秀团队，首先是策划编辑杰米·马修斯（Jermey Matthews）和书籍设计师安代井口（Yasuyo Iguchi），与他们共事非常愉快。我要特别向麻省理工学院出版社的总编辑埃米·布兰德（Amy Brand）致敬，她是第一个联系我，提议将《量子》杂志的文章结集出书的人，是她倾注的领导力、热情和资源使这个项目得以蓬勃发展。

制作一本书就像组装一台包含无数活动部件的大型鲁布·戈德堡机械[①]，在无数节点上都可能出错或者失败。我很幸运地找到了科学工厂（Science Factory）的图书经纪人杰夫·施里夫（Jeff Shreve），他的英明反馈和指导避免了很多差错，帮助这本书成功付梓。

我还要感谢接听我们的记者、编辑和事实核查人员电话的科学家和数学家，他们耐心而坚定地引导我们穿过了布满技术性地雷的危险地带。我的一切都归功于我的父母，戴维（David）和莉迪娅（Lydia），他们赋予了我对科学和数学的终身欣赏；我的哥哥本（Ben），他是一名高中数学老师，也是我的灵感来源；还有我的妻子吉妮（Genie）、儿子朱利安（Julian）和托拜厄斯（Tobias），他们赋予我生命无限的意义。

托马斯·林

① 鲁布·戈德堡（Rube Goldberg）是一位美国漫画家，擅长画各种复杂机械。“鲁布·戈德堡机械”也指极为混乱而复杂的系统。——编者注

作者列表

阿里尔·布莱谢尔（Ariel Bleicher）：

纽约科学作家，作品见于《量子》杂志、《科学美国人》以及《发现》（*Discover*）等刊物。之前她曾担任《鹦鹉螺》（*Nautilus*）和《电气电子工程师学会综览》（*IEEE Spectrum*）的编辑。

罗贝特·戴克赫拉夫（Robbert Dijkgraaf）：

新泽西州普林斯顿大学高等研究院主任兼莱昂·莱维教授。他与亚伯拉罕·弗莱克斯纳（Abraham Flexner）合著有《无用知识的有用性》（*The Usefulness of Useless Knowledge*）一书。

凯文·哈特尼特（Kevin Hartnett）：

《量子》杂志高级作家，报道范围包括数学和计算机科学。他的作品分别收录在《最佳数学写作》（*Best Writing on Mathematics*）2013、2016和2017年卷中。2013年至2016年，他为《波士顿环球报》（*Boston Globe*）创意版块的周专栏《大脑互动体》（Brainiac）撰稿。

埃丽卡·克拉赖希（Erica Klarreich）：

从事数学和科学方面的写作已经超过15年。她拥有石溪大学数学博士学位和加州大学圣克鲁兹分校科学传播硕士学位。她的作品收录在《最佳数学写作》2010、2011和2016年卷中。

托马斯·林（Thomas Lin）：

《量子》杂志的创刊主编。他之前曾在《纽约时报》工作，负责管理线上的科学版块和国家新闻版块，在此期间获得过美国白宫新闻摄影师协会颁发的“历史之眼”奖。他撰写过一些有关科学、网球和科技的文章，还为《纽约客》（*New Yorker*）、《网球》（*Tennis*）等其他杂志撰过稿。

约翰·帕夫卢斯（John Pavlus）：

作家、电影制片人，作品见于《量子》杂志、《科学美国人》、《彭博商业周刊》和《美国最佳科学与自然写作》系列。目前居住在俄勒冈州波特兰市。

西沃恩·罗伯茨（Sibhan Roberts）：

多伦多科学作家。他最近的一本书是《游戏天才：约翰·霍顿·康韦的好奇心》。

纳塔莉·沃尔乔弗（Natalie Wolchover）：

《量子》杂志高级作家，报道范围主要是物质科学。她的作品曾收录在《最佳数学写作》系列中，也获得过2016年埃弗特·克拉克/塞斯·佩恩奖和2017年美国物理联合会颁发的科学写作奖。她在加州大学伯克利分校读过研究生水平的物理学。

注释

第一部分

默默无闻的数学家跨越了素数沟壑

1. H. A. Helfgott, "Major Arcs for Goldbach's Theorem" (May 13, 2013), https://arxiv.org/abs/1305.2897v1.pdf.

2. D. A. Goldston, J. Pintz and C. Y. Yildirim, "Primes in Tuples I" (August 10, 2005), https://arxiv.org/abs/math/0508185.

3. Gerald Alexanderson, David F. Hayes and Tatiana Shubin, eds., *Expeditions in Mathematics* (Washington, D.C.: Mathematical Association of America, 2011), https://books.google.com/books?id=DfRWtmWs3hcC&pg=PA101&lpg=PA101&dq=%22level+of+distribution%22&source=bl&ots=jwmsaaSR17&sig=9kfkf6phL66tuisui9BmeaaAbaw&hl=en&sa=X&ei=NhmZUfTBC6fj4APrjIG4AQ.

4. E. Bombieri, J. B. Friedlander and H. Iwaniec, "Primes in Arithmetic Progressions to Large Moduli," *Acta Mathematica* 156, no. 1 (July 1986): 203–251, https://link.springer.com/article/10.1007/BF02399204.

素数间隔问题：通力合作与孤军奋战

1. James Maynard, "Small Gaps between Primes" (November 20, 2013), https://arxiv.org/abs/1311.4600.

2. "Sieving Admissible Tuples," https://math.mit.edu/~primegaps/sieve.html?ktuple=632.

3. Daniel Goldston, János Pintz and Cem Yildirim, "Primes in Tuples I," *Annals of Mathematics* 170, no. 2 (2009): 819–86.

素数的阴谋

1. Robert J. Lemke Oliver and Kannan Soundararajan, "Unexpected Biases in the Distribution of Consecutive Primes" (May 30, 2016), https://arxiv.org/abs/1603.03720.

2. Harald Cramér, "On the Order of Magnitude of the Difference between Consecutive Prime Numbers," *Acta Arithmetica 2* (1937): 23–46, http://matwbn.icm.edu.pl/ksiazki/aa/aa2/aa212.pdf.

3. G. H. Hardy and J. E. Littlewood, "Some Problems of 'Partitio Numerorum'; III: On the Expression of a Number as a Sum of Primes," *Acta Mathematica* 44, no. 1 (1923), https://link.springer.com/article/10.1007%2FBF02403921.

第二部分

魔群与月光幻影

1. J. H. Conway and S. P. Norton, "Monstrous Moonshine," *Bulletin of the London Mathematical Society* 11, no. 3 (October 1, 1979): 308–339, https://academic.oup.com/blms/article/11/3/308/339059.

2. Robert L. Griess Jr., "The Friendly Giant," *Inventiones Mathematicae* 69, no. 1 (February 1982): 1–102, https://link.springer.com/article/10.1007%2FBF01389186.

3. Richard E. Borcherds, "Monstrous Moonshine and Monstrous Lie," *Inventiones Mathematicae* 109, no. 1 (December 1992): 405–444, https://link.springer.com/article/10.1007%2FBF01232032.

4. John F. R. Duncan, Michael J. Griffin and Ken Ono, "Proof of the Umbral Moonshine Conjecture," *Research in the Mathematical Sciences* 2, no. 26 (December 15, 2015), https://arxiv.org/abs/1503.01472; Miranda C. N. Cheng, John F. R. Duncan and Jeffrey A. Harvey, "Umbral Moonshine," *Communications in Number Theory and Physics* 8, no. 2 (2014): 101–242, https://arxiv.org/abs/1204.2779.

5. Andrew Wiles, "Modular Elliptic Curves and Fermat's Last Theorem," *Annals of Mathematics* 141, no. 3 (May 1995): 443–551, http://www.jstor.org/stable/2118559?origin=crossref&seq=1#page_scan_tab_contents.

6. Tohru Eguchi, Hirosi Ooguri and Yuji Tachikawa, "Notes on the K3 Surface and the Mathieu Group M_24," *Experimental Mathematics* 20, no. 1 (2011): 91–96, https://arxiv.org/abs/1004.0956.

7. S. P. Zwegers, "Mock Theta Functions" (2002), https://dspace.library.uu.nl/handle/1874/878.

8. Duncan, Griffin and Ono, "Proof of the Umbral Moonshine Conjecture," https://arxiv.org/abs/1503.01472.

9. Edward Witten, "Three-Dimensional Gravity Revisited" (June 22, 2007), https://arxiv.org/pdf/0706.3359.pdf.

数学和自然以神秘的模式相融交汇

1. H. L. Montgomery, "The Pair Correlation of Zeros of the Zeta Function," http://www-personal.umich.edu/~hlm/paircor1.pdf.

2. Milan Krbálek and Petr Seba, "The Statistical Properties of the City Transport in Cuernavaca (Mexico) and Random Matrix Ensembles," *Journal of Physics A* 33, no. 26 (July 7, 2000), http://iopscience.iop.org/0305-4470/33/26/102.

3. László Erdős et al., "Spectral Statistics of Erdős–Rényi Graphs I: Local Semicircle Law" (November 9, 2011), https://arxiv.org/pdf/1103.1919v4.pdf.

4. N. Benjamin Murphy and Kenneth M. Golden, "Random Matrices, Spectral Measures and Composite Media" (September 20, 2012), http://jointmathematicsmeetings.org/amsmtgs/2141_abstracts/1086-35-1278.pdf.

一个新的普适定律的远端

1. Robert M. May, "Will a Large Complex System Be Stable? *Nature* 238 (August 18, 1972): 413–414, http://www.nature.com/nature/journal/v238/n5364/abs/238413a0.html.

2. Terence Tao and Van Vu, "Random Matrices: The Universality Phenomenon for Wigner Ensembles" (February 1, 2012), https://arxiv.org/abs/1202.0068.

3. Amir Aazami and Richard Easther, "Cosmology from Random Multifield Potentials," *Journal of Cosmology and Astroparticle Physics* 2006 (March 2006), https://arxiv.org/pdf/hep-th/0512050v2.pdf.

4. David S. Dean and Satya N. Majumdar, "Large Deviations of Extreme Eigenvalues of Random Matrices," *Physical Review Letters* 97, no. 16 (October 20, 2006), https://journals.aps.org/prl/abstract/10.1103/PhysRevLett.97.160201.

5. David J. Gross and Edward Witten, "Possible Third-Order Phase Transition in the Large-*N* Lattice Gauge Theory," *Physical Review D* 21, no. 2 (January 15, 1980): 446, https://journals.aps.org/prd/abstract/10.1103/PhysRevD.21.446.

6. Satya N. Majumdar and Grégory Schehr, "Top Eigenvalue of a Random Matrix: Large Deviations and Third Order Phase Transition," *Journal of Statistical Mechanics: Theory and Experiment* 2014 (January 2014), http://iopscience.iop.org/1742-5468/2014/1/P01012?rel=ref&relno=1.

7. Pasquale Calabrese and Pierre Le Doussal, "Exact Solution for the Kardar-Parisi-Zhang Equation with Flat Initial Conditions," *Physical Review Letters* 106, no. 25 (June 24, 2011), https://arxiv.org/pdf/1104.1993.pdf.

8. Kazumasa A. Takeuchi and Masaki Sano, "Universal Fluctuations of Growing Interfaces: Evidence in Turbulent Liquid Crystals," *Physical Review Letters* 104, no. 23 (June 11, 2010), https://journals.aps.org/prl/abstract/10.1103/PhysRevLett.104.230601.

"鸟瞰"大自然的隐藏秩序

1. Yang Jiao et al., "Avian Photoreceptor Patterns Represent a Disordered Hyperuniform Solution to a Multiscale Packing Problem," *Physical Review E* 89, no. 2 (February 24, 2014), https://journals.aps.org/pre/abstract/10.1103/PhysRevE.89.022721; Andrea Gabrielli, Michael Joyce and Francesco Sylos Labini, "Glass-Like Universe: Real-Space Correlation Properties of Standard Cosmological Models," *Physical Review D* 65, no. 8 (April 11, 2002), https://journals.aps.org/prd/abstract/10.1103/PhysRevD.65.083523.

2. Salvatore Torquato and Frank H. Stillinger, "Local Density Fluctuations, Hyperuniformity and Order Metrics," *Physical Review E* 68, no. 4 (October 29, 2003); [Erratum, *Phys. Rev. E* 68, no. 6 (December 15, 2003)], https://journals.aps.org/pre/abstract/10.1103/PhysRevE.68.041113.

3. Joost H. Weijs et al., "Emergent Hyperuniformity in Periodically Driven Emulsions," *Physical Review Letters* 115, no. 10 (September 4, 2015), https://journals.aps.org/prl/abstract/10.1103/PhysRevLett.115.108301.

4. Ludovic Berthier et al., "Suppressed Compressibility at Large Scale in Jammed Packings of Size-Disperse Spheres," *Physical Review Letters* 106, no. 12 (March 21, 2011), https://journals.aps.org/prl/abstract/10.1103/PhysRevLett.106.120601.

5. Olivier Leseur, Romain Pierrat and Rémi Carminati, "High-Density Hyperuniform Materials Can Be Transparent" (May 13, 2016), https://arxiv.org/pdf/1510.05807v3.pdf.

6. Weining Man et al., "Isotropic Band Gaps and Freeform Waveguides Observed in Hyperuniform Disordered Photonic Solids," *Proceedings of the National Academy of Sciences* 110, no. 40 (October 2013): 15886–15891, http://physics.princeton.edu/~steinh/PNAS-2013-Man-15886-91.pdf.

关于随机性的统一理论

1. Jason Miller and Scott Sheffield, "Liouville Quantum Gravity and the Brownian Map I: The QLE(8/3,0) Metric" (February 27, 2016), https://arxiv.org/abs/1507.00719; Jason Miller and Scott Sheffield, "Liouville Quantum Gravity and the Brownian Map II: Geodesics and Continuity of the Embedding" (May 11, 2016), https://arxiv.org/abs/1605.03563.

2. A. M. Polyakov, "Quantum Geometry of Bosonic Strings," *Physics Letters B* 103, no. 3 (July 23, 1981): 207–210, http://www.sciencedirect.com/science/article/pii/0370269381907437.

3. Miller and Sheffield, "Liouville Quantum Gravity and the Brownian Map I," https://arxiv.org/abs/1507.00719; Miller and Sheffield, "Liouville Quantum Gravity and the Brownian Map II," https://arxiv.org/abs/1605.03563.

在粒子碰撞中发现的奇怪数字

1. D. J. Broadhurst and D. Kreimer, "Knots and Numbers in φ^4 Theory to 7 Loops and Beyond," *International Journal of Modern Physics C* 6, no. 4 (August 1995), https://arxiv.org/abs/hep-ph/9504352.

2. Francis Brown and Oliver Schnetz, "A K3 in φ^4," *Duke Mathematical Journal* 161, no. 10 (2013): 1817–1862, https://projecteuclid.org/euclid.dmj/1340801625.

量子问题启发新的数学研究

1. Philip Candelas et al., "A Pair of Calabi–Yau Manifolds as an Exactly Soluble Superconformal Theory," *Nuclear Physics B* 359, no. 1 (July 29, 1991): 21–74, https://www.sciencedirect.com/science/article/pii/0550321391902926.

第三部分

少有人走的数学巅峰之路

1. Karim Adiprasito, June Huh and Eric Katz, "Hodge Theory for Combinatorial Geometries" (November 9, 2015), https://arxiv.org/abs/1511.02888.

2. William P. Thurston, "On Proof and Progress in Mathematics," *Bulletin of the American Mathematical Society* 30, no. 2 (April 1, 1994): 161–177, https://arxiv.org/abs/math/9404236.

3. Adiprasito, Huh and Katz, "Hodge Theory for Combinatorial Geometries," https://arxiv.org/abs/1511.02888.

一个寻找已久又险些得而复失的证明

1. T. Royen, "A Simple Proof of the Gaussian Correlation Conjecture Extended to Multivariate Gamma Distributions" (August 13, 2014), https://arxiv.org/pdf/1408.1028.pdf.

2. Rafał Latała and Dariusz Matlak, "Royen's Proof of the Gaussian Correlation Inequality," in *Geometric Aspects of Functional Analysis. Lecture Notes in Mathematics, Vol. 2169,* ed. B. Klartag and E. Springer (Cham, Switzerland: Springer, 2015), https://arxiv.org/pdf/1512.08776.pdf.

3. S. Das Gupta et al., "Inequalities on the Probability Content of Convex Regions for Elliptically Contoured Distributions," in *Proceedings of the Sixth Berkeley Symposium on Mathematical Statistics and Probability,* ed. Lucien Le Cam, Jerzy Neyman and Elizabeth L. Scott (University of California Press, 1972), https://books.google.com/books?hl=en&lr=&id=q_QPPufvfuQC&oi=fnd&pg=PA241&dq=gaussian+correlation+inequality+1972+das+gupta&ots=edbLltuP58&sig=13YNjoo4zlmfaslJL78YKIK9N_s.

4. Loren D. Pitt, "A Gaussian Correlation Inequality for Symmetric Convex Sets," *Annals of Probability* 5, no. 3 (1977): 470–474, https://projecteuclid.org/euclid.aop/1176995808.

5. Olive Jean Dunn, "Estimation of the Medians for Dependent Variables," *Annals of Mathematical Statistics* 30, no. 1 (March 1959): 192–197, https://www.jstor.org/stable/2237135?seq=1#page_scan_tab_contents.

"局外人"攻克50年历史的数学问题

1. Peter G. Casazza, "Consequences of the Marcus/Spielman/Stivastava Solution to the Kadison–Singer Problem" (January 5, 2015), https://arxiv.org/pdf/1407.4768.pdf.

2. Adam Marcus, Daniel A Spielman and Nikhil Srivastava, "Interlacing Families II: Mixed Characteristic Polynomials and the Kadison–Singer Problem" (April 14, 2014), https://arxiv.org/abs/1306.3969.

3. Richard V. Kadison and I. M. Singer, "Extensions of Pure States," *American Journal of Mathematics* 81, no. 2 (April 1959): 383–400, http://www.jstor.org/stable/2372748?seq=1#page_scan_tab_contents.

4. Joel Anderson, "Extensions, Restrictions and Representations of States on C*-Algebras," *Transactions of the American Mathematical Society* 249, no. 2 (February 1979): 303–329, http://www.ams.org/journals/tran/1979-249-02/S0002-9947-1979-0525675-1/S0002-9947-1979-0525675-1.pdf.

5. Peter G. Casazza and Janet Crandell Tremain, "The Kadison–Singer Problem in Mathematics and Engineering," *Proceedings of the National Academy of Sciences* 103, no. 7 (February 2006): 2032–2039, https://arxiv.org/pdf/math/0510024v2.pdf.

6. Nik Weaver, "The Kadison–Singer Problem in Discrepancy Theory" (September 7, 2002), https://arxiv.org/abs/math/0209078.

7. Michael Held and Richard M. Karp, "The Traveling-Salesman Problem and Minimum Spanning Trees," *Operations Research* (December 1, 1970): 1138–1162, http://pubsonline.informs.org/doi/pdf/10.1287/opre.18.6.1138.

8. Nima Anari and Shayan Oveis Gharan, "The Kadison–Singer Problem for Strongly Rayleigh Measures and Applications to Asymmetric TSP" (July 22, 2015), https://arxiv.org/pdf/1412.1143v2.pdf.

驯服“怪波”，点亮LED的未来

1. Marcel Filoche and Svitlana Mayboroda, "Universal Mechanism for Anderson and Weak Localization," *Proceedings of the National Academy of Sciences* 109, no. 37 (September 2012): 14761–14766, http://www.pnas.org/content/109/37/14761.full.pdf.

五边形密铺证明解决百年历史的数学问题

1. R. B. Kershner, "On Paving the Plane," *American Mathematical Monthly* 75, no. 8 (October 1968): 839–844, http://www.jhuapl.edu/techdigest/views/pdfs/V08_N6_1969/V8_N6_1969_Kershner.pdf.

2. Casey Mann, Jennifer McLoud-Mann and David Von Derau, "Convex Pentagons That Admit I-Block Transitive Tilings" (October 5, 2015), https://arxiv.org/abs/1510.01186.

3. Michaël Rao, "Exhaustive Search of Convex Pentagons Which Tile the Plane" (August 1, 2017), https://perso.ens-lyon.fr/michael.rao/publi/penta.pdf.

4. Emmanuel Jeandel and Michaël Rao, "An Aperiodic Set of 11 Wang Tiles" (June 22, 2015), https://arxiv.org/abs/1506.06492.

纸牌游戏的简单证明震惊数学家

1. R. Hill, "On Pellegrino's 20-Caps in $S_{4,3}$," *North-Holland Mathematics Studies* 78 (1983): 433–447, http://www.sciencedirect.com/science/article/pii/S030402080873322X.

2. Roy Mechulam, "On Subsets of Finite Abelian Groups with No 3-Term Arithmetic Progressions," *Journal of Combinatorial Theory, Series A* 71, no. 1 (July 1995): 168–172, http://www.sciencedirect.com/science/article/pii/0097316595900241; Michael Bateman and Nets Hawk Katz, "New Bounds on Cap Sets," *Journal of the American Mathematical Society* 25 (2012): 585–613, http://www.ams.org/journals/jams/2012-25-02/S0894-0347-2011-00725-X/.

3. Ernie Croot, Vsevolod Lev and Peter Pach, "Progression-Free Sets in Z_4^n Are Exponentially Small" (May 21, 2016), https://arxiv.org/abs/1605.01506.

4. Jordan S. Ellenberg and Dion Gijswijt, "On Large Subsets of $\mathbb{F}_q^n$ with No Three-Term Arithmetic Progression," *Annals of Mathematics* 185, no. 1 (2017): 339–343, http://annals.math.princeton.edu/2017/185-1/p08.

5. Jonah Blasiak et al., "On Cap Sets and the Group-Theoretic Approach to Matrix Multiplication," *Discrete Analysis* 2017, no. 3, https://arxiv.org/abs/1605.06702.

80年未决谜题的神奇答案

1. Boris Konev and Alexei Lisitsa, "A SAT Attack on the Erdős Discrepancy Conjecture" (February 17, 2014), https://arxiv.org/pdf/1402.2184.pdf.

2. Terence Tao, "The Erdős Discrepancy Problem" (January 13, 2017), https://arxiv.org/pdf/1509.05363v1.pdf.

3. Kaisa Matomäki and Maksym Radziwiłł, "Multiplicative Functions in Short Intervals" (October 15, 2017), https://arxiv.org/pdf/1501.04585v2.pdf.

数学家攻克高维版本的球堆积问题

1. Thomas C. Hales, "A Proof of the Kepler Conjecture," *Annals of Mathematics* 162, no. 3 (2005): 1065–1185, http://annals.math.princeton.edu/2005/162-3/p01.

2. Maryna Viazovska, "The Sphere Packing Problem in Dimension 8" (April 4, 2017), https://arxiv.org/abs/1603.04246.

3. John Leech, "Some Sphere Packings in Higher Space," *Canadian Journal of Mathematics* 16, (January 1964): 657–682, https://cms.math.ca/10.4153/CJM-1964-065-1.

4. John Leech, "Notes on Sphere Packings," *Canadian Journal of Mathematics* 19 (1967): 251–267, https://cms.math.ca/10.4153/CJM-1967-017-0; J. H. Conway, "A Perfect Group of Order 8,315,553,613,086,720,000 and the Sporadic Simple Groups," *Proceedings of the National Academy of Sciences* 61, no. 2 (October 1968): 398–400, http://www.pnas.org/content/61/2/398; J. H. Conway, "A Group of Order 8,315,553,613,086,720,000," *Bulletin of the London Mathematical Society* 1, no. 1 (March 1, 1969): 79–88, https://doi.org/10.1112/blms/1.1.79.

5. Henry Cohn and Noam Elkies, "New Upper Bounds on Sphere Packings I," *Annals of Mathematics* 157 (2003): 689–714, http://annals.math.princeton.edu/wp-content/uploads/annals-v157-n2-p09.pdf.

6. Henry Cohn and Abhinav Kumar, "Optimality and Uniqueness of the Leech Lattice among Lattices," *Annals of Mathematics* 170, no. 3 (2009): 1003–1050, http://annals.math.princeton.edu/2009/170-3/p01.

7. Henry Cohn et al., "The Sphere Packing Problem in Dimension 24," *Annals of Mathematics* 185 (2017): 1017–1033, https://arxiv.org/abs/1603.06518.

第四部分

抽象曲面的坚韧探索者

1. Alex Eskin and Maryam Mirzakhani, "Invariant and Stationary Measures for the SL(2,R) Action on Moduli Space" (November 26, 2017), httpx://arxiv.org/pdf/1302.3320.pdf.

2. Maryam Mirzakhani, "Growth of the Number of Simple Closed Geodesics on Hyperbolic Surfaces," *Annals of Mathematics* 168, no. 1 (2008): 97–125, http://annals.math.princeton.edu/2008/168-1/p03; "Simple Geodesics and Weil-Petersson Volumes of Moduli Spaces of Bordered Riemann Surfaces," *Inventiones Mathematicae* 167, no. 1 (January 2007): 179–222, httpx://link.springer.com/article/10.1007/s00222-006-0013-2; "Weil-Petersson Volumes and Intersection Theory on the Moduli Space of Curves," *Journal of the American Mathematics Society* 20 (2007): 1–23, http://www.ams.org/journals/jams/2007-20-01/S0894-0347-06-00526-1/home.html.

3. Alex Eskin, Maryam Mirzakhani and Amir Mohammadi, "Isolation, Equidistribution and Orbit Closures for the *SL*(2,R) Action on Moduli Space" (March 2, 2015), https://arxiv.org/pdf/1305.3015.pdf.

4. Alex Eskin and Maryam Mirzakhani, "Invariant and Stationary Measures for the *SL*(2, R) Action on Moduli Space" (November 26, 2017), https://arxiv.org/pdf/1302.3320.pdf.

5. Samuel Lelièvre, Thierry Monteil and Barak Weiss, "Everything Is Illuminated," *Geometry & Topolology* 20 (2016): 1737–1762, https://arxiv.org/pdf/1407.2975.pdf.

6. Anton Zorich, "Flat Surfaces," in *Frontiers in Number Theory, Physics, and Geometry I*, ed. P. Cartier et al. (Berlin: Springer, 2006), 437–583, https://arxiv.org/pdf/math/0609392.pdf.

没有博士学位的"叛逆者"

1. William H. Press and Freeman J. Dyson, "Iterated Prisoner's Dilemma Contains Strategies That Dominate Any Evolutionary Opponent," *Proceedings of the National Academy of Sciences* 109, no. 26 (June 2012): 10409–10413, http://www.pnas.org/content/109/26/10409.full?sid=170efdfd-ac48-4ea2-9851-064e11184b81.

2. Freeman Dyson, *The Scientist as Rebel* (New York: New York Review Books, 2006), https://books.google.com/books?id=dfe_s_tK080C&printsec=frontcover&source=gbs_ge_summary_r&hl=en.

3. William H. Press, "Bandit Solutions Provide Unified Ethical Models for Randomized Clinical Trials and Comparative Effectiveness Research," *Proceedings of the National Academy of Sciences* 106, no. 52 (December 2009): 22387–22392, http://www.pnas.org/content/106/52/22387.

解决混沌问题的巴西神童

1. Mikhail Lyubich, "Almost Every Real Quadratic Map Is Either Regular or Stochastic" (July 15, 1997), https://arxiv.org/abs/math/9707224.

2. P. Coullet and C. Tresser, "Itérations *d'endomorphismes et groupe* de renormalization," *Journal de Physique Colloques* 39 (1978): C5–28, https://hal.archives-ouvertes.fr/docs/00/21/74/80/PDF/ajp-jphyscol197839C513.pdf.

3. Mikhail Lyubich, "Forty Years of Unimodal Dynamics: On the Occasion of Artur Avila Winning the Brin Prize," *Journal of Modern Dynamics* 6, no. 2 (2012), 183–203, http://www.math.stonybrook.edu/~mlyubich/papers/Brin-prize.pdf.

4. Artur Avila and Jairo Bochi, "A Generic C^1 map Has No Absolutely Continuous Invariant Probability Measure," *Nonlinearity* 19, no. 11 (October 18, 2006), http://www.mat.uc.cl/~jairo.bochi/docs/acim.pdf.

5. Artur Avila and Svetlana Jitomirskaya, "The Ten Martini Problem," *Annals of Mathematics* 170, no. 1 (2009): 303–342, http://annals.math.princeton.edu/2009/170-1/p08.

6. Artur Avila, Sylvain Crovisier and Amie Wilkinson, "Diffeomorphisms with Positive Metric Entropy," *Publications mathématiques de l'IHÉS* 124 (2016), 319–347, http://www.math.uchicago.edu/~wilkinso/papers/acw-august2014.pdf.

融汇音乐与魔法天赋的数论学家

1. Manjul Bhargava, "Higher Composition Laws I: A New View on Gauss Composition, and Quadratic Generalizations," *Annals of Mathematics* 159, no. 1 (January 2004): 217–250, http://www.jstor.org/stable/3597249; "Higher Composition Laws II: On Cubic Analogues of Gauss Composition," *Annals of Mathematics* 159, no. 2 (March 2004): 865–886, http://www.jstor.org/stable/3597310.

2. Manjul Bhargava and Arul Shankar, "The Average Size of the 5-Selmer Group of Elliptic Curves Is 6, and the Average Rank Is Less Than 1" (December 31, 2013), https://arxiv.org/pdf/1312.7859.pdf.

3. Manjul Bhargava and Christopher Skinner, "A Positive Proportion of Elliptic Curves Over Q Have Rank One" (January 3, 2014), https://arxiv.org/pdf/1401.0233.pdf.

4. Manjul Bhargava, Christopher Skinner and Wei Zhang, "A Majority of Elliptic Curves over Q Satisfy the Birch and Swinnerton-Dyer Conjecture" (July 17, 2014), https://arxiv.org/pdf/1407.1826.pdf.

算术的神谕

1. Peter Scholze, "The Local Langlands Correspondence for GL_n over *p*-adic Fields" (October 10, 2010), https://arxiv.org/abs/1010.1540.

2. Peter Scholze, "Perfectoid Spaces" (November 21, 2011), https://arxiv.org/abs/1111.4914.

3. Peter Scholze, "On Torsion in the Cohomology of Locally Symmetric Varieties" (June 2, 2015), https://arxiv.org/abs/1306.2070.

在嘈杂方程中听到音乐的人

1. Martin Hairer, "A Theory of Regularity Structures" (February 15, 2014), https://arxiv.org/abs/1303.5113.

2. Martin Hairer and Jonathan C. Mattingly, "Ergodicity of the 2D Navier–Stokes Equations with Degenerate Stochastic Forcing" (April 26, 2007), https://arxiv.org/pdf/math.PR/0406087.pdf.

3. Mehran Kardar, Giorgio Parisi and Yi-Cheng Zhang, "Dynamic Scaling of Growing Interfaces," *Physical Review Letters* 56, no. 9 (March 3, 1986), https://journals.aps.org/prl/abstract/10.1103/PhysRevLett.56.889.

4. Martin Hairer, "Solving the KPZ Equation" (July 26, 2012), https://arxiv.org/pdf/1109.6811v3.pdf.

迈克尔·阿蒂亚的奇思妙想国

1. Roger Penrose, "Palatial Twistor Theory and the Twistor Googly Problem," *Philosophical Transactions of the Royal Society A* (June 29, 2015), http://rsta.royalsocietypublishing.org/content/373/2047/20140237.

2. M. F. Atiyah and I. M. Singer, "The Index of Elliptic Operators on Compact Manifolds," *Bulletin of the American Mathematical Society* 69 (1963): 422–433, http://www.ams.org/journals/bull/1963-69-03/S0002-9904-1963-10957-X/home.html.

3. Semir Zeki et al., "The Experience of Mathematical Beauty and Its Neural Correlates," *Frontiers of Human Neuroscience* 13 (February 13, 2014), http://www.frontiersin.org/article/10.3389/fnhum.2014.00068/full.

4. A. Einstein, "The Field Equations of Gravitation," http://einsteinpapers.press.princeton.edu/vol6-trans/129.

第五部分

里程碑式的算法打破30年的僵局

1. László Babai, "Graph Isomorphism in Quasipolynomial Time" (January 19, 2016), https://arxiv.org/abs/1512.03547v1.

2. László Babai and Eugene M. Luks, "Canonical Labeling of Graphs," *STOC '83 Proceedings of the Fifteenth Annual ACM Symposium on Theory of Computing* (1983): 171–183, https://dl.acm.org/citation.cfm?id=808746.

关于不可能的宏伟愿景

1. Subhash Khot, "On the Power of Unique 2-Prover 1-Round Games," *STOC '02 Proceedings of the Thirty-Fourth Annual ACM Symposium on Theory of Computing* (2002): 767–775, https://dl.acm.org/citation.cfm?id=510017.

2. Sanjeev Arora et al., "Proof Verification and the Hardness of Approximation Problems," *Journal of the ACM* 45, no. 3 (May 1998): 501–555, https://dl.acm.org/citation.cfm?doid=278298.278306.

3. Johan Håstad, "Some Optimal Results," *Journal of the ACM* 48, no. 4 (July 2001): 798–859, https://dl.acm.org/citation.cfm?id=502098.

4. Khot, "On the Power of Unique 2-Prover 1-Round Games."

5. Subhash Khot and Oded Regev, "Vertex Cover Might Be Hard to Approximate to within 2-ε," *Journal of Computer and System Sciences* 74, no. 3 (May 2008): 335–349, https://dl.acm.org/citation.cfm?id=1332256.

6. Subhash Khot et al., "Optimal Inapproximability Results for MAX-CUT and Other 2-Variable CSPs?" *SIAM Journal on Computing* 37, no. 1 (April 2007): 319–357, https://dl.acm.org/citation.cfm?id=1328735.

7. Prasad Raghavendra, "Optimal Algorithms and Inapproximability Results for Every CSP?" *STOC '08 Proceedings of the Fortieth Annual ACM Symposium on Theory of Computing* (May 17–20, 2008): 245–254, https://people.eecs.berkeley.edu/~prasad/Files/extabstract.pdf.

8. Guy Kindler et al., "Spherical Cubes: Optimal Foams from Computational Hardness Amplification," *Communications of the ACM* 55, no. 10 (October 2012): 90–97, https://dl.acm.org/citation.cfm?id=2347757; Subhash A. Khot and Nisheeth K. Vishnoi, "The Unique Games Conjecture, Integrality Gap for Cut Problems and Embeddability of Negative Type Metrics into ℓ_1" (May 20, 2013), https://cs.nyu.edu/~khot/papers/gl-journal-ver1.pdf; Elchanan Mossel, Ryan O'Donnell and Krzysztof Oleszkiewicz, "Noise Stability of Functions with Low Influences: Invariance and Optimality," *Annals of Mathematics* 171, no. 1 (2010): 295–341, http://annals.math.princeton.edu/2010/171-1/p05.

第六部分

一条解决无穷争议的新逻辑定律

1. W. Hugh Woodin, "Strong Axioms of Infinity and the Search for *V*," *Proceedings of the International Congress of Mathematicians* (2010), http://logic.harvard.edu/EFI_Woodin_StrongAxiomsOfInfinity.pdf.

2. David Asperó, Paul Larson and Justin Tatch Moore, "Forcing Axioms and the Continuum Hypothesis," *Acta Mathematica* 210, no. 1 (2013): 1–29, http://www.users.miamioh.edu/larsonpb/Pi2_CH.pdf.

3. Joseph Warren Dauben, *Georg Cantor: His Mathematics and Philosophy of the Infinite* (Princeton, N.J.: Princeton University Press, 1990), https://books.google.com/books/about/Georg_Cantor.html?id=-cpFeTPJXDIC&hl=en.

4. W. Hugh Woodin, "Suitable Extender Models I," *Journal of Mathematical Logic* 10, no.101(2010),http://www.worldscientific.com/doi/abs/10.1142/S021906131000095X?journalCode=jml.

5. M. Foreman, M. Magidor and S. Shelah, "Martin's Maximum, Saturated Ideals and Non-Regular Ultrafilters," *Annals of Mathematics* 127, no. 1 (January 1988): 1–47, http://www.jstor.org/stable/10.2307/1971415.

6. Stevo Todorčević and Peter Koellner, "The Power-Set of ω_1 and the Continuum Problem," http://logic.harvard.edu/Todorčević_Structure4.pdf.

跨越有限与无穷的分界

1. Ludovic Patey and Keita Yokoyama, "The Proof-Theoretic Strength of Ramsey's Theorem for Pairs and Two Colors" (April 26, 2016), https://arxiv.org/abs/1601.00050.

2. W. W. Tait, "Primitive Recursive Arithmetic and its Role in the Foundations of Arithmetic: Historical and Philosophical Reflections in Honor of Per Martin-Löf on the Occasion of His Retirement," http://home.uchicago.edu/~wwtx/PRA2.pdf.

数学家通过测量，发现两个无穷是相等的

1. M. Malliaris and S. Shelah, "Cofinality Spectrum Theorems in Model Theory, Set Theory, and General Topology," *Journal of the American Mathematical Society* 29 (2016): 237–297, http://www.ams.org/journals/jams/2016-29-01/S0894-0347-2015-00830-X/home.html.

2. Justin Tatch Moore, "Model Theory and the Cardinal Numbers $\mathfrak{p}$ and $\mathfrak{t}$," *Proceedings of the National Academy of Sciences* 110, no. 33 (August 2013): 13238–13239, http://www.pnas.org/content/110/33/13238.full.pdf.

第七部分

受意想不到的天才激励的人生

1. Ken Ono and Amir D. Aczel, *My Search for Ramanujan: How I Learned to Count* (Cham, Switzerland: Springer, 2016), http://www.springer.com/us/book/9783319255668.

译后记 | 人类群星闪耀时

对一个译者来说，这或许是整本书里（除译者简介外）唯一能自由发挥的地方了。

从3月4日提交第一份试译稿，到10月14日交完最后一部分译稿，这无疑是一段奇妙且难忘的翻译经历。翻译不同于创作，理解别人永远比表达自己来得困难。考虑到译者水平及科普作品的准确性要求，斟酌折中之下，我翻译《素数的阴谋》这本书时遵循了“切勿多言”的基本原则：不随意延展和扩大原文的含义，仅在必要时添加一些虚词，以更好地符合中文阅读的习惯。当然了，这一原则的选取合适与否，以及是否有更好的方式，就有待读者评判了。

与大多数科学领域一样，数学领域内部的专业划分已经到了相当精细的程度。这一整体趋势造成的专业壁垒，使得即便是职业数学家，要理解其相近领域的工作可能都不是一件容易的事——更不用说普罗大众了。而这种境况的后果之一，就是数学科普变得愈发困难了，特别是关于数学前沿的科普：你需要准确理解前沿数学世界中的各种现象，并将其表达为人们能用现实世界的经验感受到的形式，两个步骤各有难处——这也从侧面体现出《素数的阴谋》这本书的难能可贵。这本涉猎广泛的“菜单”涵盖了过去几年里数学各个领域（而非仅限于书名中所提及的“素数”）的最新进展。你或许无法理解那些动辄长达数百页的晦涩证明，无法理解那些埋藏在复杂符号背后的数学含义，但我愿意相信人类对美的欣赏和理解具有某种共通性。我依然记得第一次看到流形上的斯托克斯公式时带给我的震撼：

$$\int_M d\omega = \int_{\partial M} \omega$$

这是一种不言自明的优美，你甚至不需要知道这些符号的含义就能感受得到。然而，数学中更多的优美并不总是这般自明，在它们前面伫立着一道门槛。而这本书（甚至更一般地说，科普作品）所做的，就是打破这些壁垒和门槛，让你有机会欣赏到属于这个时代人类群星闪耀的时刻——这应当是每一个人的权利。你会看到，那些你叫得出名字的伟大数学家，他们的工作和精神时至今日仍然被理解和继承；那些从公元前就流传下来的神秘猜想，仍然被一代代数学家视为毕生的追求；那些上下求索终于顿悟的时刻，那些默默蛰伏终于花团锦簇的时刻，那些知识边界被一点点拓展的时刻，个中曲折，都是这个时代的浪漫童话。

最终呈现在这里的文稿，是我反复斟酌下能够给出的最佳版本，但缘于见识和精力的限制，各种错误甚至荒谬之处在所难免，祈望方家不吝斧正。感谢机缘巧合之下间接促成此事的单汐晗和袁野老师；感谢中信出版社在把这样一本书托付给我这个初试身手的译者时所抱的充分信任；林逸凡帮助审校了部分初稿，李婷、李珊珊、黄海岚提供了不少翻译建议，在此一并致谢；本人在翻译过程中参酌了网络上已有的部分中文翻译，在此遥致敬意；最后，特别感谢中信出版社的韩琨编辑和丁家琦编辑的诸多专业意见以及对原稿的细致审阅（这令译稿增色不少），尤其是在交稿时间上给予的无限宽容，使我能心安理得地拖稿两个多月。

翻译是没有终点的工作，愿我能把阅读这样一本书的感受，传达给你。

张旭成

2019年11月于德国埃森